全国专业技术人员新职业培训教程

智能制造工程技术人员（初级）

装备与产线智能运维

人力资源社会保障部专业技术人员管理司　组织编写

中国人事出版社

图书在版编目（CIP）数据

智能制造工程技术人员：初级：装备与产线智能运维/人力资源社会保障部专业技术人员管理司组织编写. --北京：中国人事出版社，2021

全国专业技术人员新职业培训教程

ISBN 978 - 7 - 5129 - 1121 - 5

Ⅰ. ①智…　Ⅱ. ①人…　Ⅲ. ①智能制造系统-职业培训-教材　Ⅳ. ①TH166

中国版本图书馆 CIP 数据核字（2021）第 208358 号

中国人事出版社出版发行

（北京市惠新东街 1 号　邮政编码：100029）

*

三河市潮河印业有限公司印刷装订　　新华书店经销

787 毫米×1092 毫米　16 开本　16.25 印张　243 千字

2021 年 11 月第 1 版　　2021 年 11 月第 1 次印刷

定价：48.00 元

读者服务部电话：（010）64929211/84209101/64921644

营销中心电话：（010）64962347

出版社网址：http://www.class.com.cn

本书编委会

出版说明

当今世界正经历百年未有之大变局，我国正处于实现中华民族伟大复兴关键时期。在全球经济低迷，我国加快形成以国内大循环为主体、国内国际双循环相互促进的新发展格局背景下，数字经济发挥着提振经济的重要作用。党的十九届五中全会提出，要发展战略性新兴产业，推动互联网、大数据、人工智能等同各产业深度融合，推动先进制造业集群发展，构建一批各具特色、优势互补、结构合理的战略性新兴产业增长引擎。“十四五”期间，数字经济将继续快速发展、全面发力，成为我国推动高质量发展的核心动力。

近年来，人工智能、物联网、大数据、云计算、数字化管理、智能制造、工业互联网、虚拟现实、区块链、集成电路等数字技术领域新职业不断涌现，这些新职业从业人员通过不断学习与探索，将推动科技创新、释放巨大能量，推动人们生产生活方式智能化、智慧化、数字化，推动传统产业转型升级，为经济高质量发展注入强劲活力。我国在技术、消费与应用领域具备数字经济创新领先优势，但还存在数字技术人才供给缺口较大、关键核心技术领域自主创新能力不足、数字经济与实体经济融合的深度和广度不够等问题。发展数字经济，推进数字产业化和产业数字化，推动数字经济和实体经济深度融合，急需培育壮大数字技术工程师队伍。

人力资源社会保障部会同有关行业主管部门将陆续制定颁布数字技术领域国家职业技术技能标准，坚持以职业活动为导向、以专业能力为核心，遵循人才成长规律，对从业人员的理论知识和专业能力提出综合性引导性培养标准，为加快培育数字技术人才提供基本依据。根据《人力资源社会保障部办公厅关于加强新职业培训工作的通知》（人社厅发〔2021〕28号）要求，为提高新职业培训的针对性、有效性，进一步发挥新职业培训促进更好就业的作用，人力资源社会保障部专业技术人员管理司组织相关领域的专家学者编写了全国专业技术人员新职业培训教程，供相关领域开展新职业培训使用。

本系列教程依据相应国家职业技术技能标准和培训大纲编写，划分初级、中级、高级三个等级，有的职业划分若干职业方向。教程紧贴数字技术人员职业活动特点，定位于全国平均先进水平，且是相关数字技术人员经过继续教育或岗位实践能够达到的水平，突出该职业领域的核心理论知识、主流技术及未来发展要求，为教学活动和培训考核提供规范和引导，将帮助广大有意或正在从事数字技术职业人员改善知识结构、掌握数字技术、提升创新能力。

希望本系列教程的出版，能够在加强数字技术人才队伍建设、推动数字经济快速发展中发挥支持作用。

目录

第一章
装备与产线智能运维概述

制造业是国民经济的主体，是立国之本、兴国之器、强国之基。高端制造业更是一个国家核心竞争力的重要标志，是战略性新兴产业的重要一环，是制造业价值链的高端环节，是国际化竞争的战略高地。《中华人民共和国国民经济和社会发展第十四个五年规划和2035年远景目标纲要》[1] 指出，中国将“保持制造业比重基本稳定，增强制造业竞争优势，推动制造业高质量发展”，凸显了制造业在国民经济和社会发展中的重要地位。

智能制造以制造业数字化、网络化和智能化为特征，是新一轮工业革命的核心技术。中国实施制造强国战略的切入点是推进信息化和工业化的深度融合，把智能制造作为“两化”的主攻方向，着力发展智能装备和智能产品，使生产过程智能化，全面提高企业在研发、生产、管理和服务过程中的智能化水平。

智能运维是产品全生命周期智能制造的重要一环，其基础是机械状态监测与故障诊断的理论及技术，研究对象是产品全生命周期链中窗口期最长的运行服役阶段。智能运维系统是实现智能运维的软硬件平台，主要解决实际生产加工过程中的加工环境恶劣、强度高引发的设备可靠性和稳定性问题。

- **职业功能：** 装备与产线智能运维。
- **工作内容：** 配置、集成智能运维系统的单元模块；实施装备与产线的监测与运维。

- **专业能力要求：** 能进行智能运维系统单元模块的配置与集成；能进行智能运维系统单元模块、装备与产线的集成；能进行装备与产线单元模块的维护作业；能进行装备与产线单元模块的故障告警及安全操作。
- **相关知识要求：** 智能制造与智能运维的渊源；设备的故障诊断与健康管理的定义和工程应用；石化装备智能运维的发展；加工过程智能运维的发展；智能运维用于维修决策；PHM 的概念与内涵；PHM 的体系结构。

第一节　智能制造与智能运维的渊源

考核知识点及能力要求：

- 了解制造业、智能制造在国民经济中的重要地位、智能制造的演进范式、智能运维的意义。
- 掌握设备故障诊断与健康管理的定义和工程应用。

进入 21 世纪以来，互联网、新能源、新材料和生物技术快速发展，并正在以极快的速度形成巨大产业能力和市场，这将使整个工业生产体系提升到一个新的水平，推动一场新的工业革命。如何能紧跟甚至引领新一代的工业革命浪潮，是每个国家所关心的核心问题。2009 年底，美国发布《制造业复兴框架》，旨在复兴美国制造业，力保高端制造业的霸主地位；随后在 2012—2016 年发布了“美国先进制造三部曲”，加速推动制造业的进程。德国在 2013 年正式提出了“工业 4.0”的战略规划，旨在提升本国制造业的智能化水平，建立具有适应性、资源效率及基因工程学的智慧工厂，在商业流程及价值流程中整合客户及商业伙伴。日本早在 20 世纪末，就开始推动智能制造计划，于 2016 年又正式提出了“日本超智能社会 5.0”的概念。而在我国，李克强总理于 2015 年 3 月在政府工作报告中提出了“中国制造”的宏伟战略。表 1-1 详细对比了“德国工业 4.0”“美国制造业复兴”和“日本超智能社会 5.0”三者之间的战略内容和特征等信息[2]。

表 1-1　德国、美国和日本制造战略对比[2]

内容特征	“德国工业 4.0”	“美国制造业复兴”	“日本超智能社会 5.0”
发起者	联邦教研部与联邦经济技术资助，德国工程院、弗劳恩霍夫协会、西门子公司建议	智能制造领袖联盟（SMLC）、26 家公司、8 个生产财团、6 所大学和 1 个政府实验室	日本内阁
发起时间	2013 年	2011 年	2016 年
定位	国家工业升级战略，第四次工业革命	美国“制造业回归”的一项重要内容	实现日本社会智能化
特点	制造业和信息化的集成	工业互联网革命，倡导将人、数据和机器连接起来	社会的物质和信息饱和且高度一体化
目的	增强国家制造能力	专注于制造业、出口、自由贸易和创新，提升美国竞争力	最大限度利用信息通信技术，通过网络空间和物理空间的融合、共享，打造“超级智慧社会”
重要主题	智能工厂、智能生产、智能物流	智能制造	超智慧社会
实现方式	通过价值网络实现横向集成、工程端到端数字集成、垂直集成和网络化的制造体系	以“软”服务为主，注重软件、网络、大数据等对工业领域服务方式的颠覆作用	在“德国工业 4.0”的基础上，通过智能化技术解决相关经济和社会课题的全新的概念模式
重点技术	CPS（信息物理系统）	工业互联网	虚拟空间和现实空间

以上多项战略中，“德国工业 4.0”对于世界制造业的发展影响最为深远，其要点可以概括为：建设一个网络、研究三大主题、实现三项集成、实施八项计划。其中建设一个网络指的是信息物理系统网络（cyber-physical systems，CPS）；三大主题指的是智能工厂、智能生产和智能物流；实现三项集成指的是横向集成、纵向集成与端对端的集成；实施八项计划指的是“德国工业 4.0”得以实现的基本保障，分别是：建立标准化参考架构、管理复杂系统、建设综合的工业宽带基础设施、实现安全和保障、工作的组织和设计、培训持续的职业发展、建立监管框架、提高资源利用效率。“德国工业 4.0”同时有九大关键技术促使工业生产发生转型，如图 1-1 所示，其中尤为重要的两点是工业互联网和大数据。随着工业革命新浪潮的到来，信息物理系统的推广会使得各种各样的传感器和终端安装到设备中去，获取大量的工业数据，实现设备的互联，制造业所产生的数据将呈爆炸式增长，为我们带来工业大数据。数据本身不会带来价值，要将其转换成信息之后才能对产业产生价值[3]。

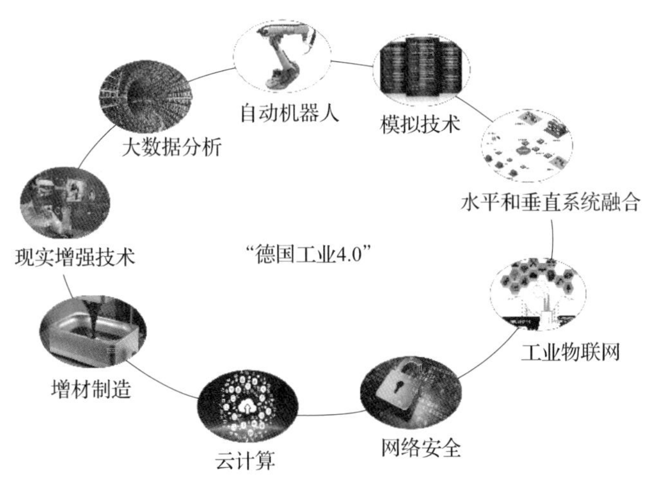

图 1-1　“德国工业 4.0”框架图

如果采用传统的事后维修，不仅效率极低，且经济损失极大。在制造业数字化趋势的推动下，制造业大数据时代即将到来，生产过程数据的利用有极大发展空间。智能运维系统能够实现智能感知、智能采集、智能分析、智能处理和智能监控与管理，进而使智能制造过程的运行维护更加安全、高效和智能。健康管理与智能运维，是智能制造的重要新模式，其核心支撑技术包括状态监测、故障诊断、趋势预测与寿命评估等。

设备的故障诊断与健康管理（prognostic and health management，PHM）就是这种从传统的事后维修模式向智能维护模式转变的核心技术，其定义为[4]：利用工业系统中产生的各种数据，进行信号处理和数据分析，提取出有用的特征信息，实现对复杂和重大工业系统的健康状态监测、预测和管理的系统性工程。可见，对于重大装备而言，搭建 PHM 系统的重要性不言而喻。

我们看到 PHM 系统对于设备的重要性。工业和信息化部、发展改革委、科技部以及财政部在 2015 年下发的《智能制造工程实施指南（2016—2020）》中明确提到智能制造新模式关键要素之一为“远程运维服务”。要建有标准化信息采集与控制系统、自动诊断系统、基于专家系统的故障预测模型和故障索引知识库；可实现装备（产品）远程无人操控、工作环境预警、运行状态监测、故障诊断与自修复；建立产品生命周期分析平台、核心配件生命周期分析平台、用户使用习惯信息模型；可对智能装备（产品）提供健康状况监测、虚拟设备维护方案制订与执行、最优使用方案推送、创新应用开放等服务[5]。设备的智能化运行维护和健康管理必然会直接渗透到企业的运营管理乃至产品的整个生命周期，减少财产的损失，并且影响企业的决策，因此，基于数据的设备智能运行维护和健康管理至关重要[6]。

从故障诊断技术的发展历程来讲，设备的智能运行维护和健康管理是实现智能生产的必由之路。实际上早在 20 世纪 70 年代起，故障诊断、预测、健康管理等系统就开始出现在工程应用中[7]，如 A-7E 飞机的发动机使用了发动机管理系统（engine management system，EMS），成为 PHM 的经典案例。经过 40 多年的发展，诊断过程中涉及的信号量种类越来越多，获取的信息量也越来越丰富，包括振动、噪声、声发射、温度、压力等。出现了各种传统的故障诊断算法，如时域平均、FFT、包络谱、功率谱、倒频谱等分析方法。可以看到，信号处理技术是实现机械设备故障诊断的关键，处理技术的进步必将大大促进机械设备故障诊断技术的发展，这就要求我们不断跟进信号处理技术的发展，把先进有效的信号处理方法引入机械设备故障诊断中。近些年，故障诊断领域的学者开始借鉴图像处理、语音识别中的先进人工智能算法，用来解决设备故障诊断的问题，比如稀疏理论、分类、聚类算法、机器学习等，取得了许多成果。作为中国机械制造领域的佼佼者，中国某企业率先开始了智能生产、智能服务的尝试，出厂的每一台设备均可以在自主开发的企业控制中心（enterprise control center，ECC）进行监测，设备的位置、累计工作时间、累计油耗、月度或者年度的闲忙程度，甚至是设备的历史运动轨迹都可以了如指掌。正是基于这些信息的及时获取，在设备发生故障之后，工程师可以依据设备传回的数据快速分析和排查，指导用户进行维修；除此之外，由于机械设备的价格都比较高昂，用户一般会选择分期付款的形式购买。ECC 还能根据设备的运行情况判断设备是否实现了盈利，从而判断用户是否存在恶意拖欠债款的行为，并且能实现对设备的远程锁定，维护企业的利益[8]。实际上，现阶段大部分设备在运行过程中都存在着许多无法定量和预测的因素，这些不确定因素可能是后期出现严重故障的主要原因。前三次工业革命主要是解决产品生产过程中“可见”的问题，比如避免产品的缺陷、避免加工失效、提升设备效率和安全性等，这些问题在生产过程中可见、可测，很容易避免和解决。不可见的问题往往表现为设备的性能下降、健康衰退、零部件的磨损、运行风险升高等。因而在智能化制造时代，我

们关注的已经不仅仅是故障的诊断识别，更关注的是这些不可见问题的避免和透明化呈现，即设备的智能运行维护和健康管理。

重大装备对国民经济和国防安全具有重要意义，该类设备的系统性运行维护和健康管理刻不容缓[9]。国民经济领域的重大装备，如航空发动机、风电设备、高速列车等，其服役期可以占据整个产品全生命周期的90%以上，运行中未能及时发现的严重故障极易导致灾难性事故，因此，如何针对其运行安全开展监控至关重要。马来西亚航空公司的MH370航班失联、美国挑战者号航天飞机发生空难，重大装备故障的灾难性与突发性折射出了高端机械装备运行安全保障的必要性与紧迫性，运行安全保障已成为国内外关注的焦点。例如航空发动机已在我国大规模使用60余年，但其核心技术一直掌握在美国、英国、法国和俄罗斯等国手中。我国与上述国家的技术差距明显，尤其是由于缺乏机载监测与诊断手段，大量监视工作主要集中在地面进行，空中飞行安全的技术保障已成为制约和影响我国航空安全的重大技术挑战。在新能源领域，据全球风能协会发布的数据显示，2016年全球新增风电装机容量已经超过54.6 GW，全球累计装机容量达到486.7 GW。中国新增风电装机容量23.3 GW，占全球增量的42.7%，累计装机容量168.7 GW，蝉联世界第一[10]。《中国风电发展路线图2050》中对我国风力发电前景进行展望，到2030年和2050年，我国风电装机规模将分别达到4×10^5 MW和1×10^6 MW，满足全国近8.4%和17%的电力需求，成为五大电源之一[11]。然而，现役风电装备运行可靠性差，故障导致的停机时间已占额定发电时间的25.6%，对于工作寿命为20年的机组，维护费用高达风电装备总收入的20%~25%，运行维护成本高昂，迫切需要研制开发风电装备监测诊断技术。在智能制造领域，高档数控机床的服役性能监控、刀具的在线监测、智能主轴的微振动监测与主动控制等，更需要远程监测与控制技术。

第四次工业革命的历史趋势和发达国家的成功经验告诉我们，开展设备的健康监测和故障诊断研究，或者更系统地称之为设备的智能运行维护和健康管理，是提高装备运行安全性、可靠性的重要手段，是保证人民生命财产安全甚至是国防安全的必然要求。2009年，美国三院院士Achenbach教授对结构健康监测（structural health monitoring，SHM）做了重要论述，指出飞机、桥梁、核反应堆和大坝等重要结构一旦失效，极有可能引发巨大的灾难[12]，SHM 系统可以有效预防这些重要结构突然失效。2014 年，美国普惠（P&W）公司首席专家 Volponi 在 ASME（美国机械工程师学会）上发表的文章中讲述了航空业故障诊断的产生、发展和未来的发展趋势，强调了对航空发动机进行健康监测的重要性[13]。国内的多位知名学者也强调了设备状态监测和故障诊断的重要性。目前，我国正处于时代变革的转折点，中华民族实现伟大复兴的关键时期，国家出台了许多关于制造业的重要指南和重大规划，如《国家中长期科学和技术发展规划纲要（2006—2020 年）》《智能制造工程实施指南（2016—2020）》等，都毫不例外地将提升产品质量、提高重大装备可靠性规划为重要发展战略。2018 年，中国工程院院士周济等人更是提出了符合我国国情的“新一代智能制造”发展理念[14]，认为智能制造将沿着数字化、网络化和智能化的基本范式演进，如图 1-2 所示。新一代智能制造的技术机理已经从之前的“CPS”理念上升到了“HCPS”（human cyber physical systems），强调了人在智能制造中的重要地位，已经成为统筹协调“人”“信息系统”和“物理系统”的综合集成大系统。以智能服务为核心的产业模式变革是新一代智能制造系统的主题[15]。未来 20 年是中国制造业实现由大到强的关键时期，是制造业发展质量变革、效率变革、动力变革的关键时期。同时，未来 20 年也是智能制造作为新一轮工业革命核心技术发展的关键时期[16]。系统集成是新一代智能制造最基本的特征和优势，新一代智能制造内部和外部均呈现系统“大集成”，具有集中与分布、统筹与精准、包容与共享的特性[17]。可见，智能制造俨然已经成为时代发展的必然趋势，其中设备的智能运行维护和健康管理必然将成为推动中国步入世界制造强国的强劲动力。

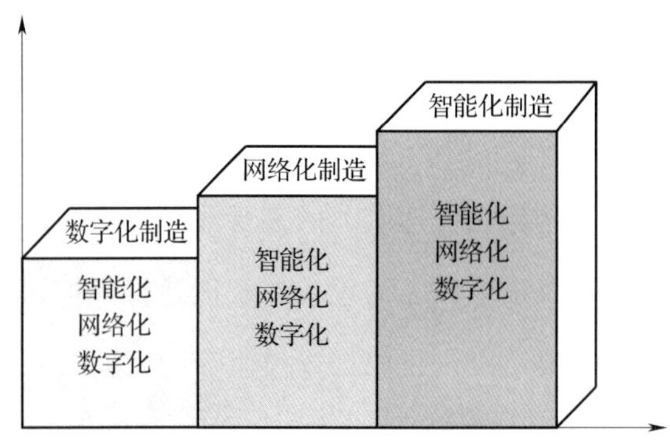

图 1-2　智能制造的演进范式

第二节　智能运维系统的研究现状

考核知识点及能力要求：

- 了解船舶装备智能运维的发展、高铁装备智能运维的发展、航天航空装备智能运维的发展。
- 熟悉石化装备智能运维的发展。
- 掌握加工过程智能运维的发展。

随着我国工业经济持续增长，各行业的智能运维技术得到迅猛发展，健康管理与故障诊断技术作为实现智能运维的关键手段，对提高工程装备的可靠性、安全性与经济性有着重要意义。国内外众多公司与研究机构对健康管理系统与故障诊断技术的开发给予持续关注，并投入大量人力物力。智能运维与健康管理技术、健康监测系统的研发不仅与使用目的相关，也与工业装备的类型、特点与使用要求密不可分。下面分别从机床加工过程智能运维、石化装备智能运维、船舶装备智能运维、高铁装备智能运维以及航天航空智能运维五个领域，介绍相关技术的发展及系统架构，希望能够使读者对智能运维有更深刻的理解与启发。

一、加工过程智能运维发展

机械制造加工是国家工业发展的基础，在加工过程中，数控机床健康状态对加工过程具有很大的影响，轻则影响产品的加工质量，重则造成停机、停产，甚至造成生产事故。通过对数控机床进行健康检测，一方面可以实现对数控机床健康状态的快速、批量检测，对整个车间数控机床的健康状态进行可视化管理，为制订车间生产计划和维修计划提供强有力的数据支持；另一方面可以持续提高产品质量和生产效率，为企业创造更多的效益。

传统制造系统是人和物理系统的融合。机床加工过程中，操作工需要通过人的手眼感知来完成分析决策并控制操作机床，完成整个加工任务。这就是一个典型的人-物理系统（human-physical systems，HPS）。

随着数控技术的发展，在人和机床之间增加了数控系统。加工工艺知识通过 G 代码输入到数控系统中去，数控系统替代了人操作控制机床。此时，数控机床就变成了人-信息-物理系统（human cyber physical systems，HCPS），即在 H 和 P 之间增加了一个信息系统 cyber system，这是与传统制造系统最为本质的变化，如图 1-3 所示。信息系统可以利用传感器替代人的手眼感知，同时信息系统运算水平的提升也可以替代人类的部分脑力劳动，从而节省体力劳动。在 HCPS 中，“信息-物理系统”（cyber physical system，CPS）是非常重要的组成部分。CPS 是美国在 21 世纪初提出的理论，实现了信息系统和物理系统的深度融合。另外，德国也将 CPS 作为“工业 4.0”的核心技术，基于 CPS 理论，西门子提出了“数字孪生”（Digital Twin）概念，成为第一代和第二代智能制造的技术基础。

近年来，“物联网”“互联网+”和“人工智能 2.0”技术横空出世，并与智能制造迅速融合，取得了举世瞩目的成就，孕育出了新一代智能制造系统。新一代智能制造系统与 HCPS 的不同之处在于其信息系统不再仅仅局限于感知和控制，而是增加了认知和学习的能力。在这一阶段，新一代人工智能技术将使 HCPS 系统发生最为本质的变化，形成新一代的人-信息-物理系统（HCPS 2.0）[3]，如图 1-4 所示。HCPS 2.0 与 HCPS 的主要变化在于将部分认知与学习型的脑力劳动转移给了信息系统，信息系统具备了“认知”和“学习”的能力之后，人和信息系统之间的关系发生了根本性的变化，实现了从“授人以鱼”到“授人以渔”的飞跃。同时，通过“人在回路”的混合增强智能，人机深度融合将从本质上提高制造系统处理复杂性和不确定性问题的能力，极大地提高制造系统的性能。总的来说，新一代智能制造进一步突出了人的中心

地位，是统筹协调“人”“信息系统”和“物理系统”的综合集成大系统，将使制造业的质量和效率跃升到新的水平，使人类从更多的体力劳动和大量的脑力劳动中解放出来，人类可以从事更有意义的创造性工作，人类思维将进一步向“互联网思维”“大数据思维”和“人工智能思维”转变，人类社会开始进入“智能时代”。

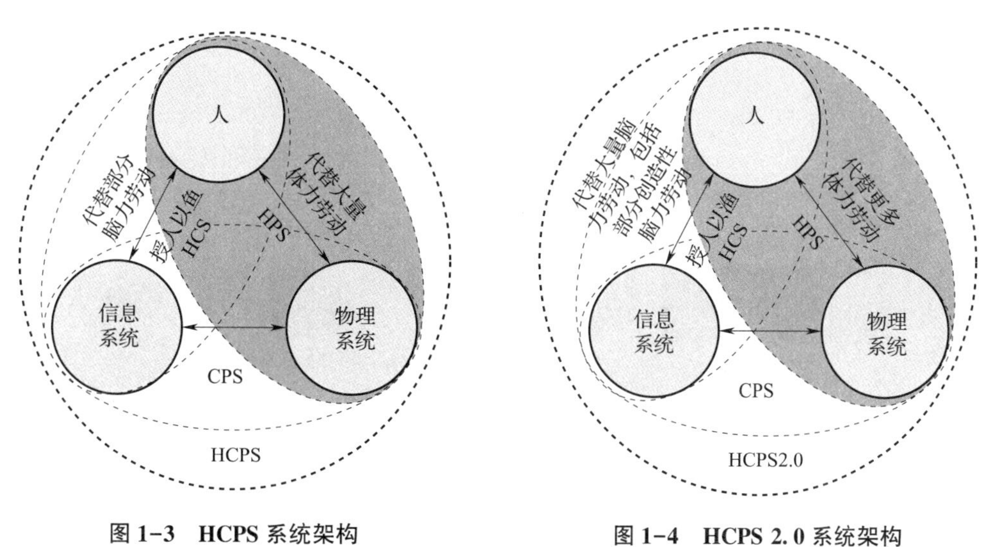

图 1-3　HCPS 系统架构　　**图 1-4　HCPS 2.0 系统架构**

二、石化装备智能运维发展

石化行业是国民经济最重要的支柱行业之一。透平压缩机组、大型往复压缩机以及遍及化工流程的机泵群是石化领域关键设备的代表，常在复杂而严酷的环境下长期服役。一旦发生故障，可能导致系统停机、生产中断，甚至会引发恶性生产事故。石化关键设备智能诊断作为智能运维的核心关键技术之一，是判断系统是否发生了故障以及故障位置、故障严重程度、故障类型的有效途径，也是故障溯源的基础。

石化企业拥有大量的离心压缩机组、往复压缩机组和机泵群等动设备以及压力容器、管线等静设备，智能运维平台可提供集中监测、智能诊断、维检修建议等预测性维护服务，还可提供备品备件管理、全生命周期管理等服务。智能运维平台架构如图 1-5 所示，平台分为数据层、服务层（IaaS 云服务承载层，infrastructure-as-a-service，IaaS）和应用层。

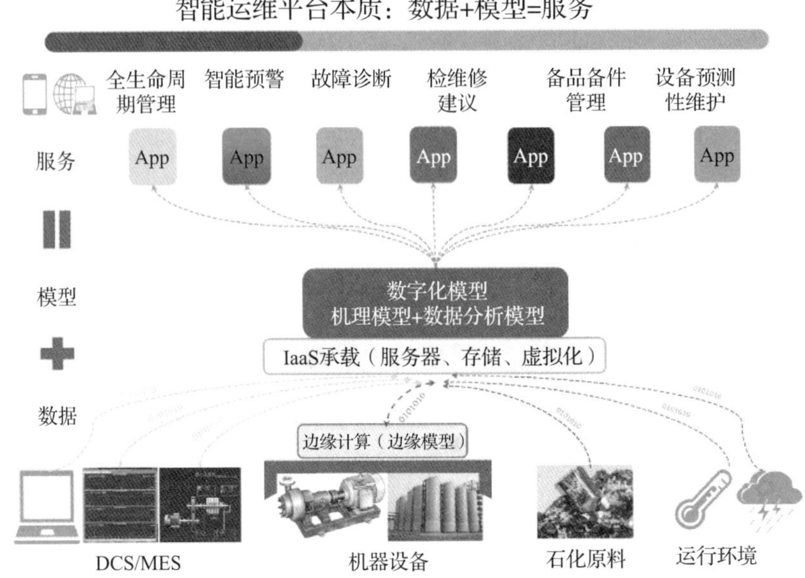

图 1-5　智能运维平台架构图

整套系统运行于石化企业内网之中，数据层通过集散控制系统（distributed control system，DCS）[18]、制造企业生产过程执行系统（manufacturing execution system，MES）[19] 等系统的软件接口读取设备运行的相关工艺数据，利用传感器、二次仪表、无线物联网节点、具有边缘计算能力的智能数据采集器、便携式采集设备，将设备运行状态数据、原料数据（如原油流量、压力、品质等数据）、环境数据（如大气压力、温度等）发送至服务层。服务层的数据转换器（物联网网关）、中间服务器等依据设备的“数字化模型”（包括基于机理的模型和基于数据驱动的模型），对数据进行解析、处理，形成智能运维信息转发至应用层；应用层建立 Web 端、App 端和 CS 端界面，与用户进行交互，为用户提供信息和服务。上述架构反映了智能运维平台的本质，即“服务 = 模型+数据”。

智能运维平台的核心是在设备技术原理、行业知识、基础工艺、研发工具规则化、模块化、软件化基础上形成的数字化模型。数字化模型的核心地位可以用图 1-6 说明。数字模型的编程方式可以是代码化的，例如采用 C++、Java 等编程语言；也可以是图形化的，例如采用 MATLAB 的 Simulink 模型；还可以是参数化的，例如采用 Ansys 的参数化模型。数字模型分为强调因果关系（实际也是基于因果关系建立）的机理模型

和强调相关关系的数据驱动模型两类。典型的机理模型典型的有理论模型（如描述旋转机械动力学规律的转子动力学模型、描述流体动力学规律的流体力学模型等）、逻辑模型（如由 IF-Else 组成）、部件模型（如零部件的三维有限元模型）、工艺模型（如石化企业工艺流程的模型）、故障模型（如机械设备故障树模型）、仿真模型（如用于机械结构模态分析的仿真模型）；典型的数据驱动模型可以用于异常判别（二分类问题）、故障识别（多分类问题），有支持向量机模型（support vector machine，SVM）、贝叶斯模型、神经网络模型（artificial neural network，ANN）、控制结构模型（如自适应控制模型）等。这些数字模型以软件程序的形式存在于“平台”上（即图 1-5 所示的 IaaS 层）。数字模型的应用结果是以其产生的信息、结论来对设备运维的“执行”产生影响，数字模型产生的结果是描述被运维对象发生了什么（what happened）、诊断为什么发生（why happened）、预测将要发生什么（what will happen）、决策应采取什么措施（how to do）。数字模型的目标是状态感知、实时分析、科学决策、精准执行。

智能运维平台的核心是数字化模型

智能运维平台的核心是在设备技术原理、行业知识、基础工艺、研发工具规则化、模块化、软件化基础上形成的数字化模型

从哪来
物理设备
机组资料、故障诊断
控制系统、远程运维
流程逻辑
生产运维管理
产品质量管理
排产优化管理
生产效能管理
研发工具
设计模型
工厂模型
仿真模型
生产工艺
工艺配方
工艺过程
工艺参数

怎么建
代码化编程
参数化编程
图形化编程
Java
python

是什么
机理模型（“因果关系”）
理论模型集
流体力学模型
热力学模型
空气动力学模型
……
逻辑模型集
逻辑框架
流程步骤
管理时序
……
部件模型集
工艺模型集
故障模型集
仿真模型集
数据驱动模型（“相关关系”）
数据分析
SVM
贝叶斯
遗传算法
……
机器学习
神经网络
控制结构
自适应、鲁棒

什么样
App
平台架构

怎么用
状态感知
实时分析
科学决策
精准执行
描述
what happened
诊断
why happened
预测
what will happened
决策
how to do
执行

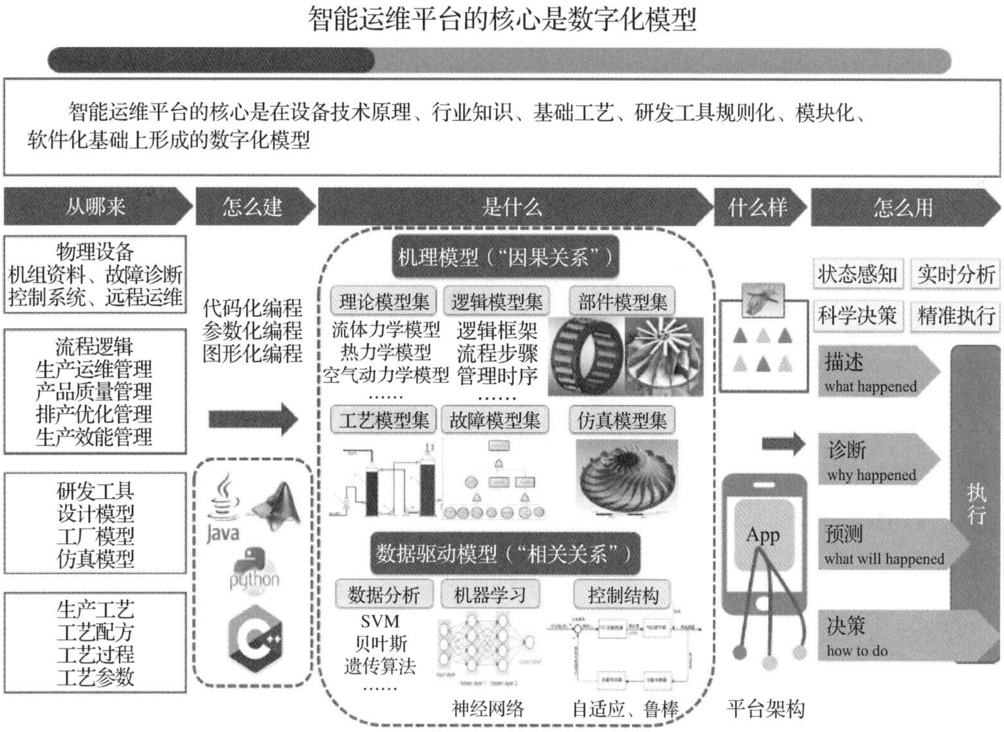

图 1-6　智能运维平台的核心——数字模型

三、船舶装备智能运维发展

海洋运输装备制造业在智能船舶方面的创新已成为当前船海界研发的热点和前沿。由于船舶的特殊性，对船舶装备智能运维技术的需求非常迫切，利用传感器、通信、物联网、互联网等技术，自动感知船舶自身、海洋环境、物流、港口等方面的信息和数据，综合运用计算机技术、自动控制技术和大数据分析技术，实现船舶航行、管理、维护保养和货物运输的智能化，使船舶更加安全、更加环保、更加经济和更加可靠。

智能船舶运行与维护系统（smart-vessel operation and maintenance system，SOMS）具有智能系统所必备的三大功能，即智能感知、智能分析和智能决策。

（一）智能感知：SOMS 拥有一个集成的信息平台

集成信息平台能够集成了包括主机、电站、液仓遥测、压载水、ECDIS、VDR 等全船已有航行、自动化监测、控制与报警信息，以及视情增加包括燃油流量、轴功率、主机瞬时转速、轴振动等必要传感器信息，形成 SOMS 信息集成平台，并在平台中统一数据标准，有效存储管理，提供开放接口，可实现信息共享（包括船上系统之间、船岸之间的共享）。SOMS 集成信息平台如图 1-7 所示，平台的数据具有集中性，汇集了船舶自身、海洋环境、用户活动、物流/港口等方面的数据，形成船舶万物互联的基础。

（二）智能分析：SOMS 平台上搭载专用数据分析模型库

SOMS 搭载了一定数量的智能数据分析模型，形成 SOMS 的每一个特色功能（如设备安全预警、燃油消耗优化、岸海传输压缩等），并以数据分析模型的自学习能力，随船舶航行过程进行自动模型训练与优化。

它还能做到系统分析规模化，通过数据驱动技术和机器自主学习，构建感知、分析、评估、预测、决策、管理、控制、远程支持等一体化的智能化体系。

（三）智能决策：SOMS“一个集成平台+多个定制化应用”模式

基于集成信息平台和专用模型库，SOMS 可像智能手机的“平台+Apps”模式一样，面向船舶用户的各类需求，重点解决价值分析与优化决策支持，以低成本、快速响应形式提供从船端到岸端的多个定制化应用。SOMS 的产品模式如图 1-8 所示。

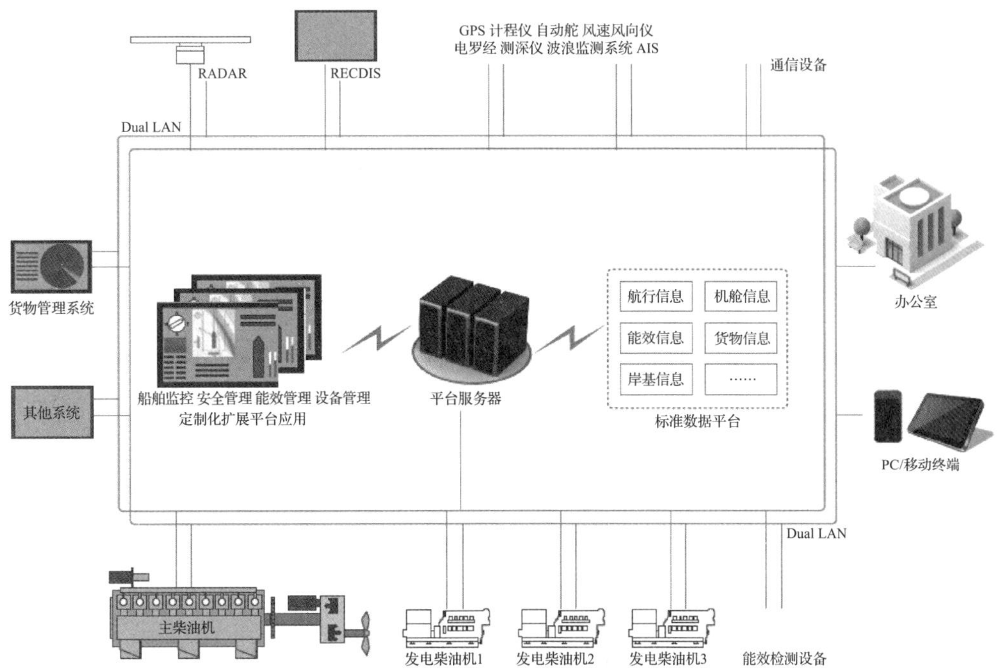

图 1-7 SOMS 集成信息平台

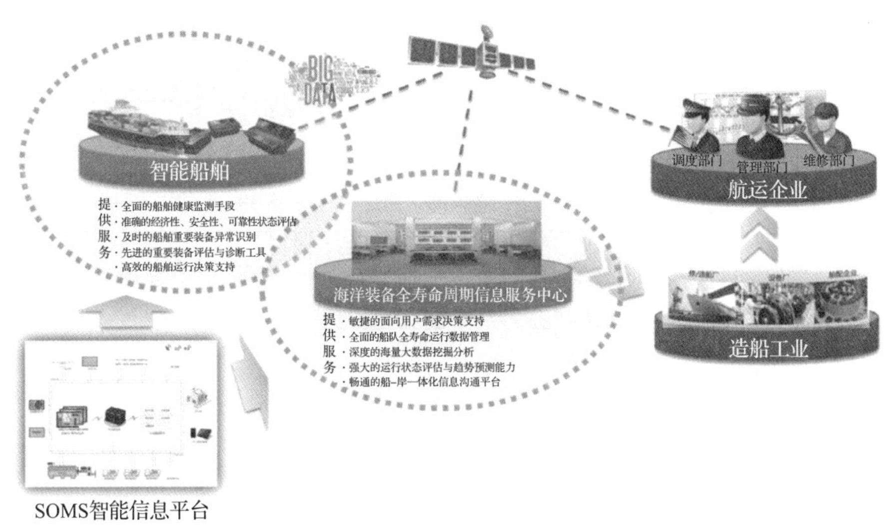

图 1-8 “一个集成平台+多个定制化应用”的产品模式

综上所述，智能船舶运行与维护系统（SOMS）本着“数据驱动，融合创新”的理念，提供全维的数据感知、综合的数据分析、定制的信息服务。

四、高铁装备智能运维发展

高铁装备是中国高端制造业崛起的重要标志，高铁车辆属于典型的复杂机电系统，以分布式、网络化方式集成了机、电、气、热等多个物理域的部件，故障表现方式高度复杂化。由于缺乏有效的技术装备和智能运维系统，我国铁路部门普遍沿用不计成本保安全的定期维修方式。随着高速铁路的大范围普及，高铁装备智能运维平台的研究和开发提上日程。它主要分析和监控基于列车运行状态和重要部件的实时参数以及设计数据等非实时参数，重点研究高铁故障早期特征提取技术和重要零部件寿命预测技术，实现高效、准确、低成本的高铁装备智能运维。

一种典型的高铁 PHM 总体架构如图 1-9 所示，包含三个主要子系统：车载 PHM 系统、车地数据传输系统、地面 PHM 系统。首先通过传感器采集列车在运行过程中各个关键部件和系统的运行数据，然后利用车载 PHM 系统对这些数据进行分析，并通过

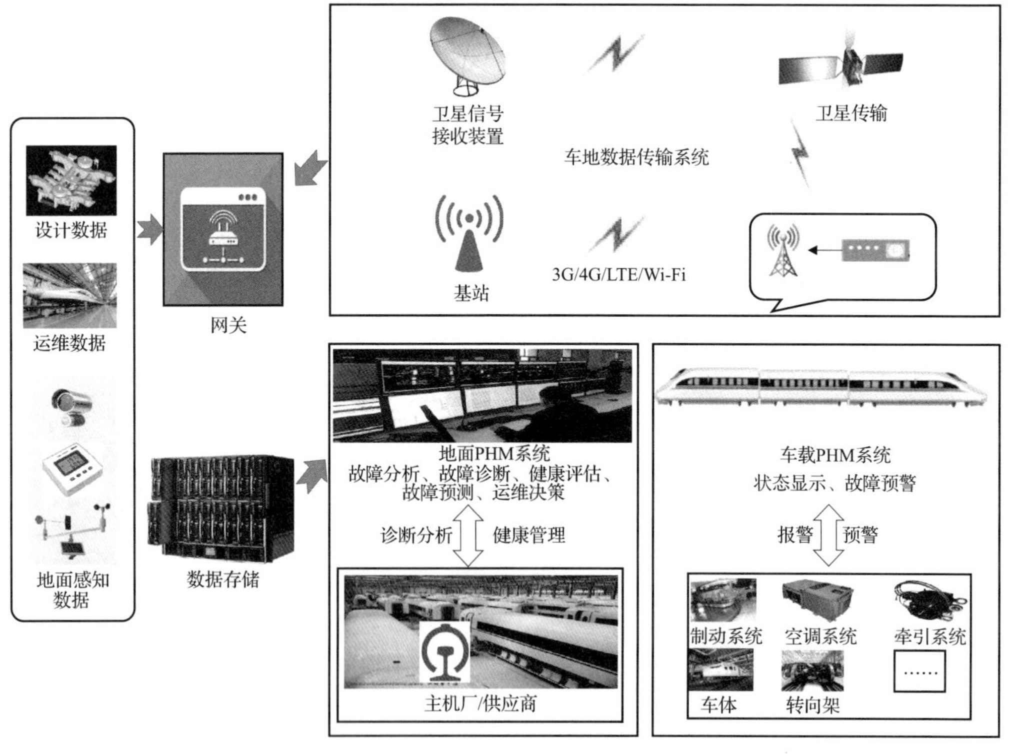

图 1-9　高铁 PHM 总体架构

车地传输系统将数据与分析结果发送到地面 PHM 系统。地面 PHM 系统对这些实时数据和非实时数据进行分析，实现对高速列车的故障诊断和健康管理。最后，根据需求将相应的结果发送给用户和主机厂/供应商。

五、航天航空装备智能运维发展

健康管理系统是先进航天航空装备的重要标志，也是构建新型维修保障体制的核心技术，同时也深刻改变着先进航天航空装备的运行和维修保障模式。其可以对关键部件状态进行实时监测；对运行过程中系统部件尤其是发动机的运行信息以及异常事件进行记录和存储；通过对发动机的状态进行监测，最大化提升装备安全性、完好率，降低维修保障费用以及运行危险性，进而减少维修保障费用，提高维修效率。

（一）直升机健康与使用监控系统架构

直升机健康与使用监控系统（health and usage monitoring system，HUMS）由传感器、机载数据采集与处理系统和地面站分析系统构成，其系统架构如图 1-10 所示。

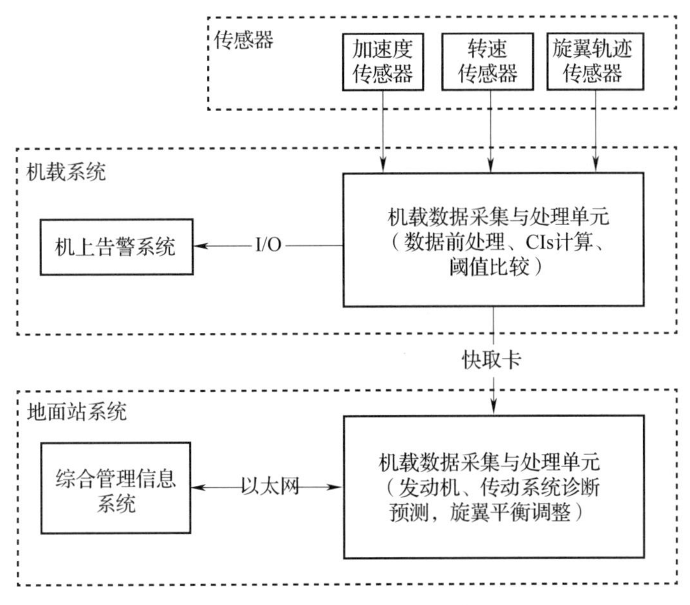

图 1-10　直升机 HUMS 系统架构

通过在直升机关键部件上安装加速度传感器、转速传感器、旋翼轨迹传感器等，捕捉反映直升机状态的关键信息；机载系统将预处理后的数据完整地记录保存下来；

地面站系统计算各状态指标是否超限，并进行详细的振动数据分析，判断飞机能否继续飞行，是否需要维修；最终将数据存储至数据库。

（二）民机 PHM 系统总体架构

国际领先的民用飞机 PHM 系统普遍采用基于状态的维修系统开放体系架构（open system architecture for condition based maintenance，OSA-CBM）标准进行总体设计，这是一种基于逻辑分层的、面向服务的、开放的系统架构，实现从数据采集到具体维修建议等一系列功能，包括传感和数据获取、数据处理和特征提取、产生警告、失效或故障诊断和状态评估、预诊断（预测未来健康状态和剩余寿命）、辅助决策/维修建议、管理和控制数据流动、对历史数据存储和存取管理、系统配置管理、人机系统界面等。

从逻辑层次上，PHM 系统分为数据获取层、数据处理层、状态监测层、健康评估层、故障预测层、决策支持层和表示层共七个层次。不同的功能层组成单元都要参照相关标准，都可作为相对独立的系统功能模块进行设计开发，以保证系统的开放性。

从物理实现结构上，PHM 由机载系统、数据通信传输系统、地面系统构成，图 1-11 给出了 PHM 体系架构中功能逻辑层次、飞机健康管理对象与 PHM 机载/地面系统功能映射关系，其中：最底层的 3 层功能主要由 PHM 机载系统实现，6、7 层功能由 PHM 地面系统实现，4、5 层功能由机载系统和地面系统共同完成。

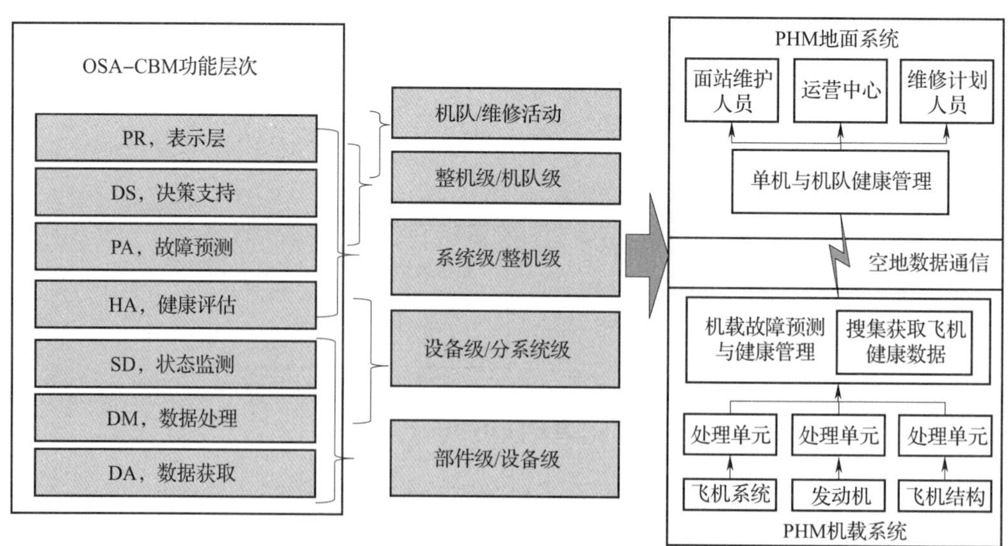

图 1-11　PHM 系统参考体系架构与功能映射关系

大型客机 PHM 系统的核心业务功能主要是通过地面系统与飞机之间的接口、空地双向数据链路以及地面数据传输网络进行数据信息的交联，对整个航程中飞机的飞行状态进行全程监控。当飞机在飞行过程中检测到异常时，异常信息通过飞机通信寻址与报告系统（aircraft communications addressing and reporting system，ACARS）报文或者其他通信链路实时发送到 PHM 地面系统；同时根据故障信息，按照一定的处理逻辑，综合应用维修手册、维修案例、故障诊断模型等信息，实现对飞机故障的快速诊断，并给出合适的排除故障方案；在一定时间内，由系统和相关技术人员决定此异常是否需要处理，将最终的处理结果反馈给本系统，作为后续案例的应用支撑；通过对航后数据的收集、整理与分析，得出飞机相关参数的变化趋势，为故障预测和健康管理等提供数据基础。

PHM 系统总体功能架构将定义大型客机健康管理系统的核心子系统以及其主要功能——系统功能架构，并且定义这些核心子系统的部署模式和集成交互模式。PHM 地面系统与飞机之间的接口主要是通过空地以及地面数据传输网络进行数据信息的交互，这些数据主要用于为地面系统相关功能的运行提供必要的数据输入。PHM 地面系统将与机载系统以及其他客服运营支持系统深度整合，为航空公司客户提供综合的飞机状态监控与健康管理服务。

第三节　智能运维与健康管理

考核知识点及能力要求：

- 了解 PHM 的发展现状、PHM 实施中的资产管理。

- 熟悉智能运维，用于维修决策。
- 掌握 PHM 的概念与内涵、PHM 的体系结构。

随着测试技术、信息技术和决策理论的快速发展，航空、航天、通信、工业应用等各个领域的工程系统日趋复杂，综合化、智能化程度不断提高，研制、生产尤其是维护和保障的成本也越来越高。同时，由于组成环节和影响因素的增加，发生故障和功能失效的概率也逐渐增大，因此，复杂系统的健康管理和智能运维逐渐成为各界关注的焦点。从复杂系统的可靠性、安全性、经济性出发，以预测技术为核心的故障预测和健康管理（PHM）技术受到越来越广泛的重视，并逐渐发展成为自主式后勤保障系统的重要基础。PHM 作为一门新兴的、多学科交叉的综合性技术，正在引领全球范围内新一轮军事维修保障体制的变革。PHM 技术作为实现装备视情维修、自主式保障等新思想、新方案的关键技术，受到了美英等军事强国的高度重视。根据 PHM 产生的重要信息，制订合理的运营计划、维修计划、保障计划，最大限度地减少紧急（时间因素）维修事件的发生，减少千里（空间因素）驰援事件的发生，减少经济损失，降低系统费效比。

在设备的使用和维护过程中，经常采用定期维修策略来维持设备的可靠性，预防重大事故的发生。尽管定期维修策略曾发挥了重要的作用，但随着科技的发展，其不合理性逐渐显现出来。一方面，由于机械设备在先天上存在一定程度的个体差异，甚至有些设备具有一些难以发现的缺陷，极高的设计可靠性与制造可靠性标准并不能避免个体设备的故障发生；另一方面，由于在使用过程中机械设备所经历的运行工况、外部环境及突发因素千差万别，运行时间与故障发生的相关性越来越小，定期的维修策略并不能非常有效地维护设备的健康。许多设计可靠性极高的设备在远低于预期寿命的时间内，仍然会突发一些难以预期的故障，而另一些设备在仍然可以健康运行的时候就遭到了强制维修甚至更换，“欠缺维修”与“过度维修”的问题在设备的运行维护中非常突出。因此，正在服役的大型关键设备的实时退化过程和维修更换过程会形成大量数据，在数据建模的基础上，进行可靠性的动态评估和故障的实时预测，基于评估和预测信息制订科学有效的健康管理策略，是非常重要的研究课题。

而实施基于故障预测的 PHM 技术是国产设备实现质量升级的一个重要方向。在我国装备产业亟待转型升级的背景下，开展 PHM 与智能运维等相关研究的迫切性与重要性已经愈发明显，为此，近年来我国制订了一系列国家战略计划。2006 年 2 月国务院颁布了《国家中长期科学和技术发展规划纲要（2006—2020 年）》，并在先进制造领域设立了“重大产品重大设施预测技术专题”[20]。国家自然科学基金委员会分别在工程与材料科学部、信息科学部、数理科学部和管理科学部等多个学部设立了可靠性及故障预测的相关方向。上述方向或专题希望通过寿命预测和可靠性共性理论与前沿技术的研究，为提高我国重大装备、设施、工程的安全可靠运行能力，预防重大事故，提高技术产业的国际竞争力，提供寿命预测与可靠性分析的关键技术、方法和手段[21]。

综上所述，开展故障预测与健康管理以及设备智能运维的研究能够确保机械设备的安全、稳定、可靠运行，保障人身安全，提高生产部门的生产效益，树立企业的信誉和形象，增强行业的国际竞争力和影响力，带来良好的经济效益与社会效益。

本节将对 PHM 技术、PHM 实施过程中的资产管理、基于预测技术的装备智能运维进行概述。

一、故障预测与健康管理

（一）PHM 的概念与内涵

PHM 技术始于 20 世纪 70 年代中期，从基于传感器的诊断转向基于智能系统的预测，并呈现出蓬勃发展的态势。20 世纪 90 年代末，为了实现装备的自主保障，美军提出在联合攻击战斗机（JSF）项目中实施 PHM 系统[22]。从概念内涵上讲，PHM 技术从外部测试、机内测试、状态监测、故障诊断发展而来[23]，涉及故障预测和健康管理两方面内容。故障预测（prognosis）是根据系统历史和当前的监测数据诊断、预测其当前和将来的健康状态、性能衰退与故障发生的方法[24]；健康管理（health management）是根据诊断、评估、预测结果等信息，利用维修资源和设备使用要求等知识，对任务、维修与保障等活动做出适当规划、决策、计划与协调的过程。

PHM 技术代表了一种理念的转变，是装备管理从事后处置、被动维护，到定期检查、主动防护，再到事先预测、综合管理不断深入的结果[25-27]，旨在实现从基于传感器的诊断向基于智能系统的预测转变，从忽略对象性能退化的控制调节向考虑对象性能退化的控制调节转变，从静态任务规划向动态任务规划转变，从定期维修到视情维修转变，从被动保障到自主保障转变。故障预测可向短期协调控制提供调参时机，向中期任务规划提供参考信息，向维护决策提供依据信息。故障预测是实现控制调参、任务规划、视情维修的前提，是提高装备可靠性、安全性、维修性、测试性、保障性、环境适应性和降低全寿命周期费用的核心[23,7]，是 CPS 进而实现装备两化融合的关键。近年来，PHM 技术受到了学术界和工业界的高度重视，在机械、电子、航空、航天、船舶、汽车、石化、冶金、电力等多个领域得到了广泛应用。

故障既是状态又是过程[28]，从萌生到发生的退化全过程历经了多种状态，状态之间的转移具有随机的特点。动力装备处于极端复杂的运行环境（重载、高速、高温、高压、盐雾、潮湿等），导致其状态转移的随机性更强，机理建模难以奏效；而状态转移是有条件的，条件是随时间变化的，变化是体现在数据之中的。动力装备退化过程本质上是状态随机转移过程，基于数据的多状态退化过程建模是实现装备健康状态评估和性能衰退预测的理论基础和关键科学问题。如图 1-12 所示，相比故障诊断而言，故障预测可估计出动力装备当前的健康状态，可提供维修前时间段的预测。估计的当前健康状态是及时调整控制器参数的依据，是规划中期任务的

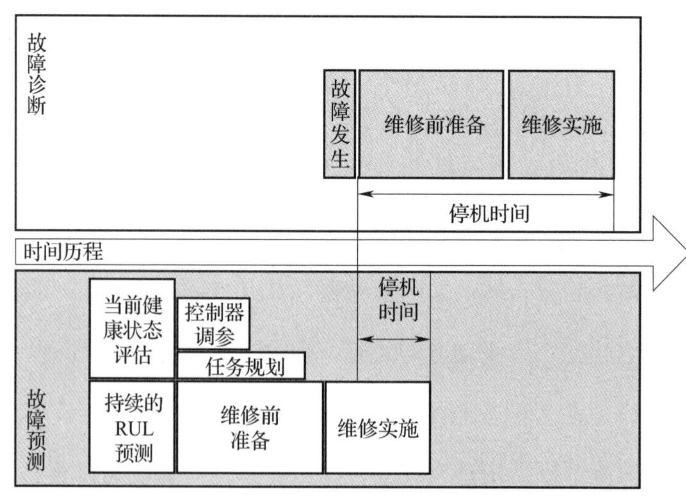

图 1-12　故障预测与故障诊断的比较

重要参考；而根据预测的时间段可以进行远期维护时机和维护地点的优化决策，可以更科学合理地制订维护计划，为保障备件的调度调配提供充足的时间，避免了维修前准备较长的停机时间。

当前主流的关于故障诊断与故障预测之间的关系解析如图 1-13[29] 所示，认为故障预测应当发生在故障诊断之前，故障预测取故障预示或预诊断的含义，与实际的退化演变程度一致。

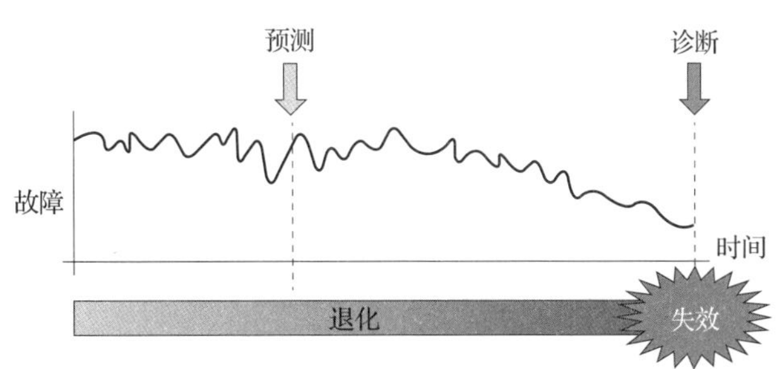

图 1-13 故障诊断与故障预测之间的关系

任何一个运行中的机械设备，随着服役年限的不断增加总会不可避免地发生故障或失效。基于失效时间的可靠性评估难以获得满足大样本条件的失效样本。而且设备的失效往往与使用工况及外界环境相关，基于失效的可靠性评估通常只考虑失效时刻的信息，而难以考虑这些时变过程参量对失效的影响。因此，基于失效时间的模型难以将可靠性评定的结果推广到实际上多变工况和环境中。由上述讨论可知，在可靠性评估尤其是动态可靠性评估过程中，仅仅使用失效时刻的信息，显然过于简单化和片面化，不利于真实完整地把握设备的渐变失效规律，也不利于正确全面地评估设备的运行状态与可靠性。为了克服这些问题，逐渐发展出了基于退化的剩余寿命预测方法。常用的故障预测方法可以分为基于失效物理的模型、基于数据驱动的模型和融合方法[30]。其中，建立基于失效物理的模型需要深入了解产品失效机理、完整的失效路径、材料特性以及工作环境等。基于数据驱动的模型是根据传感器信息数据特征进行预测的。

（二）PHM 的体系结构

PHM 较为典型的体系结构是 OSA-CBM 系统，它是美国国防部组织相关研究机构和大学建立的一套开放式 PHM 结构体系，该体系结构是 PHM 领域的重要参考。OSA-CBM 体系结构作为 PHM 体系结构的典范，是面向一般对象的单维度七模块的功能体系结构；该体系结构重点考虑了中期任务规划和长期维护决策，而对基于装备性能退化的短期管理功能考虑不足。

OSA-CBM 体系结构如图 1-14 所示，该体系结构将 PHM 的功能划分为七个层次，主要包括数据获取、数据预处理、状态监测、健康评估、故障预测、决策推理和任务规划[31,32]。

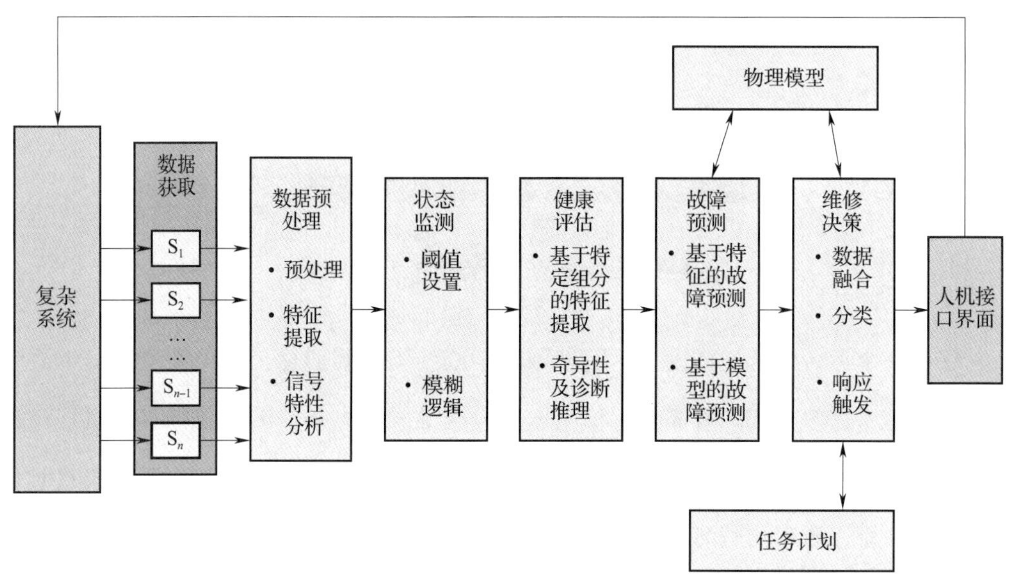

图 1-14　OSA-CBM 体系结构

动力装备 PHM 系统在功能上由数据获取、特征提取、状态监测、健康评估、故障预测、维修决策、集成控制等 7 个功能模块组成；各个功能模块之间的数据流向基本遵循上述顺序，其中任意一个功能模块具备从其他六个功能模块获取所需数据的能力。每项功能的内涵设计如下：

（1）数据获取（data acquisition，DA）：分析 PHM 的数据需求，选择合适的传感器（如应变片、红外、霍尔）在恰当的位置测量所需的物理量（如压力、温度、电流），并按照定义的数字信号格式输出数据。

（2）特征提取（feature extraction，FE）：对单/多维度信号提取特征，主要涉及滤

波、求均值、谱分析、主分量分析（PCA）、线性判别分析（LDA）等常规信号处理方法和特征降维方法，旨在获得能表征被管理对象性能的特征。

（3）状态监测（condition monitoring，CM）：对实际提取的特征与不同运行条件下的先验特征进行比对，对超出了预先设定阈值的特征发出报警信号，涉及阈值判别、模糊逻辑等方法。

（4）健康评估（health assessment，HA）：健康评估的首要功能是判定对象当前的状态是否退化，若发生了退化则需要生成新的监测条件和阈值。健康评估需要考虑对象的健康历史、运行状态和负载情况等，涉及数据层、特征层、模型层融合等方法。

（5）故障预测（fault prognosis，FP）：故障预测的首要功能是在考虑未来载荷情况下根据当前健康状态推测未来，进而预报未来某时刻的健康状态，或者在给定载荷曲线的条件下预测剩余使用寿命，可以看作是对未来状态的评估。涉及跟踪算法、一定置信区间下的 RUL 预测算法等。

（6）维修决策（maintenance decision，MD）：根据健康评估和故障预测提供的信息，以任务完成、费用最小等为目标，对维修时间和空间做出优化决策，进而制订出维护计划（如降低航速、减小载荷）和修理计划（如增加润滑油、降低供油量），提出更换的保障需求（作为自主保障的输入条件）。该功能需要考虑设备运行历史和维修历史，考虑当前任务曲线、关键部件状态、资源等约束。涉及多目标优化算法、分配算法、动态规划等方法。

（7）集成控制（integrated control，IC）：主要实现集成可视化，集成状态监测、健康评估、故障预测、维修决策等功能产生的信息并可视化，产生报警信息后具备控制对象停机的能力；还具有根据健康评估和故障预测的结果调节动力装备控制参数的功能。该功能通常与 PHM 其他功能具有数据接口。需要考虑是单机实施还是组网协同，是基于 Windows 还是嵌入式，是串行还是并行处理等。

（三）系统级 PHM 发展现状

20 世纪 80 年代，英国开发的使用和状态管理系统（health and usage monitoring system，HUMS）是整机级 PHM 的最原始形态，该系统已经应用于 AH-64 阿帕奇、

UH-60 黑鹰直升机的健康管理[33]。随着 PHM 理论的发展，该系统一直在持续改进。20 世纪 90 年代以来，形成了用于直升机动力系统健康监测的 HUMS 子系统[34]，该系统通过采集动力系统运行参数，实施对系统的健康状态进行监视。目前该系统仍在持续更新中。2012 年，HUMS 开始向采用分布式模块化设计的功能增强、性能改善的超级 HUMS 发展，并用于 RQ-7A/B200 战术无人机的运营管理。2016 年，该 PHM 系统正式搭载于国产大型客机[35]。2017 年，美军研制的 F-35 联合攻击机（JSF）PHM 系统成了整机级健康管理的最先进代表[36]。舰载机 PHM 系统发展历程如图 1-15 所示。

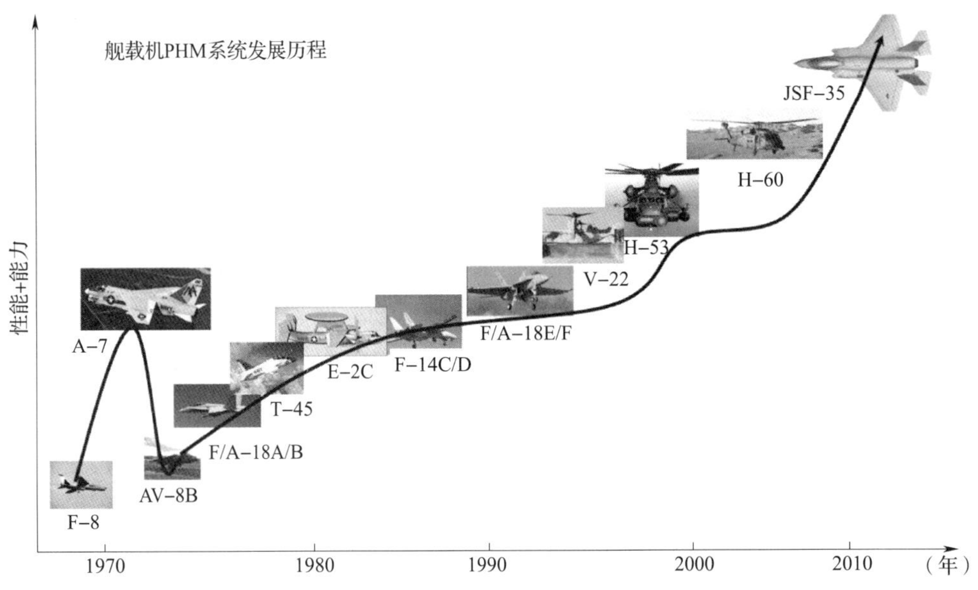

图 1-15 舰载机 PHM 系统发展历程图

在舰船整船 PHM 应用系统方面，挪威 KYMA 公司研制的整船性能监视系统（ship performance monitor，SPM）可给出船舶航行的在线性能信息和未来性能变化趋势，变化趋势得到了实际运营数据的不断迭代修正。日本三菱重工研制的 SUPER-ASOS 系统（super advanced ship operation support system）是整船级 PHM 系统，该系统由导航支持系统（navigation support system，NSS）、机械装备诊断维护支持系统（machinery predictive diagnosis/maintenance support system，MPDMSS）和货物规划处理支持系统（cargo handling and planning support system，CHPSS）构成。美国海军为在役舰船研制了综

合状态评估系统（integrated condition assessment system，ICAS），使总维修费用下降了32%。该系统偏向于整船级的状态监测、状态评估和多船之间的协调控制[37]。美国海军技术研发中心分析了船舶运营管理中存在的问题和发展船舶 PHM 的重要意义，并以现有的 ICAS[38]、CAMEOS（comprehensive automated maintenance environment-optimized system）[39] 和 S&RL（sense and respond logistics）[40] 三个 PHM 应用系统为例，从船舶需求的精准定义、费用分析、技术成熟度等方面较系统地论述了发展船舶 PHM 面临的挑战和障碍。船舶 PHM 系统发展历程如图 1-16 所示，从图中可以看出船舶 PHM 系统的发展与飞机 PHM 系统的发展历程类似，但总体上滞后于飞机 PHM 系统的发展。

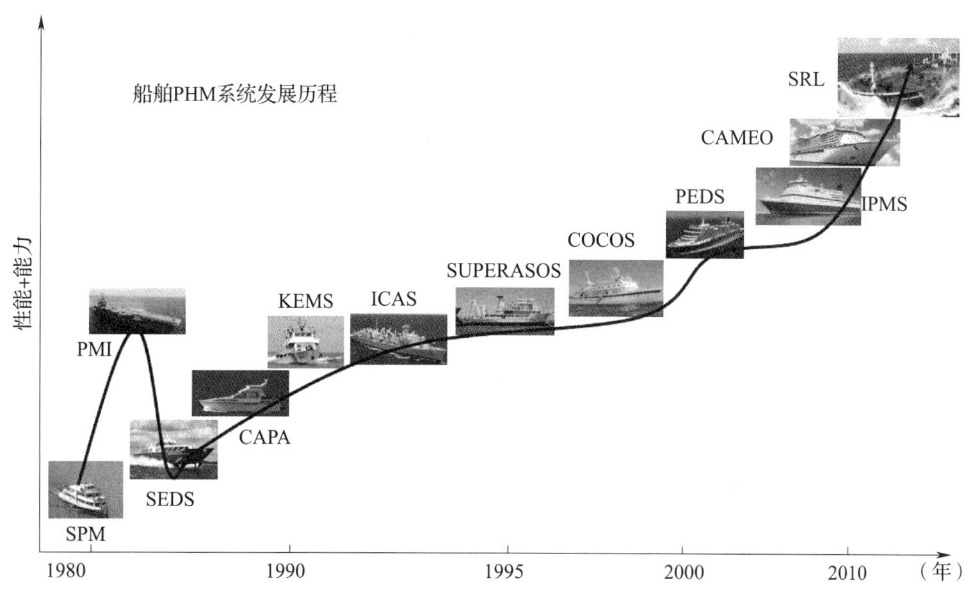

图 1-16　船舶 PHM 系统发展历程图

在卫星整星 PHM 应用系统方面，20 世纪 60 年代，航天领域极端复杂的运行环境和使用条件共同驱动了可靠性理论、环境试验等方法的诞生。随着系统复杂性的增加，因设计不充分、制造误差、维修差错和非计划事件等原因导致故障概率不断增加，迫使人们在 70 年代提出了航天器综合健康管理的概念。在航天器 PHM 应用系统方面，2001 年 NASA 在 X-33 等上应用了航天器健康管理系统（vehicle health management，VHM），这是航天领域经历的飞行验证的第一代 PHM 技术。2003 年，哥伦比亚号航天飞机在出事前其感应监视系统（inductive monitoring system，IMS）已检查到机翼温度的异常变化。NASA 组织研发了空间运输系统综合健康管理系统（integrated vehicle health management，IVHM）[41,42]，并将该技术应用于 X-37、C-130 大力神运输机等，该系统有数据获取、数据处理（特征提取）、健康评估、预测评估等功能。2016 年，为了实现波音飞机的故障诊断及趋势预测，波音公司将 IVHM 系统用于飞行参数的分析及整机系统级失效的预测[43]。2017 年，IVHM 作为系统级视情维修的具体应用在航空领域进行了推广，并用于飞机的故障诊断、预测及健康管理[44]。

二、PHM 实施中的资产管理

PHM 的理论分析已经有了大量的研究，而 PHM 的工业化被认为是 PHM 发展最主要的挑战[45]。从企业资产管理的角度出发，PHM 贯穿产品的整个生命周期，可以用于降低系统维护成本、改进维修决策，并为产品设计和验证流程提供使用情况反馈。将 PHM 与现有系统、运营和流程相结合，可以实现可量化的收益。实践表明，通过科学有效的健康管理可以很好地维持在役设备的可靠性，能有效地降低设备维护费用。美国通用电气公司经过分析认为，在矿山、冶金、发电、石化等流程工业中，如果可靠性能提高 1%，即使成本升高 10%也是合算的[46]。英国 2 000 个工厂在推广基于状态信息的视情维修后，每年节省维修费用总计高达 3 亿英镑[47]。在英美联合的 F-35 攻击机项目上，由于应用了 PHM 技术，维修人力减少 20%~40%，后勤规模减小 50%，出动架次率提高 25%，飞机使用与保障费用相比过去机种减小 50%[48]。开展故障预测与健康管理不仅能够被动地避免重大事故的发生，而且能够促进设备运行维护水平和生产管理方式的大幅度升级，减少设备的停机检查与大型维修次数，尽可能提高设备的可用率，充分发挥设备的效益，带来可观的经济回报。根据应用的不同，PHM 平台可以分为单机版、嵌入式和云端平台三种类型[49]。

单机版 PHM 系统是当前应用最普遍的 PHM 系统，如图 1-17 所示。它可以提供较高的计算能力、高数据存储量和分析能力，并可以用于不同的健康管理目的。对于单机版的 PHM 系统而言，个人电脑是主要的硬件资源。当多个 PHM 系统需要交互时，系统代理负责协调不同 PHM 系统之间的通信和同步，所有数据都会送至个人电脑进行

处理。知识代理包含算法、看门狗工具箱，负责与其他数据库交互并提供决策支持。对于一个加工厂来说，一台加工中心适合应用单机版 PHM 系统。考虑到加工设备的复杂性，需要运用复杂的预测算法来捕捉机械部件的退化特征，跟踪可以反映系统退化和失效严重程度的事件而不中断机器加工过程。一般来讲，单机版 PHM 系统需要高频采样的传感器，并且需要较高的计算能力以满足处理和分析大量数据工作的要求。

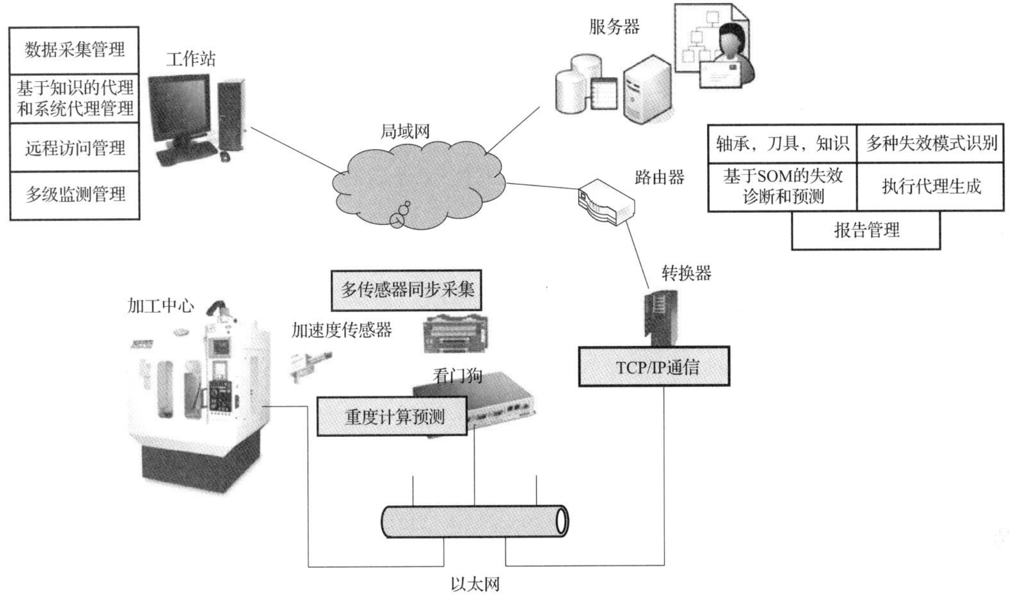

图 1–17　单机版的 PHM 平台

单机版 PHM 系统不能提供故障诊断和预测的反馈给过程控制系统，所以需要合理利用可编程控制器同步触发外部数据采集。如果将故障诊断和预测系统嵌入到商业化的控制器中，在控制循环时，故障预测的代理将会在产品失效前自动报告事件和调整参数，使系统更加可控，减少生产线当机时间。图 1–18 显示了嵌入式 PHM 平台的基本结构。在嵌入式平台实施 PHM，计算能力和内存需要重点考虑。知识代理已经存在于 PHM 模型中，执行代理实时计算连续信号并提供健康信息。系统代理基于检测到的健康信息对控制系统进行反馈。尽管不同的工业领域都采用 PHM 来减少机器当机时间，避免机器失效，优化维护策略，但在实施过程中，由于需求、期望和资源的限制，依然存在很多挑战。比如不同的 PHM 任务需要不同的计算能力和不同的平台。所以，大多数工业领域都有 IT 基础设施来支持分布式的监测系统。云计算可以用来管理、分派、提供一个更安全和容易的方式来存储大量数据文件，同时提供快速的数据连接。云端 PHM 平台基于服务导向架构分布式计算、网格化计算、可视化进行集成。工业界开发合适的、可以盈利的云端 PHM 平台部署策略需要三个主要成分：机器界面代理；云端应用平台；用户服务界面。基于云端的 PHM 平台如图 1-19 所示。机器界面代理用来对处于不同位置和云端的机器进行通信，并采集机器状态数据传递给云端应用平台。机器界面代理可以是嵌入式的，也可以是个人计算机，由部署的限制和喜好决定。在云端应用平台，开发者可以开发 PHM App，不同的用户可以使用分享应用来分析自己的数据。数据处理和 PHM 算法在云端应用平台中被分置于不同的模块中。在任何一台虚拟机中，这些模块都可以被唤醒和协作来生成合适的工作流以满足最小配置要求。最后，PHM 应用的结果会通过用户服务界面反馈给用户来减少运营成本，或者反馈给设计师来改进设计。用户可以通过用户服务界面来登录云端应用平台以访问授权数据、信息。

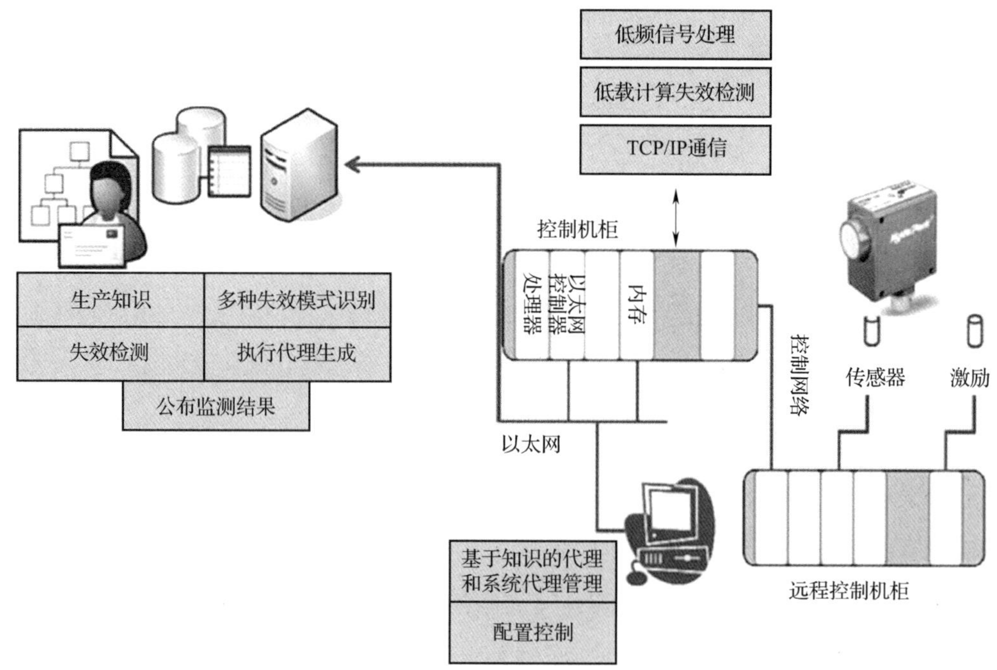

图 1-18　嵌入式的 PHM 平台

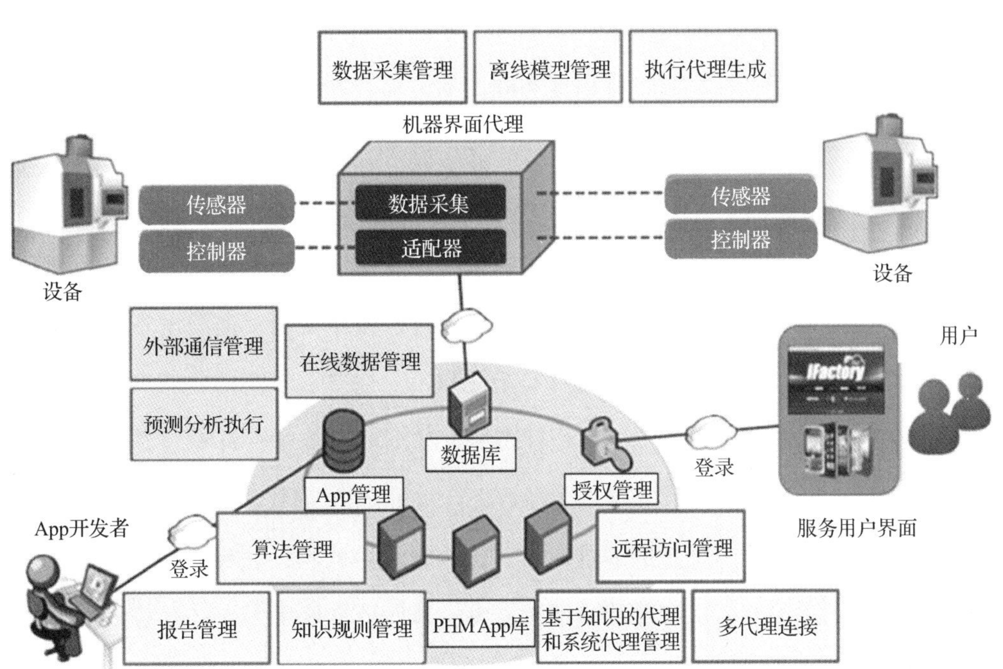

图 1-19　基于云端的 PHM 平台

三、智能运维

根据英国设备维护工艺学[50] 使用的术语词汇和中华人民共和国国家标准 GB/T 3187—94[51]，维护是指为保持或恢复产品处于能执行规定功能的状态所进行的所有技术和管理，包括监督的活动。在工业生产中，对设备实施维护能够保障设备安全运行，降低突发事故的可能性，避免人员伤亡和设备损失。维护计划已经成为企业运行计划的重要组成部分。事后维护是 20 世纪 40 年代以前的主要维护策略，当设备失效后才对设备进行维护。第二次世界大战后，人们逐渐认识到仅仅进行事后维护所花费的成本是很大的。低效率的维护方式主要指维护不足和过度维护，维护不足使得设备在维护后仍存在较高的失效风险，而过度维护使得维护费用大大增加。因此，需要制订合理的维护策略，既减少过度维护造成的浪费，又保证设备受到足够的维护而处于良好的工作状态。据统计，制造业中的维护费用通常占总生产成本的 15%以上，缸体行业中的维护费用有的高达 40%[52]。在军事领域，维护费用的比例也很高[7]。据统计，大约 30%的维护成本是由低效率的维护方式引起的[53]。经过多年的发展，维护理论经历了事后维修、定时维修、视情维修与自主保障等过程。由于视情维修与自主保障在显著降低设备运维费用、提高装备可用度和利用率方面存在巨大的优势，在过去数十年中得到了广泛关注。

智能运维是建立在PHM基础上的一种新的维护方式。它包含完善的自检和自诊断能力，包括对大型装备进行实时监督和故障报警，并能实施远程故障集中报警和维护信息的综合管理分析。借助智能运维，可以减少维护保障费用、提高设备可靠性和安全性、降低失效事件发生的风险，在对安全性和可靠性要求较高的领域有着至关重要的作用。利用最新的传感器检测、信号处理和大数据分析技术，针对装备的各项参数以及运行过程中的振动、位移和温度等参数进行实时在线/离线检测，并自动判别装备性能退化趋势，设定预防维护的最佳时机，以改善设备的状态，延缓设备的退化，降低突发性失效的可能性，进一步减少维护损失，延长设备使用寿命。在智能运维策略下，管理人员可以根据预测信息来判断失效何时发生，从而安排人员在系统失效发生前某个合适的时机，对系统实施维护以避免重大事故发生，同时还可以减少备件存储数量，降低存储费用。

智能运维利用装备监测数据进行维修决策，通过采取某一概率预测模型，基于装备当前运行信息，实现对装备未来健康状况的有效估计，并获得装备在某一时间的故障率、可靠度函数或剩余寿命分布函数。利用决策目标（维修成本、传统可靠性和运行可靠性等）和决策变量（维修间隔和维修等级等）之间的关系建立维修决策模型，如图1-20所示的典型的决策模型有时间延迟模型、冲击模型、Markov过程和比例风险模型等。2014年，挪威斯塔万格大学的Flage[54]等基于不完全维修和时间延迟模型，提出了一种维修决策优化模型。目前，针对维修决策模型的理论研究较多，但工程应用效果不尽理想；由于可以将设备运行状态信息与故障率之间建立联系，比例风险模型在实践中得到了更为广泛的应用。

视情维修过程中，通常需要作两种决策优化：维修（更新）时机决策和状态监测间隔期决策。相应的优化目标包括维修时间期望值最小、维修费用期望值最少、可靠性期望值最高等。系统级决策优化过程中常常需要兼顾多个优化目标，由于不能同时达到最优，造成决策优化顾此失彼，因此，多目标决策优化成为视情维修研究的重点。

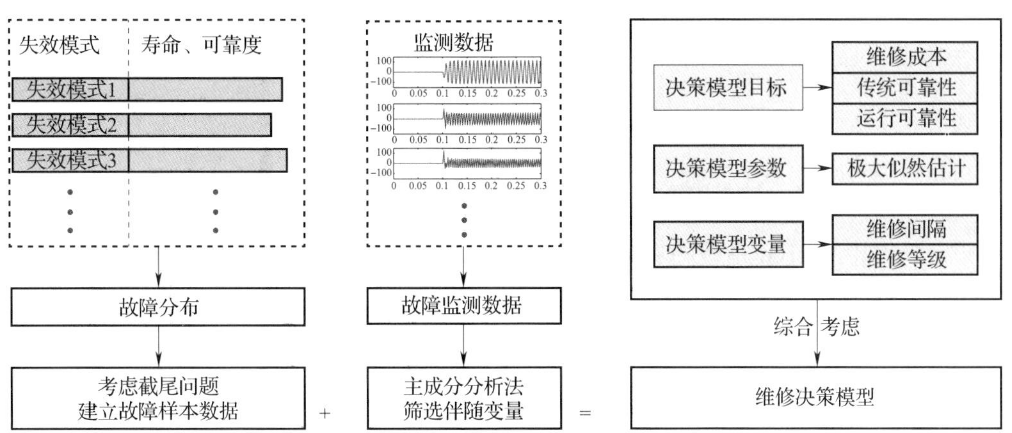

图 1-20　基于状态监测的维修决策模型

2009 年，希腊色萨利大学 Kozanidis G[55] 针对空军飞行编队的维修需求，提出了一种多目标优化模型，确定了编队中飞机的维修行为，实现了计划周期内的最大可用度。2014 年，芬兰阿尔托大学 Mattila 等以预计维修时间与实际维修时间差最小，以飞机的平均可用度最大为优化目标，对编队的维修调度进行了优化[56]。基于性能退化数据与安全实时预警信息，Fan 等人提出了一种预测维护控制方法，能够确定未来某段时间内的维护方式与时间[57]。最重要的是，该方法具有鲁棒性，只要预警误差在一定范围内，即使在不断变化的运行环境中，也能够随着运行安全的变化，动态调整维护方式和时间。

智能运维的最终目标是减少对人员因素的依赖，逐步信任机器，实现机器的自判、自断和自决。可见，智能运维技术已经成为新运维演化的一个开端。在更高效和更多的平台实践之后，智能运维还将为整个设备管理领域注入更多的新鲜活力。

随着全球新一轮科技革命和产业变革的加速进行，智能制造已成为未来制造业发展的主要趋势。智能运维人才短缺，给传统运维模式向智能运维模式转变带来了全新的挑战。智能运维需求与人力资源紧缺的矛盾已成为智能制造技术发展无法避免的矛盾。因此，建设一支高水平的智能运维队伍迫在眉睫。为此，人力资源社会保障部主持制定了《智能制造工程技术人员国家职业技术技能标准》[58]，明确了智能制造工程技术人员的职业能力特征、职业知识构成、培训要求、培训标准和继续教育要求等内容。

练习题

1. 试述智能制造与智能运维的渊源。
2. 机械制造加工过程中人与物理系统是怎样融合的？
3. 试述装备 PHM 系统的功能架构及内涵设计。
4. PHM 系统分为哪几个层级？其特征分别是什么？
5. 试述在重大装备中智能运维的应用与远景。

第二章 设备传感技术

智能制造过程中，机械设备的运转状态及运行过程以其特有的物理状态表现出来，此类物理状态有振动、噪声、温度、压力和应变等。为了获取这些状态，就必须通过各类传感器将各种各样的物理状态转变为信号，通过感知和采集，获取原始状态监测数据。

- **职业功能：**装备与产线智能运维。
- **工作内容：**配置、集成智能运维系统的单元模块。
- **专业能力要求：**能进行智能运维系统单元模块的配置与集成。
- **相关知识要求：**模拟量、数字量、开关量的特征；状态监测信号的分类方法；周期信号和非周期信号；平稳信号和非平稳信号；各态历经信号和非各态历经信号；扭矩、转速、力和压力、温度、振动、位置的传感；传感器选型需考虑的因素；振动传感器的选型；振动传感器的安装要点；数控机床对传感器的要求；机床测量系统中传感器的类型及安装位置。

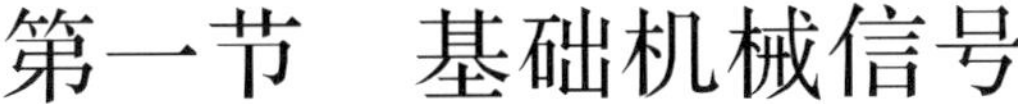

第一节　基础机械信号

考核知识点及能力要求：

- 了解基础机械信号的分类。
- 熟悉模拟量、数字量、开关量的特征、状态监测信号的分类方法。
- 掌握周期信号和非周期信号、平稳信号和非平稳信号、各态历经信号和非各态历经信号的知识。

智能制造过程中，常见的信号分为两类，一类是控制系统发出的，用于控制机械设备按照程序设定运转的控制信号；另一类是执行系统产生的，是被监测传感器采集用以反映设备运行状态的反馈信号。这两类信号为智能运维系统形成一个闭环。

一、控制系统信号

常见的控制信号分为三类，包括模拟量、数字量、开关量。

（一）模拟量

模拟量的概念与数字量相对应，但是经过量化之后又可以转化为数字量。模拟量是在时间和数量上都是连续的物理量，其表示的信号则为模拟信号。模拟量在连续变化过程中任何一个取值都是一个有具体意义的物理量，如温度、电压、电流等，其幅值特性如图 2-1 所示。

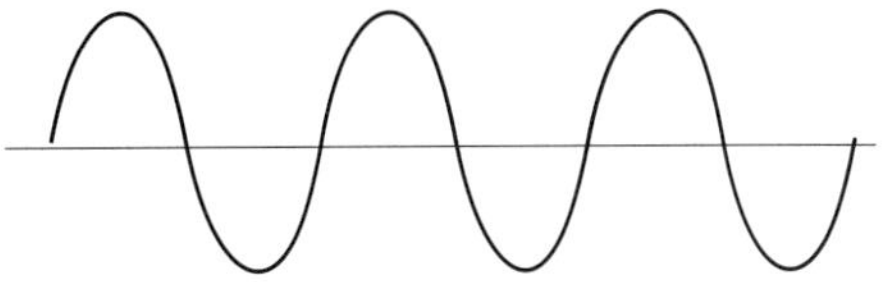

图 2-1　模拟信号

（二）数字量

数字量是在时间和数量上都离散的物理量，其表示的信号为数字信号。数字量是由 0 和 1 组成的信号，经过编码后形成有规律的信号，量化后的模拟量就是数字量，其幅值特性如图 2-2 所示。

（三）开关量

一般指的是触点的“开”与“关”的状态，在计算机设备中也会用“0”或“1”来表示开关量的状态。开关量分为有源开关量信号和无源开关量信号。有源开关量信号指的是“开”与“关”的状态是带电源的信号，也称为阶跃信号，可以理解为脉冲量，一般的有 220VAC、110VAC、24VDC、12VDC 等信号；无源开关量信号指的是“开”与“关”的状态是不带电源的信号，一般又称之为干接点。电阻测试法为电阻 0 或∞。开关量信号的幅值特性如图 2-3 所示。

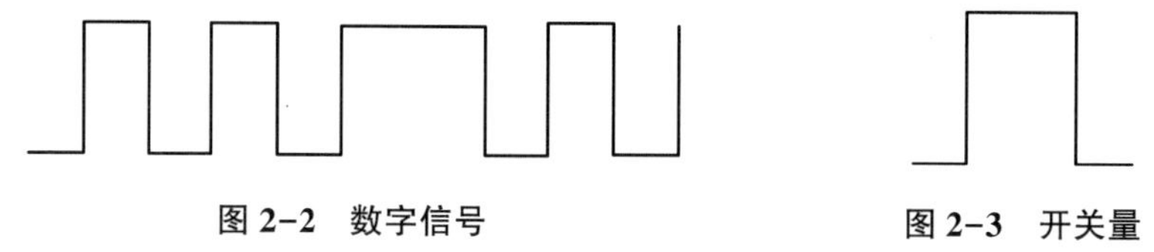

图 2-2　数字信号　　图 2-3　开关量

二、状态监测信号

任何一个工作中的机械设备，均可用各种不同的物理参数，如应力、振动、温度、压力等来描述它的健康状况和工作状况。因此，状态监测信号是设备智能运维的基础和前提。

信号具有能量，它描述了物理量的变化过程。信号根据是否随时间而变化分为静态信号和动态信号。信号的幅值等不随时间变化的称为静态信号，信号的幅值等随时间变化的称为动态信号。智能制造中的状态监测信号多为动态信号。动态信号可以分为确定性信号和随机信号，其中可用确定的时间函数或图表等来描述的称为确定性信号，不能用时间函数或图表等来描述的信号则为随机信号。确定性信号又根据是否具有周期性分为周期信号和非周期信号。周期信号又可细分为简单周期信号和复杂周期信号，非周期

信号可细分为准周期信号和瞬变信号。随机信号根据分布参数或者分布律是否随时间发生变化分为平稳信号和非平稳信号。平稳信号又可根据所有样本在某一固定时刻的一阶、二阶统计特性和单一样本函数在长时间的统计特性是否一致分为各态历经信号和非各态历经信号，其中各态历经信号又可细分为宽带随机信号和窄带随机信号，具体如图 2-4 所示。

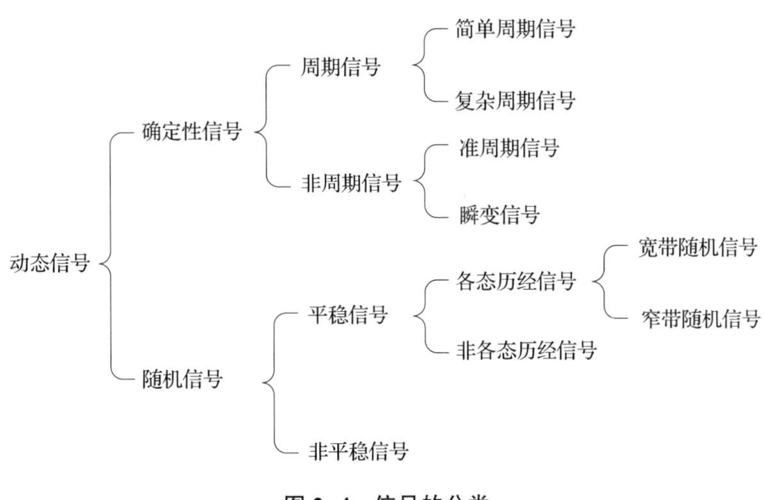

图 2-4　信号的分类

第二节　传感器类型与特点

考核知识点及能力要求：

- 了解传感器的分类方法。
- 熟悉扭矩的传感、转速的传感知识。
- 掌握力和压力的传感、温度的传感、振动的传感、位置的传感知识。

传感器是一种能感受到被测量的信息，并能将感受到的信息，按一定规律变换成为电信号或其他所需形式的信息输出的检测装置。以数控机床为例，在数控机床加工运行过程中，工况状态的检测信号是反映机床设备运行状态正常或异常的信息载体。智能化数控机床通过检测信号感知机床的状态信息，并经信号的分析和处理，给出加工过程的控制决策和实时状态显示。适当的检测方法是数控机床实现自主感知的重要条件，也是数控机床智能化技术中必不可少的环节，能否准确、有效地检测到足够数量并能客观反映机床运行的工况信号，是智能化功能能否成功实现的前提。

传感器有许多分类方法，下面对一些常见的分类方法进行列举。

• 按被测物理量划分的传感器

可分为位移、力、力矩、转速、振动、加速度、温度、压力、流量、流速等传感器。常见的有温度传感器、压力传感器、位移传感器、流量传感器、加速度传感器等。

• 按工作原理划分的传感器

可分为电阻、电容、电感、光栅、压电、热电偶、红外、光导纤维、激光等传感器。

• 按传感器是否与被测物接触划分的传感器

接触测量的传感器包括温度、压力、加速度等传感器；非接触测量的包括相对振动位移、红外测温、超声测振、噪声测量的传感器，由于没有接触，传感器对试件的特性不产生影响。

• 按信号变换特征划分的传感器

可分为结构型和物性型两大类。物性型是依靠敏感元件材料本身物理性质的变化来实现信号变换。例如：水银温度计；结构型是依靠传感器结构参数的变化实现信号转变，例如：电容式和电感式传感器。

• 按敏感元件与被测对象之间的能量关系划分的传感器

可分为能量转换型和能量控制型传感器。能量转换型是直接由被测对象输入能量使其工作。例如：热电偶温度计、压电式加速度计。能量控制型是从外部供给能量并由被测量控制外部供给能量的变化。例如：电阻应变片。

• 按输出量划分的传感器

可分为模拟式传感器和数字式传感器。

在智能制造过程中，为获取相关数据，常伴随有下列物理量的传感。

一、力和压力的传感

工程应用中通过对各种工作状态下零部件的受力状态、力学性质以及运动规律等进行传感，从而分析得出工作状态，以保证设备的正常运转。常用的力和压力的传感器有应变式和压电式等传感器。

（一）应变式传感器

1. 电阻应变片

电阻应变片工作原理是基于金属导体的应变效应，即金属导体在外力作用下发生机械变形时，其电阻值随着所受机械变形（伸长或缩短）的变化而发生变化的现象。电阻应变片主要用来测量构件的表面应变，如图 2-5 所示。而带有电阻应变片的某些特殊结构的传感器便构成了应变式传感器，可以完成测力、测压力、称重、测位移、测扭矩、测速度、测加速度等多项测试任务。常见的电阻应变片包括金属丝式应变片、金属箔式应变片、薄膜应变片，分别如图 2-6、图 2-7、图 2-8 所示。

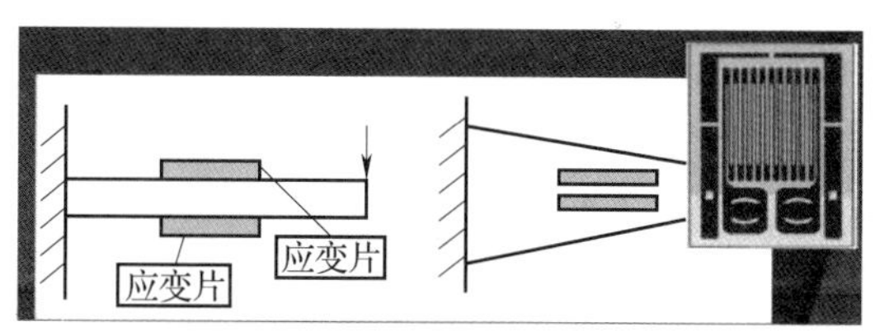

图 2-5　电阻应变片的应用

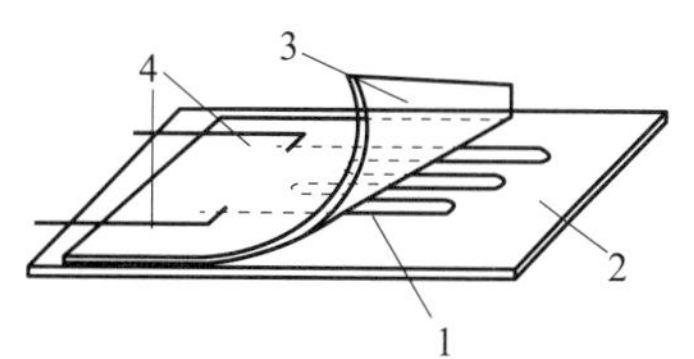

图 2-6　金属丝式应变片

1—敏感栅　2—基底　3—盖片　4—引线

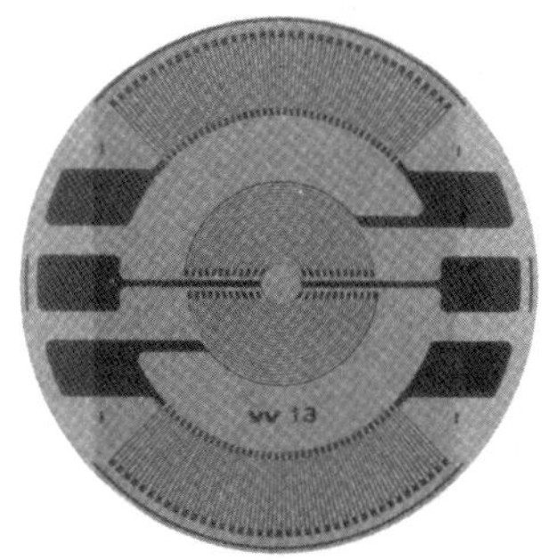

图 2-7　金属箔式应变片

图 2-8　薄膜应变片

2. 半导体应变（力）计

半导体应变计的工作原理是基于半导体材料的压阻效应，即半导体材料在应力作用下，其电阻率会发生变化的原理来测试作用力大小。半导体应变计与电阻应变片相比，具有灵敏系数高（高 50~100 倍）、机械滞后小、体积小、耗电少等优点。其缺点是电阻和灵敏系数的温度系数大、非线性误差大和分散性大等。常见的半导体应变计和应力计分别如图 2-9 和图 2-10 所示。

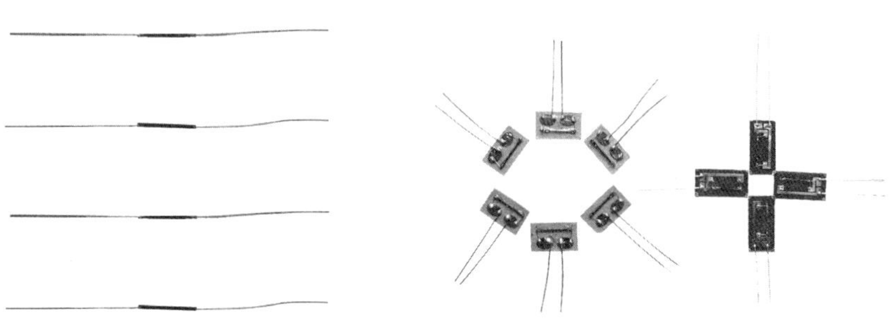

图 2-9　无基底半导体应变计　　　图 2-10　半导体应力计

（二）压电式传感器

压电式传感器是一种基于压电效应的传感器。它是一种自发电式和机电转换式传感器，敏感元件由压电材料制成。压电材料受力后表面产生电荷，经电荷放大器及测量电路放大和变换阻抗后，就成为正比于所受外力的电量输出。压电式传感器用于测量力和能变换为电的非电物理量，具有频带宽、灵敏度高、信噪比高、结构简单、工作可靠和重量轻等优点。由于其输出的直流响应差，通常需要采用高输入阻抗电路或电荷放大器来克服这一缺陷。

压电式传感器大致可以分为 4 种，即：压电式测力传感器、压电式压力传感器、压电式加速度传感器及高分子材料压力传感器。常见的压电式传感器如图 2-11 和图 2-12 所示。

图 2-11　微型拉压力传感器

图 2-12　圆柱形测力传感器

二、温度的传感

常见的温度传感器包括液体温度计、电阻式温度传感器、热电偶式温度传感器、热辐射式温度传感器、数字式温度传感器等。

（一）液体温度计

常见的液体温度计有玻璃水银温度计和液体压力式温度计，分别如图 2-13 和图 2-14 所示。玻璃水银温度计是通过水银的热膨胀来测量温度；而液体压力式温度计是在温度升高时，与之相连的波登管慢慢变直，传动和联动装置将放大此运动，传给指针，显示温度。

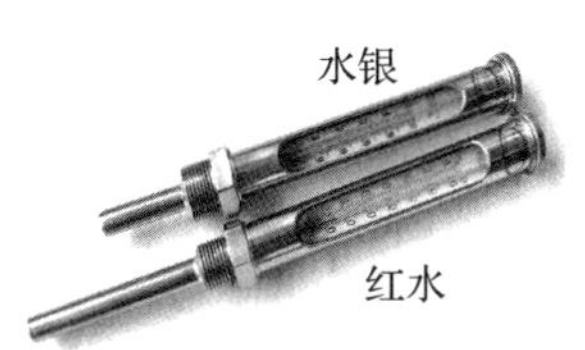

图 2-13 玻璃水银温度计

图 2-14 液体压力式温度计

（二）电阻式温度传感器

大多数金属的电阻随温度升高而升高，电阻和温度的关系在有限的范围内呈线性关系。根据这个原理制作成电阻式温度传感器，如图 2-15 和图 2-16 所示。

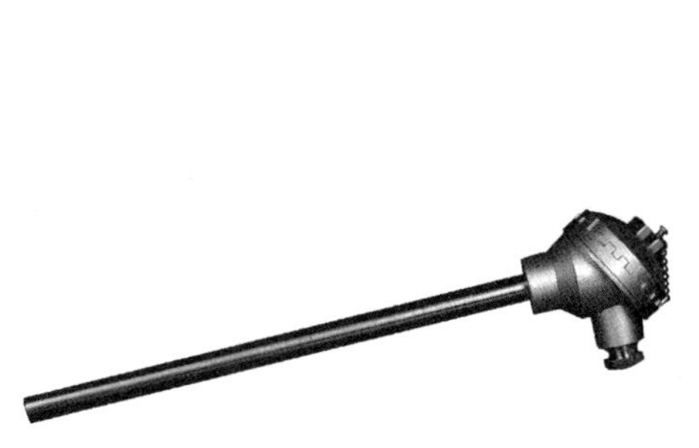

图 2-15 电阻式温度传感器

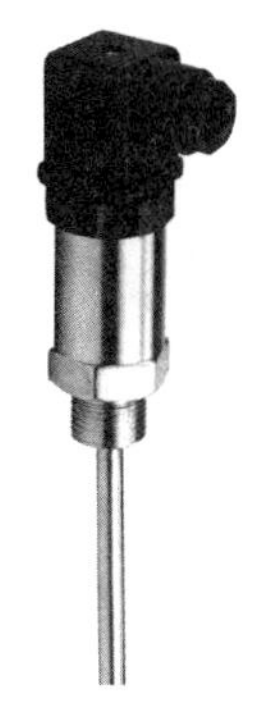

图 2-16 温度变送器

（三）热电偶式温度传感器

热电偶式温度传感器由两根导线（每根导线由不同的均匀合金或金属制成）制成，通过一端连接形成测量接头。该测量接头对被测元件开放，导线的另一端终止于测量装置，在测量装置中形成参考接合点。热电偶式温度传感器是利用赛贝克效应制成。当两接点温度不同时，两种不同导体组成的闭合回路中将有电流流过，产生热电效应。通过测量所得的毫伏电压就可以确定该处的温度。热电偶的输出热电势不受导体尺寸、接点连接部位及连接方式的影响，只与金属材料、结点温度大小有关。两种不同封装的热电偶温度传感器分别如图 2-17 和图 2-18 所示。

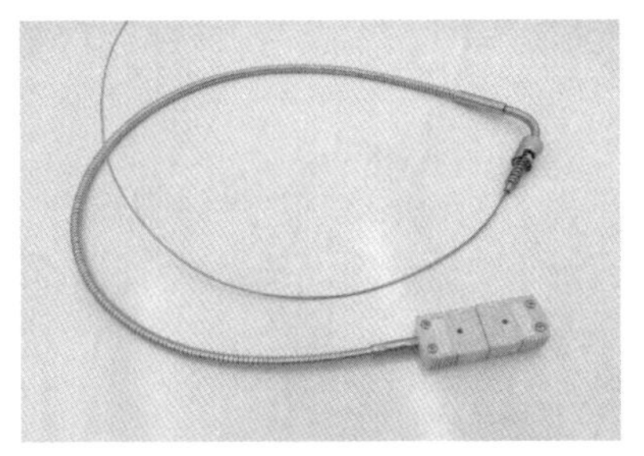

图 2-17　铠装热电偶温度传感器

图 2-18　不锈钢热电偶传感器

（四）热辐射式温度传感器

当物体达到或超过某一温度时，将会发光，这是电磁波释放的热能。物体所发出的电磁波的强度总是与温度有关。在不同温度下，不同物质以不同的速率辐射电磁波。热辐射式温度传感器就是利用这一原理制成。常见的有红外温度计，它是一种非接触测量方式，如图 2-19 和图 2-20 所示。

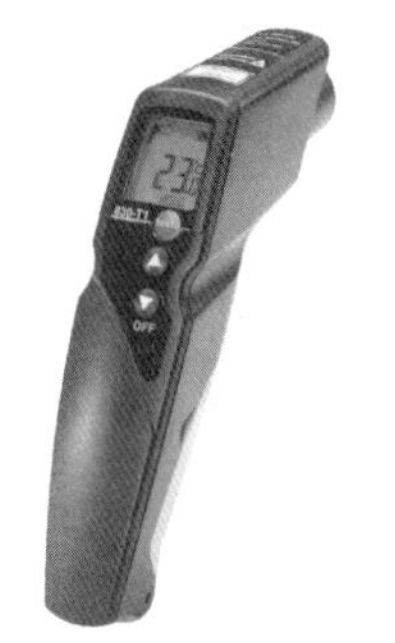

图 2-19　手持红外测温仪

图 2-20　通用红外温度计

（五）数字式温度传感器

数字式温度传感器是利用温敏振荡器的频率随温度变化的关系、通过对振荡周期的计数来实现温度测量的。数字式温度传感器 DS18B20 是一种最常见的数字式温度传感器，它可把温度信号直接转换成串行数字信号供微机处理，如图 2-21 所示。此外，还有一种板载超紧凑数字温度传感器，如图 2-22 所示。

图 2-21　数字式温度传感器

图 2-22　超紧凑数字温度传感器

三、转速的传感

转速测量的方法很多，测量仪表的形式多种多样，其使用条件和测量精度也各不相同。根据转速测量的工作方式可分为两大类：接触测量和非接触测量。前者在使用时必须与被测轴直接接触，如离心式转速表、磁性转速表及测速发电机等；后者在使用时不必与被测轴接触，如光电式和磁电式等。

（一）光电式转速传感器

光电式测速的工作原理是基于光电变换原理，将被测轴的转速转换为电脉冲信号。其结构形式可分为反射式和透光式两种。

反射式测速传感器是通过光电管将感受的光变化转换为电信号变化，但它是通过光的反射来得到脉冲信号的，通常是将反光材料粘贴于被测轴的测量部位上构成反射面。常用的反射材料为专用测速反射纸带（胶带），也可用铝箔等反光材料代替，有时还可以在被测部位涂以白漆作为反射面。投光器与反射面需适当配置，通常两者之间距离为 5~15 m。当被测轴旋转时，光电元件接受脉动光照，并输出相应的电信号送入电子计数器，从而测量出被测轴的转速。

透光式测速传感器的原理与反射式一样，由带孔或缺口的圆盘、光源和光电管组成。圆盘随被测轴旋转时，光线只能通过圆孔或缺口照射到光电管上。光电管被照射时，其反向电阻很低，于是输出一个电脉冲信号。光源被圆盘遮住时，光电管反向电阻很大，输出端就没有信号输出。这样，根据圆盘上的孔数或缺口数，即可测出被测轴的转速。

光电式测速传感器输出信号的波形比较规整，接近标准方波，几乎无干扰信号产生。但透光式的由于振动会使光源寿命降低，因而在具有较强振动的条件下不宜采用。反射式的与被测轴无任何机械联系，使用方便。常见的光电式测速传感器如图 2-23 所示。

（二）磁电式转速传感器

磁电式转速传感器采用磁电感应原理实现测速，当齿轮旋转时，通过传感器线圈的磁力线发生变化，在传感器线圈中产生周期性的电压，其幅度与转速有关，转速越高输出电压越高，输出频率与转速成正比。其线圈采用特殊结构，输出信号强，抗干扰性能好，不需要供电，安装使用方便，获得广泛应用。常见的磁电式转速传感器如图 2-24 所示。

图 2-23　光电式测速传感器

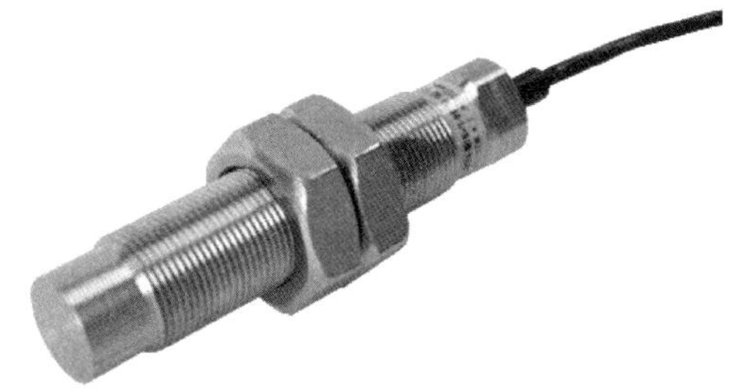

图 2-24　磁电式转速传感器

四、扭矩的传感

扭矩测量的原理是利用测量轴、特制的联轴节或实际传动轴等传递扭矩的零件，在扭矩的作用下所产生的扭转变形来测量扭矩的。通常是通过测量轴扭转角或轴表面切应力这两个量来确定扭矩的。

以测量切应力为主要特征的扭矩传感器有电阻应变式、相位差式扭矩仪、磁致伸缩式等，相位差式扭矩传感器是通过测量轴的扭转角来测量扭矩。

（一）应变式扭矩仪

传感器扭矩测量采用应变电测技术，在弹性轴上粘贴电阻应变计组成测量电桥，

当弹性轴受扭矩产生微小变形后引起电桥电阻值变化，应变电桥电阻的变化转变为电信号的变化从而实现扭矩测量。常见的应变式扭矩仪如图 2-25 和图 2-26 所示。

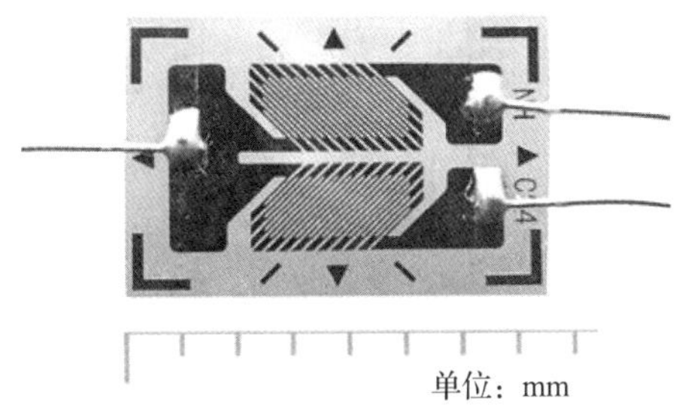

图 2-25　常温双轴应变片（测扭矩）

图 2-26　动态扭矩传感器

（二）磁致伸缩式扭矩仪

磁致伸缩式扭矩仪是利用被测轴受扭矩作用时，轴表面出现各向异性的磁阻特性，使得感应线圈中出现感应电压，感应电压大小正比于扭矩的原理制成的。常见的磁致伸缩式扭矩仪如图 2-27 所示。

（三）相位差式扭矩仪

相位差式扭矩仪是利用中间轴，在弹性变形范围内，其相隔一定距离的两截面上产生的扭转角相位差与扭矩值成正比的工作原理制成的。在相距的两截面上，装有两个性能相同的传感器。运转时，轴每转一圈，在传感器上产生一个脉冲信号，轴受到扭矩产生扭转变形，则从两个传感器上得到的两列脉冲波形中间有一个与扭转角成正比的相位差。将此相位差引入测量电路，经数据处理后，可显示其扭矩值。常见的相位差式扭矩仪如图 2-28 所示。

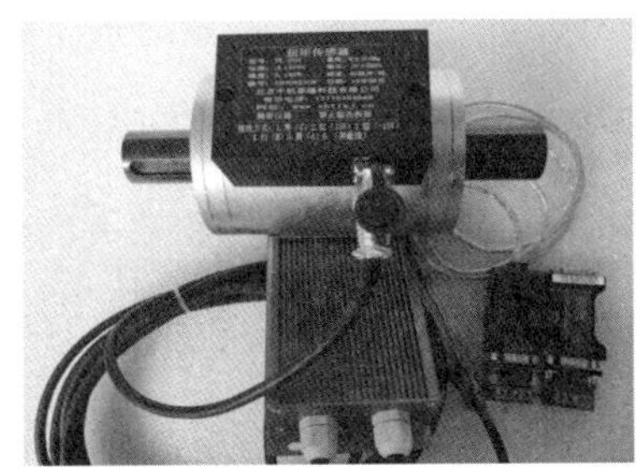

图 2-27　磁致伸缩式扭矩仪

图 2-28　相位差式扭矩仪

五、振动的传感

机械振动测量主要是指测定振动体（或振动体上某一点）的位移、速度、加速度大小等。振动传感器按照测试对象有用频率范围分为位移传感器、速度传感器和加速度传感器，按照工作原理可分为压电式加速度传感器、磁电式速度传感器、电涡流式位移传感器等。

（一）压电式加速度传感器

压电式加速度传感器利用的是压电晶体的正压电效应。人工极化陶瓷、压电石英晶体等不同的压电材料具有不同的压电系数，在振动测量中，由于压电晶体所受的力是惯性质量的牵连惯性力，因此产生的电荷数和被测物体加速度的大小成正比。当被测物体的振动对传感器形成压力后，晶体元件就会产生相应的电荷，电荷数即可换算为振动参数。压电式加速度传感器具有灵敏度高、使用频带宽、信噪比高、结构简单、工作可靠等优点。

制造业中常见的加速度传感器分为 PE（Piezoelectric）传感器和 IEPE（Integral Electronic Piezoelectric）传感器。

PE 传感器输出电荷量，也叫电荷传感器，如图 2-29 所示。优点是它不需要额外供电，两根信号线可直接接入电荷放大器进行测量，结构简单，坚固耐用，适用于极端环境（极高或极低温，潮湿，强电磁场和核环境下）的测量，传感器的可靠性高，耐久性好。缺点是电荷量输出需要配电荷放大器，自身的输出往往很小，所以信噪比不容易很高，易受外界电磁场和信号线对地电容的干扰，不宜于远距测量。对信号线的要求也比较高，用的低频低噪声信号线价格昂贵。用于多通道测量时通常必须配用多通道的电荷型调理器或放大器，单通道成本会高于 IEPE 传感器的调理模块。

IEPE 传感器是在传感器内部集成了一个微电路，起到电荷转换和放大的作用，如图 2-30 所示。优点是输出是经过电荷转换和放大的，已经成为标准信号（0~5 V），测量相对容易，信噪比较高。由于输出信号已经经过内部电路放大作用，敏感元件尺寸可以很小。采集器的通用性好，信噪比容易提高，可以用于远距测量。缺点是因为

内部含微电路，所以传感器抵抗极端环境的能力通常较差，不适合用于极高温和极低温，抗冲击和振动极限通常比较低。

图 2-29　PE 传感器

图 2-30　IEPE 传感器

（二）磁电式速度传感器

磁电式速度传感器由于其中的惯性式传感器不依赖静止的基座作为参考基准，能够被直接安装在振动体上进行相应的测量。它是利用磁电感应原理的振动信号变换成电信号，属于惯性式传感。

磁电式速度传感器主要由磁路系统、惯性质量、弹簧阻尼等部分组成。在传感器壳体中固定有磁铁，惯性质量（线圈组件）用弹簧元件挂于壳体上。工作时，将传感器安装在机器上，在机器振动时，在传感器工作频率范围内，线圈与磁铁相对运动，切割磁力线，在线圈内产生感应电压，该电压值正比于振动速度值。常见的磁电式速度传感器如图 2-31 所示。

图 2-31　磁电式速度传感器

（三）电涡流式位移传感器

电涡流传感器是通过电涡流效应的原理，准确测量被测体（必须是金属导体）与探头端面的相对位置，其特点是长期工作可靠性好、灵敏度高、抗干扰能力强、非接触测量、响应速度快、不受油水等介质的影响。因此，常用于对大型旋转机械的轴位移、轴振动、轴转速等参数进行长期实时监测。常见的电涡流式位移传感器如图 2-32 所示。

图 2-32　电涡流式位移传感器

六、位置的传感

位置传感器采用模拟量输出，能够根据执行器上被测物体的位置指示器来显示执行器的位置，它还可用于检测物体的存在或不存在。常见的位置传感器有电感式位置传感器、光学位置传感器等，另外还有几种类型的传感器与位置传感器有类似的作用，比如运动传感器可以检测到物体的运动，并可用于触发动作（如点亮泛光灯或激活安全摄像头）；趋近式传感器也可以检测到一个物体已经进入传感器的范围内。因此，这两种传感器都可以被认为是位置传感器的一种特殊形式。

（一）电感式传感器

电感式位置传感器通过传感器线圈中感应的磁场特性的变化来检测物体的位置。其中最常见的一种类型称为线性可变差动变压器（linear variable differential transformer，LVDT），属于直线位移传感器，如图 2-33 所示。LVDT 的结构由铁心、衔铁、初级线圈、次级线圈组成。初级线圈、次级线圈分布在线圈骨架上，线圈内部有一个可自由移动的杆状衔铁。当衔铁处于中间位置时，两个次级线圈产生的感应电动势相等，这样输出电压为 0；当衔铁在线圈内部移动并偏离中心位置时，两个线圈产生的感应电动势不等，有电压输出，其电压大小取决于位移量的大小。为了提高传感器的灵敏度，改善传感器的线性度、增大传感器的线性范围，设计时将两个线圈反串相接，两个次级线圈的电压极性相反，LVDT 输出的电压是两个次级线圈的电压之差，输出电压值与铁心的位移量呈线性关系。

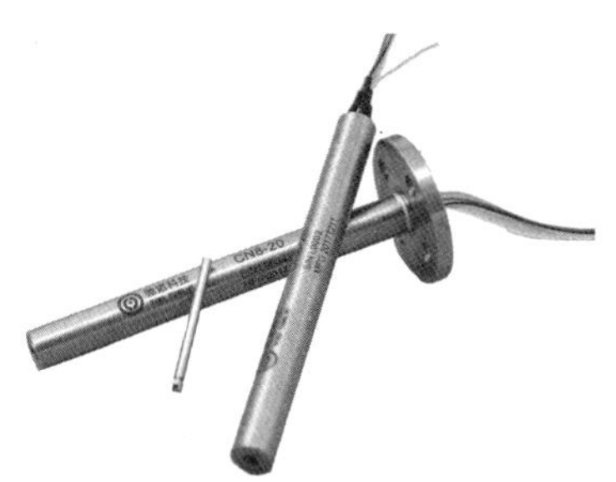

图 2-33　LVDT 传感器

（二）光学位置传感器

最常见的光学位置传感器包括光电散射、反射以及直通光束传感器。激光传感器和光纤传感装置也属于光学传感器类型。光学位置电传感器利用反射光束或中断光束来检测物体是否存在。由于成本低、通用性强、可靠性高，这些传感器是制造业中应用最广泛的一类传感器。漫反射光电传感器不需要反射器。它是性价比很高的传感器，用于检测附近物体的存在。直通光束光电传感器可以提供最长的传感范围，这种传感器分别在两个点安装发射单元和接收单元。车库门安全传感器就是光束传感器。当光束中断时，表示目标存在。槽型光电传感器是一种有趣的直通光束变体。它将一个发射器和接收机安装在同一个紧凑的单元上。槽型光传感器用于检测小部件的存在和缺失。反射式光电传感器具有传感器和反射器，用于中距离存在感测。从精确度和成本上来说，这是介于漫反射和直通光束之间的传感器。光纤传感装置用于存在和距离传感。这些多功能传感器上的参数可以进行调整，以检测各种颜色、背景和距离范围。激光传感器可用于长距离存在感测，其在短距离测量应用中是最精确的。视觉传感器可用于条码读取、计数、形状验证等。视觉传感器是一种经济高效的视觉应用，在使用相机系统成本较高而且比较复杂的场合，可以使用视觉传感器。视觉传感器用于条码读取，跟踪单个组件，并执行为该组件匹配的工艺过程。传感器可以验证部件上存在的功能数量。视觉传感器可以确定是否已达到指定的曲线或其他形状。常见的光学位置传感器如图 2-34 所示。

（三）趋近式传感器

趋近式传感器可检测附近区域物体是否存在，并且无须物理接触。通常情况下，磁性趋近式传感器通过感应位于执行器中的磁体，来检测执行器是否到达特定位置。基于晶体管的趋近式传感器没有移动部件，使用寿命长。基于簧片的趋近式传感器采用机械触点，使用寿命较短，但成本要低于晶体管类型。簧片传感器最适合于对交流电源有需求或者高温的场合。磁性趋近式传感器可检测执行机构的位置。常见的趋近式传感器如图 2-35 所示。

（四）磁致伸缩位移传感器

磁致伸缩位移传感器通过非接触式的测量技术，精确检测活动磁环的绝对位置来测量被检测产品的实际位移值。传感器输出信号为绝对位移值，即使电源中断、重接，数据也不会丢失，更无须重新归零。由于敏感元件是非接触的，就算不断重复检测，也不会对传感器造成任何磨损，可以大大地提高检测的可靠性和使用寿命。常见的磁致伸缩位移传感器如图 2-36 所示。

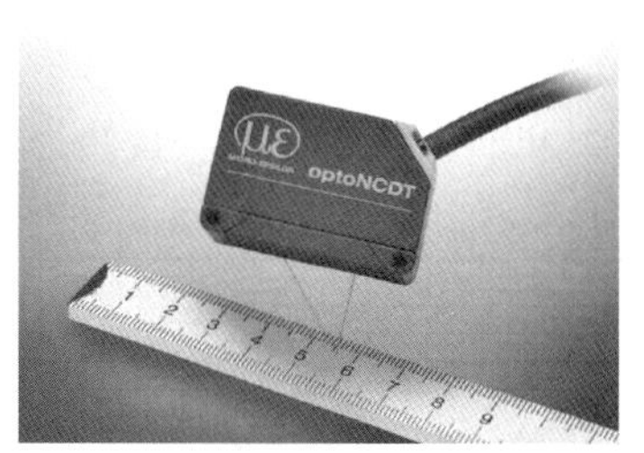

图 2-34　光学位置传感器

图 2-35　趋近式传感器

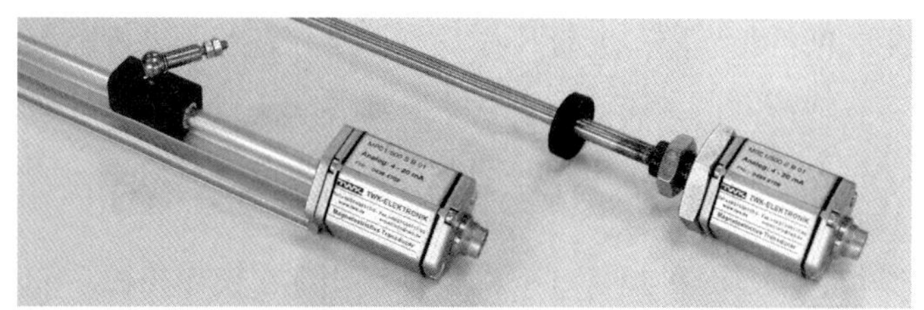

图 2-36　磁致伸缩位移传感器

第三节　传感器的选择与安装

考核知识点及能力要求：

• 了解传感器的选型注意事项、测量对象和测量环境、传感器频率响应、传感器灵敏度、传感器稳定性。

- 熟悉传感器选型需考虑的因素。
- 掌握振动传感器的选型、振动传感器的安装要点。

传感器的正确选型和安装对数据采集结果有很大的影响，劣质的采集数据会导致数据分析困难，直接影响数据分析的结果。

一、传感器的选型

不同类型的智能传感器的原理和结构存在很大的差异，在使用时，首先要解决的问题是如何根据特定的测量目的、测量对象和环境合理地选择传感器。其次，确定传感器后，还需要确定与其匹配的测量方法和测量设备。在选择传感器时，需确保装置能满足应用的基本条件。

需要重点考虑的因素包括：

- 温度范围；
- 规格；
- 保护等级；
- 电压范围；
- 离散或模拟输出；
- 参数变化。

在一些特定场所选择传感器时，需要注意以下事项：

- 响应速度；
- 传感范围；
- 重复精度；
- 电气连接；
- 安装类型；
- 可视显示。

从以下几个方面来介绍。

（一）测量对象和测量环境

在测量前，首先必须考虑使用哪种传感器。在确定之前，需要分析许多因素。因为即使测量相同的物理量，也有多种原理的传感器可供选择，需要根据测量的特性和传感器的使用条件综合考虑，比如：范围的大小、测量位置对传感器体积的要求、测量方法为接触式或非接触式、信号提取等问题。考虑了上述问题后，就可以确定要选择的传感器的类型，然后考虑传感器的具体性能指标。

（二）传感器频率响应

要测量的频率范围是受传感器硬件的频率响应特性决定的。传感器必须在允许的频率范围内才能保证不失真测量。实际上，传感器的响应始终具有固定的延迟，延迟时间越短越好。传感器的频率响应高，可测量的信号频率范围就相应宽一些。在动态测量中，应基于信号的特性（稳态、瞬态、随机等）确定符合该响应特性的传感器。

（三）传感器灵敏度的选择

通常，在传感器的线性范围内，传感器的灵敏度越高越好。因为仅当灵敏度高时，与所测量的变化相对应的输出信号的值才相对较大，这有利于信号处理。但是，应该注意的是，传感器的灵敏度高，与测量无关的外界噪声也容易混入，从而影响测量精度。因此，要求传感器本身具有高信噪比，来减少从外部引入的干扰信号。

（四）传感器稳定性

传感器在使用一段时间后仍保持性能不变的能力称为稳定性。除了传感器本身的结构外，传感器的使用环境是影响传感器长期稳定性的主要因素。因此，为了使传感器具有良好的稳定性，传感器必须具有很强的环境适应性。

下面以最常见的振动传感器为例进行分析。振动传感器是振动测试中首要考虑的问题，测试的准确度很大程度上取决于传感器，一般选择加速度、速度和位移传感器的任何一种来测量振动。在给定频率下，加速度、速度与位移之间的幅值相差一个圆频率因子，相位差 90°，在测量系统中可通过积分电路由加速度得到速度，由速度得到位移。但是由于三种传感器的构造原理不同，使用有所差异，在特定情况需要选择恰当的传感器类型。另外还有复合传感器，由一个非接触部件和一个惯性传感器组成。

传感器对比如表 2-1 所示。

表 2-1　不同种类振动传感器的对比

类型	位移传感器	速度传感器	加速度传感器	复合传感器
优点	非接触式，灵敏度高，线性范围大，频响范围宽，抗干扰能力强	不需电源，灵敏度高，输出阻抗低	稳定性高，频率范围宽，体积小，重量轻	非接触测量，无磨损，可靠
适用范围	轴的径向振动和轴的位移，轴心轨迹，轴承油膜厚度	转子不平衡和不对中等引起的轴承座和壳体的振动（绝对振动）	滚动轴承、齿轮及汽轮机叶片等高频振动	转轴的绝对与相对振动，轴承座的相对振动，转轴在轴承间隙内的径向位移
缺点	对被测材料敏感，安装复杂	动态范围有限，受高温影响大，重量大	装配困难，不易在高温下使用	对被测材料敏感

机器振动测量参数的选择一般与有用频率范围息息相关，如表 2-2 所示。

表 2-2　机器振动测量参数的选择标准

被测量	有用频率范围（Hz）	物理参数	应用
相对位移	0~1 000	应力/运动	轴承、壳体相对运动
绝对位移	0~10	应力/运动	机器和结构运动
速度	10~1 000	能量/疲劳	设备状态、中频振动
加速度	>1 000	力	中高频振动

一般采用位移传感器的情况：

• 振动位移的幅值特别重要时，如不允许某振动部件在振动时碰撞其他的部件，即要求限幅；

• 测量振动位移幅值的部位正好是需要分析应力的部位；

• 测量低频振动时，由于其振动速度或振动加速度值均很小，因此不便采用速度传感器或加速度传感器进行测量。

一般采用速度传感器的情况：

• 振动位移的幅值太小；

• 与声响有关的振动测量；

• 中频振动测量。

采用加速度传感器的情况：

- 高频振动测量；
- 对机器部件的受力、载荷或应力需作分析的场合。

例题：

【例 2-1】 为 9 MW 单级减速齿轮箱选择测量传感器，齿轮箱参数如下：9 MW，输入转速 7 500 RPM，输出转速 1 200 RPM，GM = 3 000 Hz，采用滑动轴承。

答： 滑动轴承的安装位置足够大，适合固定安装电涡流传感器测量轴在轴瓦中的位置，计算振动和轴瓦间隙比，以此评估轴颈振动的严重程度。

啮合频率 3 000 Hz，需要检测分析加速度值。应该监测 1 000 Hz 以上频率范围的加速度值，输入轴和输出轴分别采用电涡流传感器测量 7 500 RPM 和 1 200 RPM 的轴振动。

【例 2-2】 某低转速烘缸采用数吨重的滚子和大型球轴承，其参数如下：转速 300 RPM，26 个滚动体的轴承。请为其选择传感器。

答： 被测物体转速低，不平衡力小，不平衡不是主要问题，最高频率是内圈穿越频率，评估如下：

$$\text{BPFI} = 0.6 \times 300 \times 26 = 4\,680\ \text{RPM}\ (78\ \text{Hz})$$

因此，频率的范围是 78 Hz，应使用速度作为测量参数，选择速度传感器。

二、传感器的安装

传感器的安装方式必须结合现场环境和规定的参数来确定[59]。下面以振动传感器安装为例介绍传感器的安装要点。

- 工作温度。一般传感器使用的环境最高温度低于 180 ℃，因此传感器必须安装在远离高温区域，只有特制的高温型涡流传感器才允许安装在高温区。
- 避免交叉感应和侧向间隙。当两个垂直或者平行安装的振动传感器相互靠近时，会由于交叉感应导致传感器敏感度降低。
- 正确的初始间隙。各种型号的电涡流型传感器应在一定的间隙电压（传感器顶部与被测物体之间的间隙，在仪表上指示一般电压）值下，其读数才有较好的线性度。

• 轴向位置选择。从测量轴振来说，测点应该尽可能地靠近轴瓦中心位置，此外还要考虑该点转轴的加工精度和转轴表面导磁是否均匀。

• 径向位置选择。按 ISO DIS7919-2 规范的要求，用于轴振测量的振动传感器的安装应满足两个轴承传感器处在一个轴向平面上，而且相互垂直。

• 振动传感器安装方向与要求测量方向应一致（灵敏度方向）。

• 避免振动传感器安装不稳和发生共振。

目前速度传感器有以下四种常用的固定方法：

• 手扶。机动灵活，但劳动强度大，偏差大。

• 橡皮泥粘传感器。比手扶可靠，但受温度影响大。

• 永磁吸盘牢固。可靠性大大增加，但由于机座上都涂油漆，导致吸力降低。

• 螺栓连接。这是最坚固的一种。

加速度传感器常用的安装连接方法：

• 钢螺栓连接。这是一种理想的连接方式，能充分保证传感器的频率范围和温度范围。通常在螺栓拧紧前，在安装面上涂一层薄的润滑脂，以增加安装刚度。

• 胶合螺栓。适用于不希望在被测量体上钻螺孔而破坏结构完整性的情况，可用环氧树脂或者软胶将螺栓粘接在测量处。

• 石蜡粘接。均匀地涂抹在加速度传感器被粘表面，不能太厚或太薄，合适的厚度会起到良好的粘接效果，使得传感器频率响应传送性最好。

传感器的定位应注意以下原则：

• 充分接近轴承，保证信号准确。

• 沿着水平或垂直轴线。

• 定位在轴向载荷区域。

• 保证信号传递灵敏性。

• 注意机器的设计结构。

传感器的安装方法主要由环境振动频率范围确定，如表 2-3 所示。同时还需考虑不同安装方式传感器的固有频率，如图 2-37 所示。

表 2-3　不同安装方式传感器的固有频率

安装方法	频率范围
手持	500 Hz
磁铁	2 000 Hz
粘贴	2 500~4 000 Hz
蜜蜡	5 000 Hz
螺钉	6 100~10 000 Hz

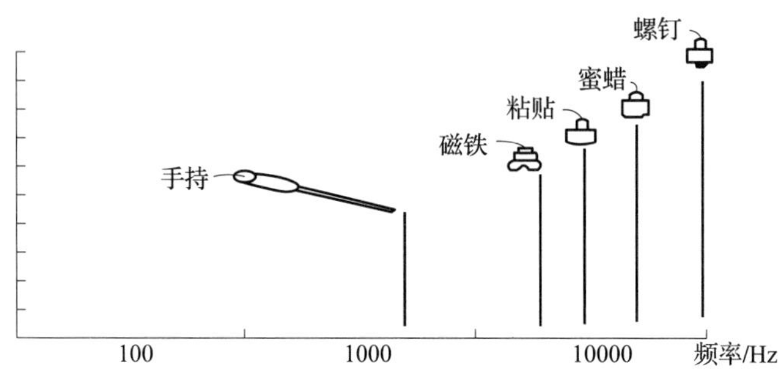

图 2-37　不同安装方式传感器的固有频率

第四节　工程案例

考核知识点及能力要求：

- 了解传感器的安装注意事项。
- 熟悉数控机床对传感器的要求。
- 掌握机床测量系统中传感器的类型及安装位置。

数控机床传感测量布置

下面以数控机床传感器的选型和安装为例介绍传感测量布置。

一、数控机床对传感器的要求

不同类型数控机床对传感器的要求也不尽相同。一般情况下，机床主要对传感器有如下要求[60]：

- 高可靠性、稳定性及抗干扰能力。
- 满足精度要求，灵敏度高和速度响应快。
- 使用维护方便，适合机床运行环境和快速配置。
- 价格低廉，成本低。

除以上要求外，数控机床在对传感器的选择上，还要考虑机床上安装的可行性及对传感器类型选择的要求。数控机床是工业实际生产中的机械工具，在实验研究条件下可以通过在数控机床安装传感器实现各种信号的传感。在实验条件下，传感器安装没有太多限制，能够获得很好的特征信号并用于分析。但在实际生产中却无法实现。例如：在实验条件下可以在轴承壳体上钻孔安装热电偶传感器，但实际生产中机械设备不允许钻孔。因此，实际生产中不一定能获得实验条件下稳定可靠的信号。数控机床安装传感器较多，还存在信号线之间的屏蔽问题，从而在配置传感器时，要根据数控机床的安装限制，选取合适性能参数型号的传感器，并确定适合的安装位置。不同类型的数控机床对传感器的要求也不尽相同，中型和高精度数控机床对精度要求高，大型机床以传感器速度响应为主。

二、传感器测量系统

智能运维中，感知数控机床状态和加工信息是通过传感器测量来实现的。根据数控机床对测量信息的使用，将其分为用于自身测量加工状态监测信息的电流、电压传感器，以及获取电机转速、进给轴位置坐标的光栅尺位移传感器和编码器。同时，在对工况状态信息辨识与信号分析上，结合数控机床不同的加工环境，对其外接温度和振动加速度传感器获取特征信号，进而实现智能化功能。

（一）电流和电压传感器

数控机床中电流传感器一般指霍尔电流传感器（霍尔元件），电压传感器指交流电压变送器。霍尔元件是用半导体材料利用霍尔效应制成的传感元器件，是磁电效应应用的一种。在数控机床加工过程中，主轴和各进给轴在伺服电机的驱动下，分别进行切削运动和进给运动，随着工况状态和切削过程的变化，主轴和各进给轴所受到的切削力和切削载荷都在不断变化，而对于切削力和切削载荷的直接标定测量都很困难，难以实现，或者成本高昂。但切削过程的电流信号和电压信号通过一定的计算公式和线性拟合等处理，经特征提取和信号分析，能对加工过程切削力和切削载荷的变化进行辨识，从而获取加工过程的状态信息。通过在主轴和各进给轴加装霍尔元件和电压传感器，测量加工过程的电流电压信号，数控系统能实时采集这些信号。

在智能运维中，数控系统采集电流和电压信号，一方面可用于机床数据的实时监控显示，提取信号变化的规律或趋势；同时，对信号的实时分析和处理，结合人工神经网络、模糊控制、专家系统等智能化技术，对加工状态进行辨识，运行状态进行识别，并能自主做出控制决策，从而进一步优化加工参数，提高加工效率，保证加工质量，提高机床的使用寿命。

（二）光栅尺和编码器

位移传感器是检测直线或角位移的传感器，主要有直线光栅尺、感应同步器、脉冲编码器、电涡流等位移传感器。数控机床中使用较多的是测量直线位移的光栅尺和测量角位移的编码器。在数控加工中，由于机床进给轴运动为三坐标运动，为获取机床任意时刻的位置信息，在机床床身上安装光栅尺，其产生的脉冲信号可用于反映工作台的实际位置，位置信息主要用于数控机床的全闭环伺服控制中。位置伺服控制是以直线位移或角位移为控制对象，对测得的实际位移量建立反馈，使伺服控制系统控制电机向减小偏差的方向运动，从而提高加工精度。

脉冲编码器用于测量角位移，脉冲编码能够把机械转角变成电脉冲。数控机床进给轴上配置脉冲编码器，用于角位移测量和数字测速，角位移通过丝杆螺距能间接反映工作台或刀架的直线位移，在驱动电机上安装编码器能获取电机的转速信息，从而使数控系统能实时感知到加工过程中机床实际位置和转速信息。

除光栅尺和编码器外，数控机床还会安装旋转式感应同步器和电涡流传感器等位

移传感器，旋转式感应同步器被广泛地用于机床和仪器的转台以及各种回转伺服控制系统中。电涡流传感器是利用电涡流反应，将非电量转换成阻抗的变化而测量的传感器，可进行非接触测量。其具有测量范围大、灵敏度高、结构简单、安装方便等优点，但价格高昂。

在智能运维中，光栅尺和编码器等位置位移传感器能准确获取到数控加工位置信息、转速等机床部件实时状态信息，可用于对数控机床的虚拟建模过程中，能对坐标、加工进给速度实时显示，并基于反馈控制，与其他采集数据信息结合，利用智能化技术更好辨识、感知机床状态，并做出更好的控制决策。

（三）温度传感器

在加工过程中，电动机的旋转、移动部件的移动、切削等都会产生热量，且温度分布不均匀，造成温差，使数控机床产生热变形，影响零件加工精度。为避免温度产生的影响，可在数控机床上某些部位安装温度传感器，感受温度信号并转换成电信号送给数控系统，进行温度补偿。图 2-38 和图 2-39 所示的三维模型图中，给出了温度传感器在车床和铣床主轴、各进给轴上安装的位置，主要是轴承座、螺母座、电机座，这三个位置是加工中轴运动主要的发热位置。此外，在电动机内等需要过热保护的地方，应埋设温度传感器，过热时通过数控系统进行过热报警。在智能运维中，通过对数控机床配置温度传感器，不仅可以在虚拟环境下对其进行温度场显示，动态反映加工过程的热量状况，同时，温度数据是智能加工中分析健康状况、加工精度的重要数据。

（四）振动传感器

在数控机床中，加速度传感器主要用来测量主轴、进给轴、工作台的振动信号，也称为振动传感器，可用于对加工状态、加工环境、机床健康状况等信息作出判断。图 2-38 和图 2-39 所示的三维模型图中，给出了车床、铣床上振动传感器在主轴、各进给轴上的测点位置，对机床振动信号的测量主要是主轴和工作台。在加工过程中，电机转动、伺服控制运动都会产生振动信号，主轴的振动加速度信号通过频域分析可以规避主轴加工的共振频率。主轴的动平衡功能对工作台、各进给轴的振动信号特征分析，可以对机床的健康状况进行评估。此外，振动加速度信号对机床的故障诊断和工况监视具有重要的作用。因此，在数控机床重要的部件及工作台安装灵敏度高、抗干扰能力强的加速度传感器检测振动信号显得尤为重要。

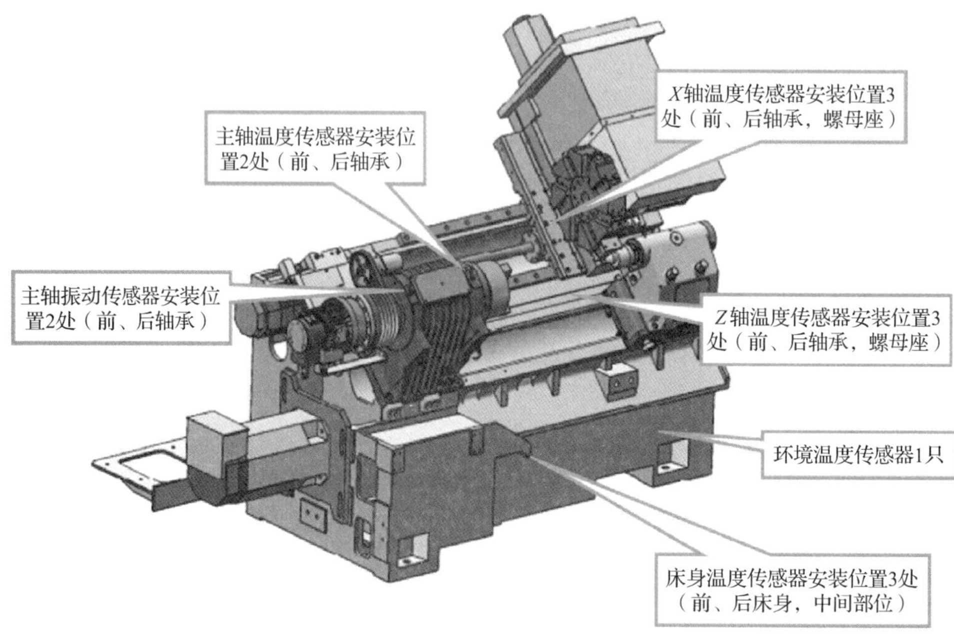

图 2-38 车床温度、振动加速度传感器布局图

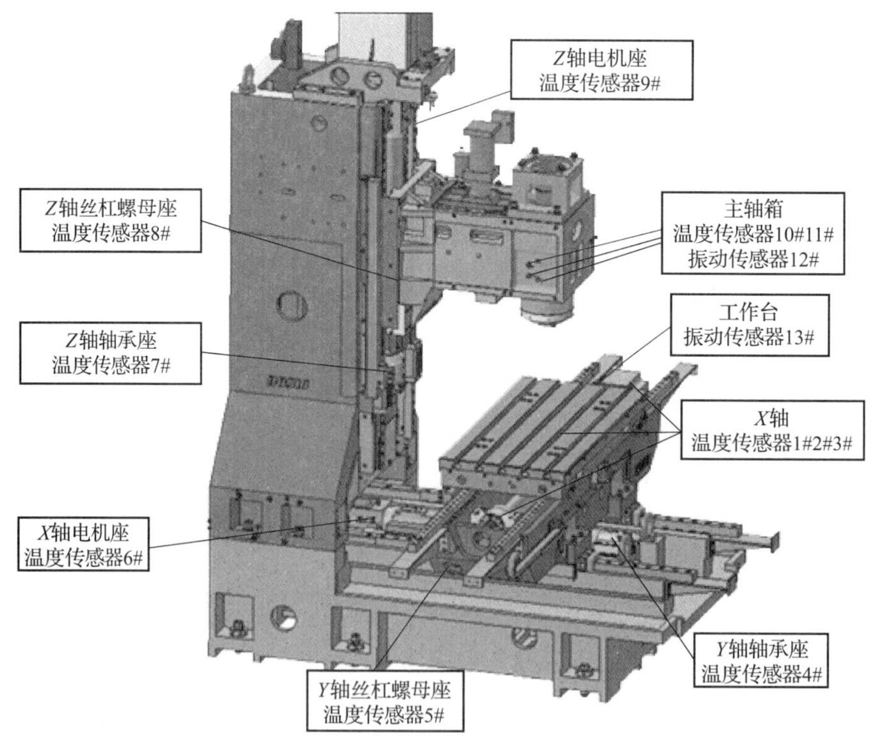

图 2-39 铣床温度、振动加速度传感器布局图

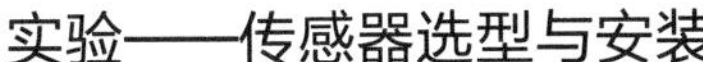

实验——传感器选型与安装

（一）实验目标

1. 掌握各类传感器的标识；

2. 掌握各类传感器的使用注意事项；

3. 掌握传感器选型与安装。

（二）实验环境

温度传感器、压力传感器、位移传感器、转速传感器、扭矩传感器、振动传感器不同品牌不同类型各 3 个，配套说明书各一份；

被测对象——数控机床（或同类型实验器）一台。

（三）实验内容及主要步骤

实验内容：

1. 根据配套说明书和传感器实物确定传感器应用场景；

2. 根据被测对象确定传感器的选型、安装位置和安装方式。

实验步骤：

1. 根据传感器配套说明书写出传感器标识的含义；

2. 根据传感器各使用参数，分析传感器的应用场景；

3. 结合实际被测对象，提出参数测量需求；

4. 根据参数测量需求，选取合适的传感器，确定适合的安装方式和安装位置。

练习题

1. 试列举常见的状态监测信号及其信号特征。

2. 试述传感器的选型与安装要求。

3. 振动测试有哪些注意事项？

4. 在进行数控机床的智能运维时，在信号感知方面有哪些需要注意的？

5. 请谈谈未来数据感知的发展方向。

第三章
数据采集技术

数据采集（data acquisition，DAQ）是指从传感器或其他待测设备等模拟和数字被测单元中采集非电量或电量信号，送到上位机中进行分析处理。采集数据的系统，一般通过将模拟通道数字化，并以数字形式储存数据来采集数据。此系统既可为独立系统，也可包含在计算机内，能够采集多个通道的数据。

- **职业功能：**装备与产线智能运维。
- **工作内容：**配置、集成智能运维系统的单元模块；实施装备与产线的监测与运维。
- **专业能力要求：**能进行智能运维系统单元模块的配置与集成；能进行智能运维系统单元模块与装备及产线的集成。
- **相关知识要求：**直接数字控制型数据采集系统；集散型控制系统；一般数据采集系统的组成；基于现场总线的自动数据采集系统；监控与数据采集系统；数据采集方式的确定；数据采集通道配置；采样配置；存储管理-数据记录；产车间级通信；DNC 系统典型结构；有线传输；无线传输；TCP 协议；CAN 总线协议；UDP 协议；RS-232/422/485 标准。

第一节　数据采集系统架构

考核知识点及能力要求：

- 了解国内外知名数据采集设备厂商。
- 熟悉直接数字控制型数据采集系统、集散型控制系统。
- 掌握一般数据采集系统的组成、基于现场总线的自动数据采集系统、监控与数据采集系统等知识。

外部世界的大部分信息是以连续变化的物理量出现的，这些信息送到计算机后续处理，就必须先对这些连续的物理量进行量化编码转换为数字量，将模拟信号转换为数字信号。然后，送往处理器进行处理，显示传输和记录的过程称为数据采集。它是计算机在监测管理和对设备进行控制的过程中获取原始数据的主要手段。

国外知名数据采集设备厂商主要有美国国家仪器有限公司（National Instruments，NI）、美国晶钻仪器公司（Crystal Instruments，CI）、德国 m+p 国际公司、德国西门子公司、新西兰况得实仪器有限公司（Commtest）、丹麦必凯公司（B&K）等；国内知名厂商主要有东华、亿恒、研华等[61]。

从硬件方面看，数据采集系统的结构可分为以下三种形式，一般数据采集系统、直接数字控制型数据采集系统和集散型数据采集系统[62]。

一、一般数据采集系统

一般数据采集系统（data acquisition system，DAS）是计算机应用于生产过程监测最早、最基本的一种类型。它由传感器、模拟多路开关、前置放大器、采样/保持器、A/D 转换器、计算机以及外部设备等部分组成。其组成框图如图 3-1 所示。

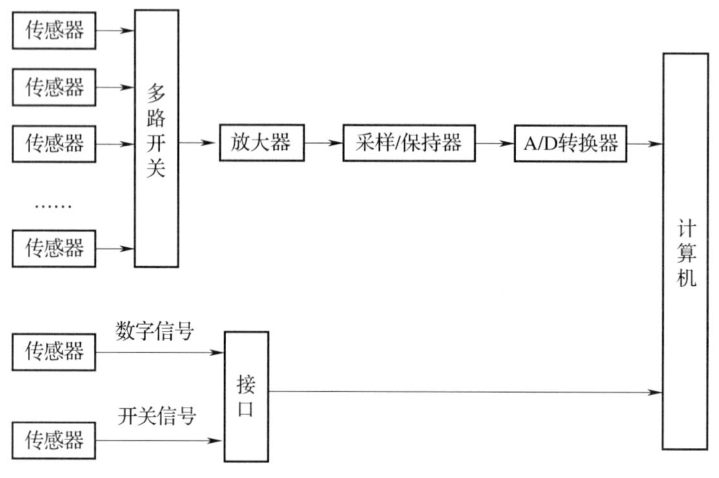

图 3-1　一般数据采集系统组成框图

传感器对被测对象的各种参数进行测量。计算机和传感器之间通过 I/O 接口设备进行信号的转换与联系，通常 I/O 接口设备包括 A/D 转换器、D/A 转换器和对开关量进行信号隔离的光电隔离器等。

二、直接数字控制型数据采集系统

直接数字控制型数据采集系统（direct digital control，DDC）的组成框图如图 3-2 所示，计算机既可对生产过程中的各个参数进行巡回检测，又可根据检测结果，按照一定的算法，计算出执行器应该的状态（继电器的通断、阀门的位置，电动机的转速等），完成自动控制的任务。系统的 I/O 通道，除了 AI 和 DI 外，还有模拟量的输出（AO）通道和开关量的输出（FDO）通道。

DDC 系统用一台计算机就能完成对多个被控参数的数据采集。在 DDC 系统中一台计算机不仅完全取代了多个模拟调节器，而且在各个回路的控制方案上，不改变硬件只通过改变程序就能有效地实现各种各样的复杂控制，DDC 系统具有可靠性高、功能完善和灵活性强等特点。

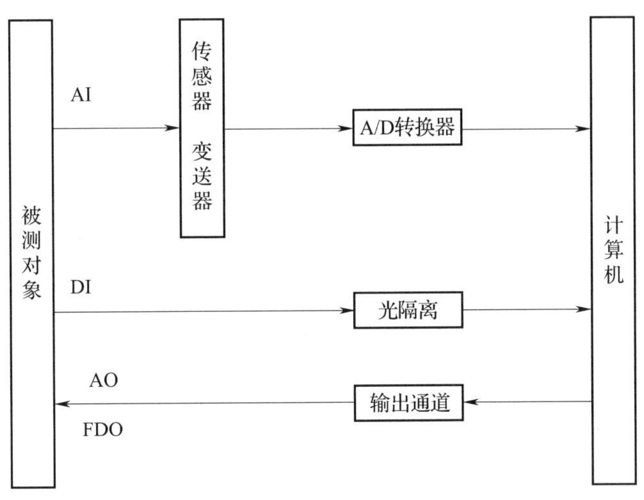

图 3-2　直接数字控制型数据采集系统组成框图

三、集散型数据采集系统

集散型控制系统（distributed control system，DCS）是指当控制对象处于不同位置，管理人员可以在管理中心对这些对象分别控制。而实现集散型控制的，最关键的是集散型数据采集。典型的 DCS 系统体系结构分为三层，分别为分散过程控制级、集中操作监控级和综合信息管理级，层间由高速数据通道 HW 和局域网 LAN 两级通信线路相连，其组成框图如图 3-3 所示。

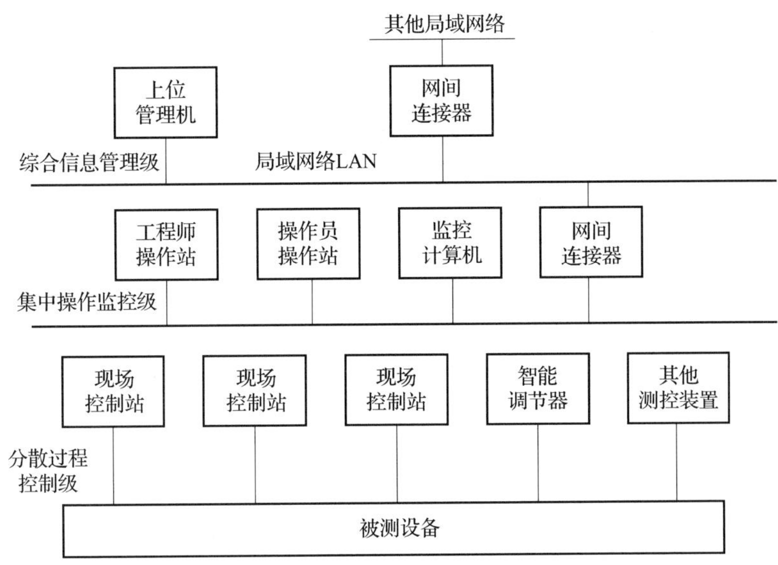

图 3-3　集散型控制系统组成框图

目前应用最为广泛的集散型数据采集系统是基于现场总线的自动数据采集系统和监控与数据采集系统。

（一）基于现场总线的自动数据采集系统

基于现场总线的数据自动数据采集系统，是以工控机为核心，以标准接口总线为基础，以可程控的多台智能仪器为下位机组合成一个自动测试系统，可以通过各种标准总线成为其他级别更高的自动测试系统的子系统。许多自动测试系统还可作为服务器工作站加入互联网中，成为网络化测试子系统，从而实现远程监测、远程控制和远程实时调试等，其组成框图如图 3-4 所示。

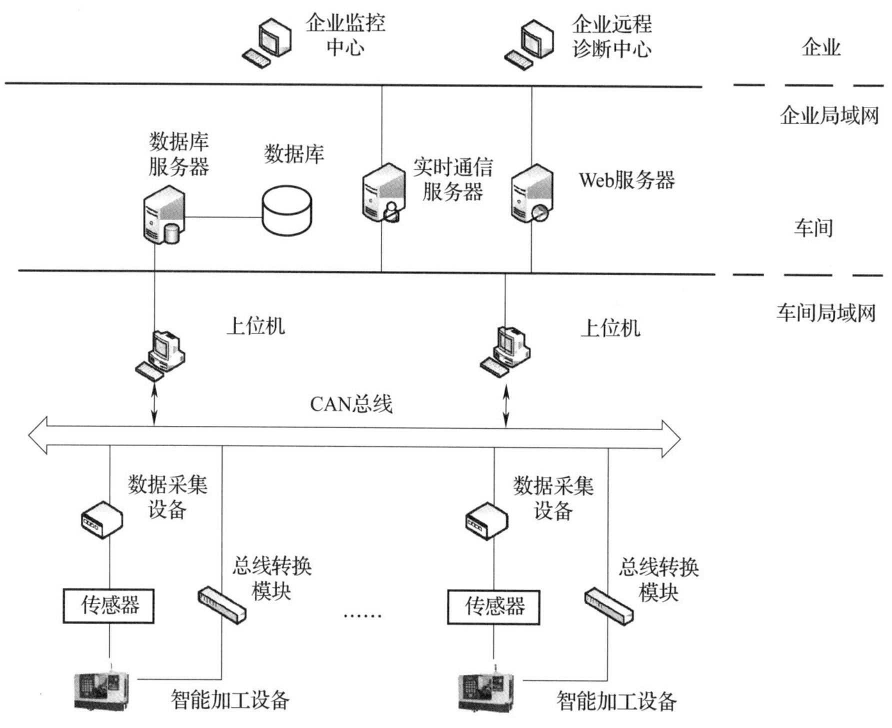

图 3-4　基于现场总线的自动数据采集系统组成框图

信息时代的技术发展，对数据采集系统提出了数字化、网络化和信息化的要求，要求数据采集系统控制设备向网络提供多方面的数字。现场总线作为现场，被视为远程自动数据采集系统领域的延伸，它的兴起为远程自动数据采集系统的发展提供了新的机遇，越来越多的数据采集与控制设备具备了数字计算和数字通信的能力，能为远

程自动数据采集系统的发展创造条件。现场总线可采用多种介质（多种有线或无线方式）传送数字信号。在两根导线上可挂接多至几十个自控设备，能节省大量线缆槽架和连接件，减少了系统设计安装和维护的工作量。

（二）监控与数据采集系统

监控与数据采集系统（supervisory control and data acquisition system，SCADAS）集计算机远程监督控制与数据采集为一体，综合利用计算机技术、控制技术、通信与网络技术，实现对生成过程的全面实时监控。它主要包含三部分，第一个是过程控制与管理系统，也就是通常说的上位机；第二个是分布式的数据采集系统，即下位机；第三个是数据通信网络。典型的监控与数据采集系统组成框图如图 3-5 所示。

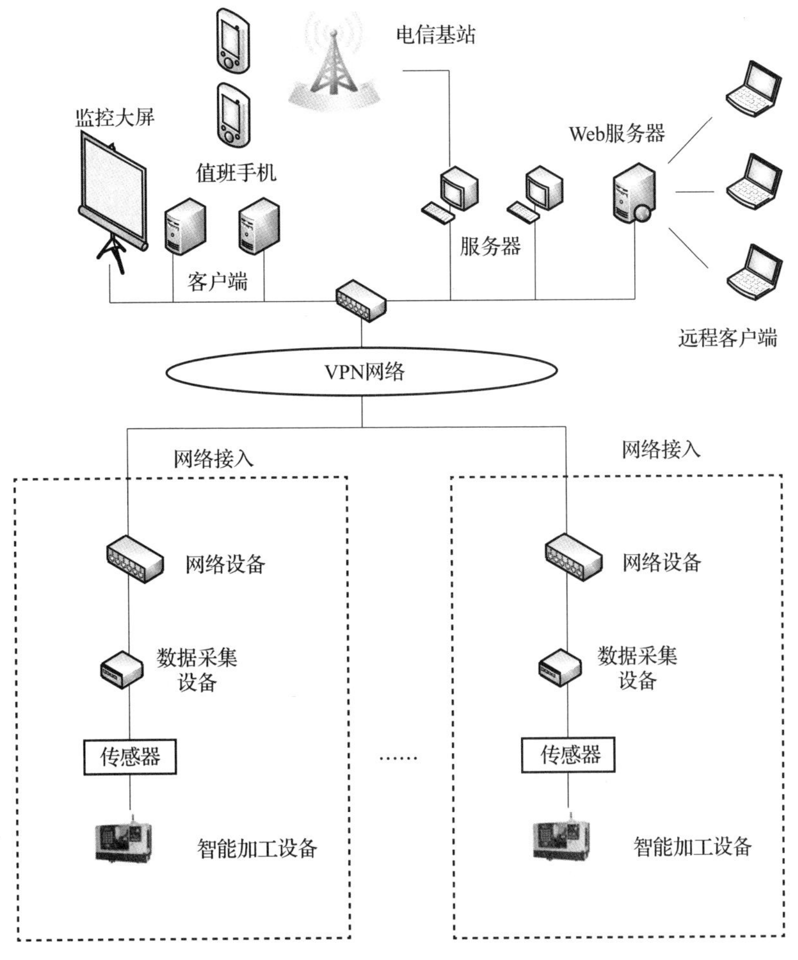

图 3-5　监控与数据采集系统组成框图

第二节　数据采集方法

考核知识点及能力要求：

- 了解系统平衡与复位配置。
- 熟悉数据采集方式的确定。
- 掌握数据采集通道配置、采样配置、存储管理-数据记录等知识。

数据采集过程的完成需要按照测试采集需求在软件上进行一系列的配置，主要包括以下几个方面。

一、数据采集通道配置

输入通道配置用于定义所有连接到输入接头上的传感器类型、量程、耦合方式、高通滤波、灵敏度、传感器偏置、前置放大等参数。

（一）传感器类型

列出传感器数据库中的所有传感器，通过选择传感器名称来自动获取传感器相关参数（一般不允许更改）。根据最终连接到输入通道的信号类型选择相应的传感器类型。传感器可直接连接到输入通道，或连接到放大器/信号调节装置，再由放大器/信号调节装置连接到输入通道。当选择用户定义的传感器类型时，需在工程单位设置中定义对应的用户单位。

（二）量程

选择每一输入通道的量程，一般有 10 V、1 V、0.1 V 三档量程可供选择。根据输入信号的大小选择合适的量程，使信号的最大值小于满量程值。例如，加速度信号的最大值为 10 g，采用的加速度传感器灵敏度为 43 mV/g，那么输入信号的最大电压值为 10×43＝430（mV），量程就可选为 1 V。但是如果无法预测，建议选择量程为 10 V。

（三）耦合方式

根据连接到输入通道的设备或信号，需要选择合适的耦合方式，一般有 AC 单端耦合、AC 差分耦合、DC 单端耦合、DC 差分耦合、IEPE 等选项。AC 耦合去除了输入信号中的 DC 成分。IEPE 选项提供了 IEPE 传感器所需的恒流源。

（四）高通滤波

当选择 AC 或 IEPE 耦合方式时，可以设置高通滤波的截止频率。

（五）传感器灵敏度

设定与输入通道相连接的传感器灵敏度，或放大器/信号调节装置的输出灵敏度。参考制造商的传感器校准设定，或其他的放大器/信号调节装置的设置，来确定该值。

（六）传感器偏置

设置输入通道所连接传感器或前置放大器的直流偏置，如果输入信号负向偏移，则把偏置设为正值。只有输入通道的耦合方式为 DC 时，该偏置设置才有效。

（七）前置放大

设置输入通道所连接前置放大器或信号调理装置的放大系数。

二、系统平衡与复位配置

系统平衡与复位是由厂商提供的自动测试整个系统偏置和清零偏置的功能。

（一）系统平衡

自动给整个测试系统偏置，并填入相应输入通道的“传感器偏置”。

（二）平衡复位

所有输入通道的“传感器偏置”清零。

厂商一般都建议在测试系统连线完毕，测试开启前，被测系统无激励情况下，进行一次系统平衡测试。

三、采样配置

主要对数据采集过程进行配置，包括采样频率、采样时间、开始和停止等。

（一）采样频率配置

设定系统平衡时采用的采样频率。

（二）预采样时间

设定开始平衡后，预先采集一段时间的数据，这部分数据将被剔除，不参与系统平衡。

（三）平衡时间

设定系统平衡的时间，在预采样时间之后。这段时间内采集的数据将用于系统平衡计算。

（四）采样时间

定义测试的采集时间，当无法确定最长采样时间时，一般选择 INF。

（五）开始设置

设置数据开始采集条件，是手动开始采集，还是设置采集数据条件满足一定要求后由程序控制开始采集。

（六）停止设置

设置数据停止采集条件，是手动停止采集，还是设置采集数据条件满足一定要求后由程序控制停止采集。

四、存储管理–数据记录

（一）存储路径设置

定义试验存储路径，便于对试验数据的查找、管理。

（二）文件名命名设置

一般采用时间命名或项目序号的方式，便于对试验流程的管理。

（三）存储格式设置

存储格式包括二进制格式、文本格式、UFF 文本格式、UFF 二进制格式和其他格式。

二进制格式是最常见的计算机数据保存格式。该格式存储了包括测量参数在内的有关数据的所有信息。这种简洁的文件格式同时也最大限度地节省了磁盘空间。

文本格式采用（X–Y）数据和仅 *Y* 轴数据两种。这两种都是用 ASCII 格式描述，包括最小的头文件信息，如数据帧大小、采样频率等，存储的文件采用空格分隔格式，且所有的数据域都用制表符定制。

UFF 文本格式是通用文本格式。

UFF 二进制格式是通用二进制格式，采用二进制保存数据。

（四）最大存储时间

根据试验需求和定义的存储内容，系统允许记录数据的最长时间，当记录达到这一时间后，系统将自动停止记录。

（五）自动保存设置

一般数据采集系统采用以下四种自动保存模式：

1. 间隔时间保存

以一定的时间间隔存储所定义内容，时间间隔以秒为单位。

2. 间隔帧保存

以一定的帧数间隔存储所定义内容。

3. 停止时保存

在试验停止时存储所定义的内容。

4. 暂停时保存

在试验暂停时存储所定义的内容。

五、数据采集方式确定

数据可以连续采集或周期采集，数据分析可以由事件驱动或者由时间间隔驱动。

（一）连续数据采集

连续数据采集系统是指传感器永久性安装在机器关键位置上，通常在机器运行期间，连续记录和存储振动测量数据。该系统可以包括多通道自动振动监测系统，为了保证不丢失有效数据或趋势，应具有足够快的多路传输率。数据处理应能得到与以前获取的数据进行比较的宽带或谱的信息。通过设定存储数据的“报警限值”，可通知操作人员机器振动特性趋势的变化（幅值增加或减小），并据此推荐诊断方法。

连续的数据采集系统可以装在机器现场供机器操作人员直接使用，或者安装在远方现场，数据传输至中央数据分析中心。“连续”系统明显的优点是可以用于机器振动状态的实时在线监测。

在自动监测系统中，振动传感器永久性地安装在机器上，与连续监测系统几乎相同。该系统按程序自动记录和存储数据，并将最近的数据与以前存储的数据比较，以便确定机器是否处于报警状态。

（二）周期数据采集

周期数据采集可用永久性在线系统或便携式系统进行。在线周期系统可包括多通道的自动振动监测系统，在这种情况下，全部通道周期性地逐个扫描。当某个通道接通时，其他通道处于隔离状态。测量系统连续运行，但监测的各个测点有时间间隔，取决于被监测的通道数目和每个通道的测量周期。这些系统有时被称为“扫描”或“间歇”系统。

对于不便使用在线系统的机器，通常用便携式系统，在大多数情况下，便携式系统适用于周期性监测。

第三节　数据传输

考核知识点及能力要求：

- 了解网络化通信分级、企业级通信、工厂级通信。
- 熟悉生产车间级通信、DNC 系统典型结构。
- 掌握有线传输、无线传输。

计算机技术和通信技术与制造业不断深入融合，给制造业带来新的发展机遇。特别是网络化通信的发展使得各种新型加工和运维方式成为可能。

一、网络化通信分级

在现代加工过程中，工件可能需要在不同位置进行加工，各个加工设备之间通过网络相互连接，同时工作而且互不干扰，其网络连接示意图如图 3-6 所示。为了实现这种加工系统，我们需要对整个加工网络进行分级控制。这种通信可以分为企业级、工厂级、生产车间级和加工设备级。

（一）企业级通信

企业级通信一般用于协调下属各个工厂间的加工，并且按照市场规律分配加工任务。该级别的通信一般需要通过互联网与外界联通。

（二）工厂级通信

工厂级通信一般用于工厂下面各个车间的任务调度。该级别的通信一般视情况采用互联网或者局域网相互沟通。

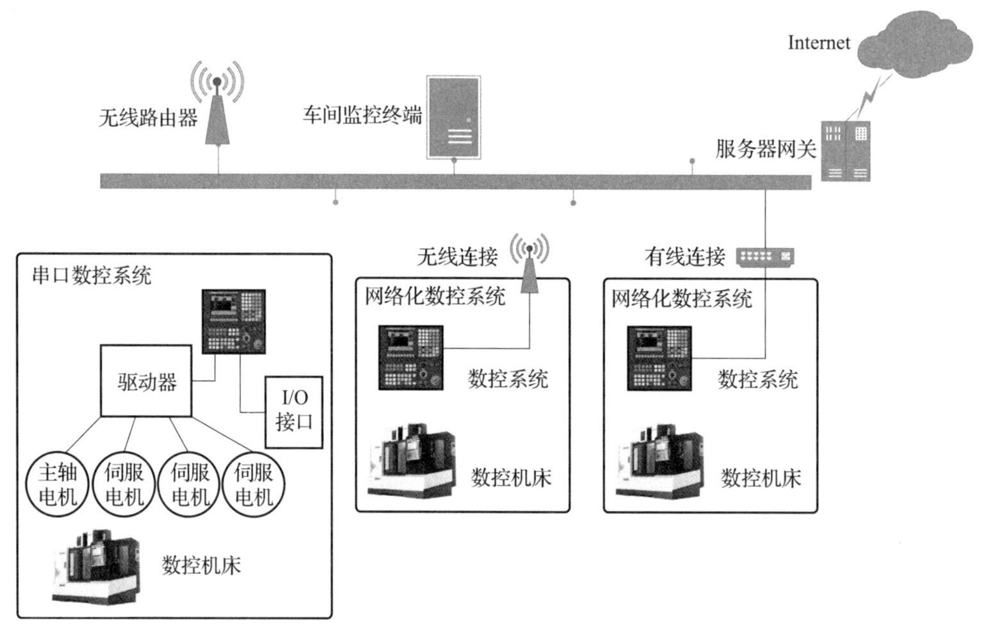

图 3-6　加工网络化各级网络连接示意图

（三）生产车间级通信

生产车间级通信一般用于加工程序上传和下载、PLC 数据传输、系统实时状态监测、加工设备的远程控制以及对 CAD/CAE/CAM/CAPP 等程序进行分级管理。生产车间级通信一般采用分布式数控（distributed numerical control，DNC）进行控制。DNC 的研究源于 20 世纪 60 年代，起初是用于向目标机床快速下发数据。随着网络技术和计算机数控技术（computer numerical control，CNC）技术的发展，DNC 的内涵已经发生巨大的变化。尽管 DNC 的含义发生过变化，但是保障传输过程中数据安全性及时性以及管理和存储 NC 程序这两个核心任务并没有改变。根据 Quinx 公司的调查，DNC 系统相比于传统的方法，可以降低超过 90%的生产费用。一个典型的 DNC 系统主要包括 DNC 硬件服务器和服务软件包、通信端口以及 CNC 机床，如图 3-7 所示。

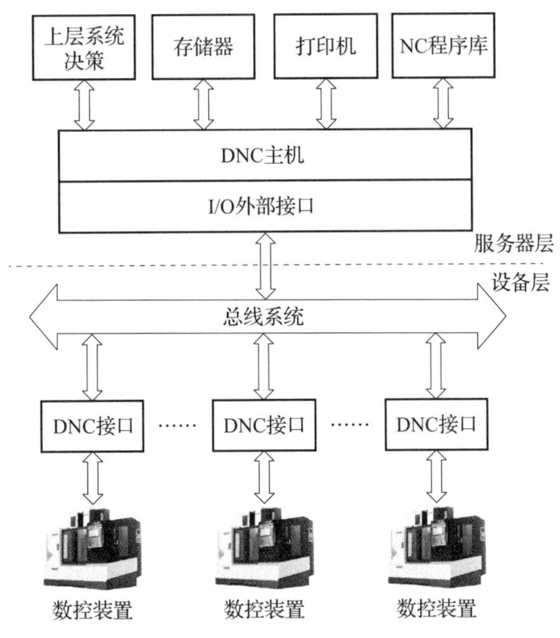

图 3-7 DNC 系统典型结构[63]

（四）加工设备级通信

加工设备级通信主要负责底层设备与上级设备联网，并负责将加工状态参数与加工情况实现获取、存储并上传到上层网络，同时与生产车间级通信等上级网络共同实现上层网络下达的相关管理控制命令。当前制造业中常用的现代集成制造系统（contemporary integrated manufacturing system，CIMS）技术、制造执行系统（manufacturing execution system，MES）技术、柔性制造系统（flexible manufacturing system，FMS）技术和工厂自动化（factory automation，FA）技术的基础就是加工设备级通信和生产车间级通信。

传统的加工设备级通信主要是通过现场总线进行通信。当前，适用于数控加工领域的总线有很多，比如德国西门子（Simense）推出的 Profibus 总线，德国 SERCOS 协会提出的 SERCOS 总线及后续提出的 SERCOS Ⅲ总线，德国倍福（Beckhoff）推出的 EtherCAT 总线，日本那发科（FANUC）推出的 FSSB 总线，日本三菱（Mitsubishi）电机主导提出的 CC-Link 总线。2008 年 2 月，国内华中数控联合广州数控、沈阳高精、大连光洋和浙江中控五家企业合作成立“机床数控系统现场总线联盟”，并于 2010 年

6月发布了国产首个具有自主知识产权的强实时性现场总线协议——中国数控联盟总线（NC Union of China Field Bus，NCUC-Bus）现场总线。NCUC总线[64,65]是一种环形拓扑结构总线，相比其他现场总线协议，NCUC协议结构简单，符合数控系统总-分的特点，传输的延时确定且易于安装。

二、网络化通信传输介质

网络化数据通信形式非常多，从传输介质来分，可以分为有线传输和无线传输两种。

传统的数据采集系统都是通过有线传输方式进行信息传输的，它具有速度快、可靠性高、工作稳定等优点。有线网络远程采集是现代远程采集的模式，是将现场各个采样点通过通信线连成网络。根据通信方式的不同，可以有光纤网、以太网等，这种方式也是现在使用较多的一种方式。其显著特点是用现场的采样设备将各种传感器获取的信息转变为数字信号，然后通过网络传送给远程的监控中心。远程监控工程师再利用计算机和数字信号处理技术对收到的信息进行分析和处理。由于数字信号远程传输的准确性高，不受时间和空间影响，因而可以实现真正意义上的实时在线远程数据的采集和监控。但同时这种采集方式易受环境和采集数据形式的影响。在很多场合，比如人员无法到达的偏僻环境，有高腐蚀性、现场无法利用明线连接的环境，选择有线数据采集传输系统显然无法满足数据采集和传输的需要。另外，为了一次数据采集而去架设有线网络所耗费的人力物力比较大，浪费资源。在这种情形下，无线数据采集就成了一种行之有效的替代方式。

随着射频收发技术、微电子技术以及集成电路的发展，无线通信技术取得了较大发展，在设计成本、传输速率、可靠性方面均取得了长足进步，正在慢慢发展到有线网络传输的水平。工业现场采用无线数据采集技术已成为新的发展趋势，可以解决以往传统数据采集中存在的问题，提高系统的适用性。

在短距离无线通信领域中，蓝牙、无线局域网和红外技术已经广泛应用于人们的生产生活中，ZigBee，NFC，RFID和一些无规范化的超高频无线传输是最具有发展和应用潜力的通信技术。随着5G通信技术的发展，无线传输速度和安全性相比之前的

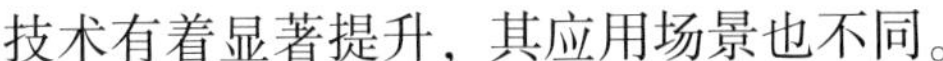

技术有着显著提升，其应用场景也不同。

有线、无线数据采集方式对比如表 3-1 所示。

表 3-1　有线、无线数据采集方式对比表

	有线传输	无线传输
便利性	不方便，大约 3/4 的时间都耗费在安装和布线上	方便，通信传输依靠无线实现
成本	成本高	成本低
稳定性	稳定性较好	稳定性不如有线传输

从表中可以看出，有线、无线数据采集系统各有优劣，无线数据采集稳定性和抗干扰能力与有线数据采集系统相比略逊一筹，但是，无线数据采集有其使用方便、成本相对较低的突出优点。凭借这些优点，它在工程检测或监测系统中占据重要的地位，由此也得到了较快发展。

第四节　网络接口协议

考核知识点及能力要求：

- 了解 ARINC429 总线协议、Modbus 协议。
- 熟悉 TCP 协议、CAN 总线协议。
- 掌握 UDP 协议、RS-232/422/485 标准。

接口协议（interface protocol）指的是需要进行信息交换的接口间所要遵从的通信方式和要求。接口协议不仅要规定物理层的通信，还需要规定语法层和语义层的要求。

接口协议的种类非常多，下面对工业控制和监控常用的几种接口协议进行介绍。

一、TCP 协议

TCP 协议的全称是传输控制协议（transmission control protocol），它是一种面向连接的、可靠的、基于字节流的传输层通信协议，支持多网络应用的分层协议层次结构。

TCP 工作在网络开放系统互联参考模型（open system interconnect，OSI）的七层模型中的第四层——传输层，是封装在 IP 数据包中，如图 3-8 所示。

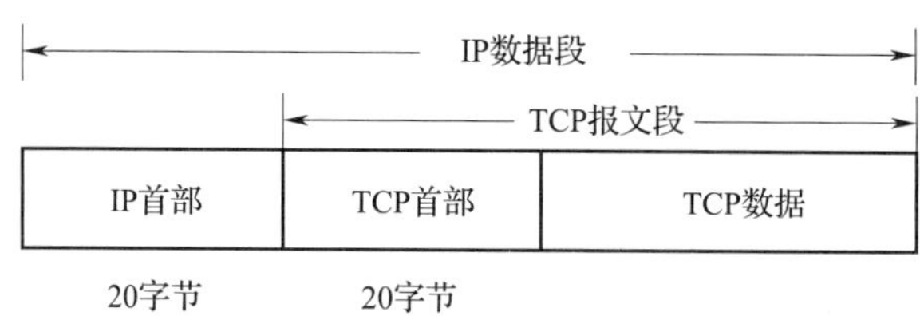

图 3-8　TCP 数据在 IP 数据包中的封装

报文数据格式如图 3-9 所示，下面对各字段的含义进行介绍。

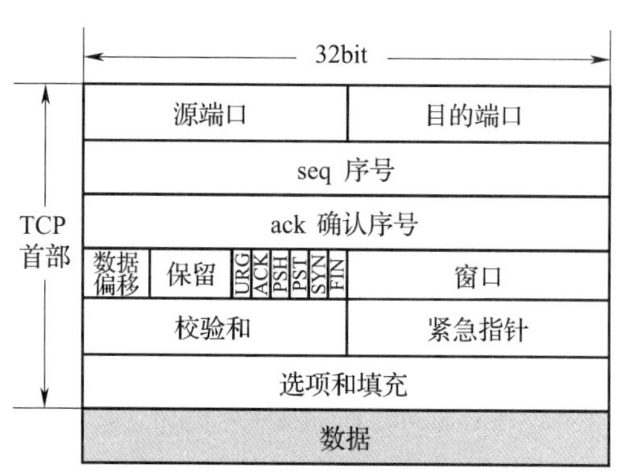

图 3-9　TCP 报文数据格式

（一）源端口和目的端口

各占 2 个字节，这两个值加上 IP 首部中的源端 IP 地址和目的端 IP 地址唯一确定一个 TCP 连接。有时一个 IP 地址和一个端口号也称为 socket（接口）。

（二）序号（seq）

占 4 个字节，是本报文段所发送的数据项目组第一个字节的序号。在 TCP 传送的数据流中，每一个字节都有一个序号。例如，一报文段的序号为 300，而且数据共 100 字节，则下一个报文段的序号就是 400；序号是 32 bit 的无符号数，序号到达 $2^{32}-1$ 后从 0 开始。

（三）确认序号（ack）

占 4 字节，是期望收到对方下次发送的数据的第一个字节的序号，也就是期望收

到的下一个报文段的首部中的序号；确认序号应该是上次已成功收到数据字节序号+1。只有 ACK 标志为 1 时，确认序号才有效。

（四）数据偏移

占 4 比特，表示数据开始的地方离 TCP 段的起始处有多远，实际上就是 TCP 段首部的长度。由于首部长度不固定，因此数据偏移字段是必要的。数据偏移以 32 位（4 个字节）为长度单位，因此 TCP 首部的最大长度是 60 个字节，即偏移最大为 15 个长度单位=1 532 位=154 字节。

（五）保留

6 比特，供以后应用，一般置为 0。

（六）6 个标志位比特

• URG：当 URG=1 时，表示此报文应尽快传送，而不要按本来的列队次序来传送。与“紧急指针”字段共同应用，紧急指针指出在本报文段中的紧急数据的最后一个字节的序号，使接管方可以知道紧急数据共有多长。

• ACK：只有当 ACK=1 时，确认序号字段才有效。

• PSH：当 PSH=1 时，接收方应该尽快将本报文段立即传送给其应用层。

• RST：当 RST=1 时，表示出现连接错误，必须释放连接，然后再重建传输连接。复位比特还用来拒绝一个不法的报文段或拒绝打开一个连接。

• SYN：SYN=1，ACK=0 时表示请求建立一个连接，携带 SYN 标志的 TCP 报文段为同步报文段。

• FIN：发端完成发送任务。

（七）窗口

TCP 通过滑动窗口的概念来进行流量控制。当发送端发送数据的速度很快而接收端接收速度却很慢的情况下，为了保证数据不丢失，需要进行流量控制，协调好通信双方的工作节奏。所谓滑动窗口，可以理解成接收端所能提供的缓冲区大小。TCP 利用一个滑动的窗口来告诉发送端对它所发送的数据能提供多大的缓冲区。窗口大小为字节数起始于确认序号字段指明的值（这个值是接收端期望接收的字节）。由于窗口大小是一个 16 bit 字段，因此，窗口大小最大为 65 535 字节。

（八）校验和

校验和覆盖了整个 TCP 报文段：TCP 首部和数据。这是一个强制性的字段，一定是由发端计算和存储，并由收端进行验证。

（九）紧急指针

只有当 URG 标志置 1 时紧急指针才有效。紧急指针是一个正的偏移量，与序号字段中的值相加，表示紧急数据最后一个字节的序号。

二、UDP 协议

UDP 协议的全称是用户数据报协议（user datagram protocol），它是开放系统互联参考模型（open system interconnect，OSI）中一种无连接的传输层协议，提供面向事务的简单不可靠信息传送服务。UDP 提供的是不可靠无连接的数据交互服务，它没有使用确认机制来确保报文的到达，没有对传入的报文进行排序，也不提供反馈信息来控制机器之间报文传输的速度，因此报文可能会出现丢失延迟和乱序到达的现象。但是对于一些可以容忍小错误的信息传输，UDP 在一个时间点传输的数据包含所有传感器的信息，一次传输具有数据完整性，数据即使丢失，也不会影响整体效果。另外，虽然 TCP 协议中植入了各种安全保障功能，在可靠性上优于 UDP，但这是以通信效率为代价的，在实际执行的过程中会占用大量的系统资源，而 UDP 却由于排除了信息可靠传递机制，将安全和排序等功能移交给上层应用来完成，极大程度降低了执行时间，使速度得到了保证。

UDP 提供了应用程序之间传输数据的基本机制。在传递 UDP 报文时，报文不仅携带用户数据，还携带目的端口号和源端口号，这使得目的机器上的 UDP 软件能够将报文交给正确的接收进程，而接收进程也能正确返回应答报文，UDP 数据报格式如图 3-10 所示。

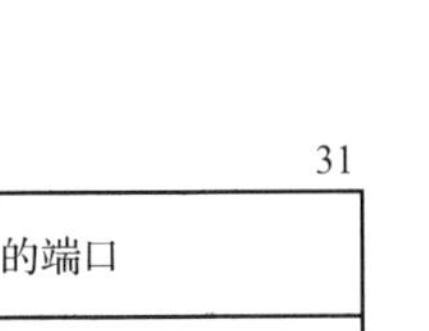

0　　　　15	16　　　　31
源端口	目的端口
报文长度	校验和
数据……	

图 3-10　UDP 数据报格式

源端口和目的端口都包含了 16 位的 UDP 端口号，用于各个等待接收报文的应用之间对数据报文进行多路分解操作。其中，“源端口”的字段可选，若选用则指定了应答报文应发往目的端口；若不选用，值为零。“报文长度”字段则指明以字节为单位的 UDP 首部和 UDP 数据的长度，最小值为 8，即 UDP 首部的长度。

UDP 通信就是将数据以图 3-10 数据包的格式进行传输，在传输时需要将数据进行封装。接收到数据后，则将之前封装的报文再进行解除，最终获得数据发送时的原始数据。在封装过程中，首先将上层应用数据交给 UDP，并由 UDP 模块在数据前端添加 UDP 首部形成 UDP 报文。由于在 TCP/IP 分层模型中，UDP 位于 IP 层之上，因此，UDP 报文需要交给 IP 层的下一层——链路层，并被封装到物理帧之中，最后转化为比特流在网络中实现投递。具体的封装过程如图 3-11 所示。

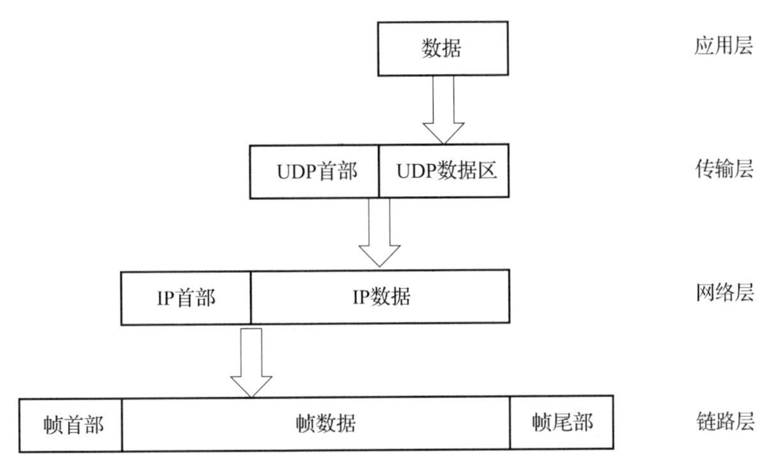

图 3-11　UDP 报文封装过程

在接收端，数据的流向与封装过程相反，首先从比特流中根据帧定界字段提取出帧，然后沿着协议栈依次向上传递，各层在向上递交数据之前都剥去了本层的首部。因此，当 UDP 软件把数据送到相应的接收进程时，所有附加的首部都被剥去了。也就是说，最外层的首部对应最底层的协议，而最内层的首部对应最高层的协议。这样通过封装与解封装的过程，就实现了 UDP 的通信。

三、ARINC429 总线协议

ARINC 429 总线协议的全称是数字式信息传输系统（digital information transport system，DITS)，最早是由美国航空电子工程委员会（airlines electronic engineering committee，AEEC）提出。协议规范定义了航空电子设备和相关系统之间的数字信息传输要求。目前，该协议是民用航空领域应用最为广泛的协议，国内对应的标准为 HB6096-SZ-01。

ARINC429 协议主要有结构简单、性能稳定、抗干扰等优点，因此该协议可靠性非常高。ARINC429 协议的具体特性如下。

（一）数据传输方式

主要采用单向数据传输的方式，即数据从数据源发出，经过传输总线发送至与之相连的设备端口。但是，数据无法实现倒流，即无法实现信息沿发送路径从接收端口到发送端口的传输。如果需要实现两个设备之间的双向数据传输，则需要在每个方向上单独建立传输路径，有助于降低数据分发的风险。

（二）总线负载能力

单向的数据传输总线上可以连接少于 20 个的数据接收设备，可以保证数据传输有充裕的时间。

（三）数据调制方式

主要采用三态码双极型归零的方式。

（四）数据传输速率

可以分为高速 429 和低速 429 两种，速率分别为 100 kbps 和 10 kbps。对于制订传输内容的位速率，其传输误差范围一般在 1%以内。需要注意的是，单条传输总线无法

同时实现高速和低速两种传输速率。

（五）数据同步方式

数据传输以字（word）为基本单位，每个字由32个位（bit）组成。而位同步数据是包含在双极归零信号波形中的，该同步信息以传输同期间至少4个位（bit）的零电平的时间间隔为基准，后面紧跟该字（word）间隔后发送的新字（word）的第一位。

ARINC429的每一个数据字（二进制或二~十进制）都是长32位，其中包括标号位、源终端识别域、数据组、符号状态矩阵位和奇偶校验位。

• 标号位（LABEL）：1~8位，确定信息的数据类型和参数。例如，若传送VHF信息，那么标号位八进制数030；若是DME数据，那么标号为八进制数201等。

• 源终端识别（SDI）域：9~10位，定义了目的数据域。例如，一个控制盒的协调字要发送到3个甚高频收发机上，需要标示出信息的终端，即把调谐字输送到标示的甚高频接收机上。

• 数据组（Data Field）：11~28位或29位，根据字的类型是11~28位或者11~29位，用于传输应用数据。例如，BCD编码数据格式，数据组为11~29位，标号为030，表示11~29位是频率数据。

• 符号状态矩阵位（SSM）：根据字的类型是29或30~31位，定义了符号矩阵，包含了硬件设备状态、操作模式、数据合法性等。在甚高频中使用30~31位（BCD编码）。

• 奇偶校验位（P）：用于数据的奇偶校验，一般采用奇校验方法。检查方法是当1~31位所出现的1的总和为偶数时，则在32位上显示为“1”；如果是奇数，则显示为“0”。

四、CAN总线协议

CAN总线协议的全称是控制器局域网总线（controller area network），属于现场总线的范畴，是一种有效支持分布式控制系统的串行通信网络。其最早作为20世纪80年代末的汽车环境中的微控制器，在各车载电子控制装置ECU之间互换信息，形成汽车电子控制网络。CAN 由于其良好的实时性能，在工业控制、安全防护和航空工业中都得到了应用。CAN 的高层协议是一种在现有的物理层和数据链路层之上实现的应用层协议，一些国际组织经过研究开放了多个应用层标准，以使系统的综合应用变得更加容易。一些高层协议有：CiA 的 CANOpen 协议、ODVA 的 DeviceNet 协议、Stock 公司的 CANaerospace 协议以及 Honeywell 的 SDS 协议。

（一）拓扑结构

CAN 总线拓扑结构如图 3-12 所示。每个节点通过 CAN 通信接口访问总线。下图中的总线通过查分信号（CAN_H、CAN_L）进行传输。CAN 总线也可以通过双总线进行冗余传输，在双总线 CAN 中，节点可以直接与两条 CAN 总线同时相连。

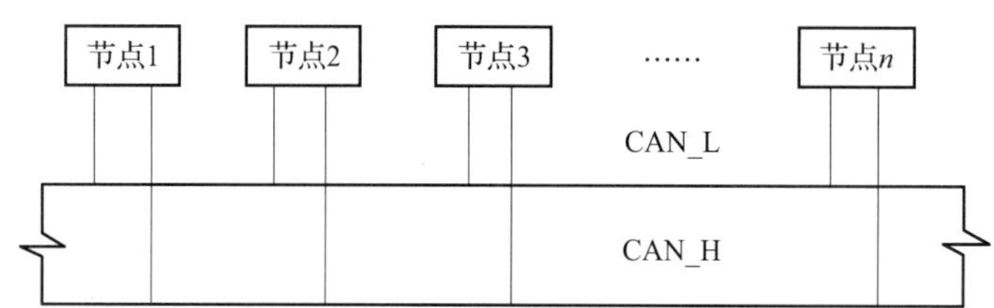

图 3-12　CAN 总线拓扑结构示意图

（二）协议栈组成

CAN 总线的 ISO/OSI 参考模型层次结构如图 3-13 所示。CAN 协议栈同时实现了 OSI 模型的 3 层协议：物理层、数据链层和应用层。数据链层在 CAN 总线中由介质访问控制（medium access control，MAC）层和逻辑链路控制（logical link control，LLC）层组成。

CAN 总线的 LLC 子层：涉及报文和状态处理等功能。

CAN 总线的 MAC 子层：属于 CAN 协议的核心，把接收到的报文提供给 LLC 子层，并接收来自 LLC 子层的报文。MAC 子层作用是报文分帧、仲裁、应答以及错误检测和标定等。

CAN 总线的物理层：定义线路中信号实际传输的过程，以及传输到位时间、位编码和位同步等。

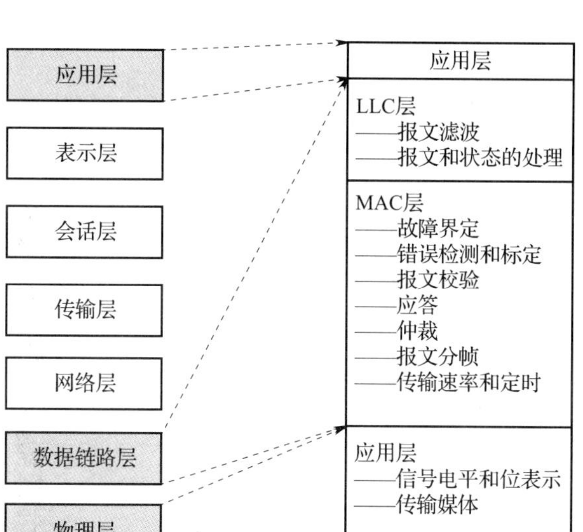

图 3-13　ISO/OSI 参考模型层次结构示意图

五、RS-232/422/485 标准

RS-232、RS-422、RS-485 最初都是由美国电子工业协会（EIA）制订并发布的，RS-232 在 1962 年发布，命名为 EIA-232E，作为工业标准以保证不同厂家产品之间的兼容。RS-422 是由 RS-232 发展而来，它是为弥补 RS-232 通信距离短、速率低的缺点而提出的。RS-422 定义了一种平衡通信接口，将传输速率提高到 10 Mbps，传输距离延长到 4 000 英尺（速率低于 100 kbps 时），并允许在一条平衡总线上连接最多 10 个接收器。RS-422 是一种单机发送、多机接收的单向、平衡传输规范，被命名为 TIA/EIA-422-A 标准。为扩展应用范围，EIA 又于 1983 年在 RS-422 基础上制定了 RS-485 标准，增加了多点、双向通信能力，即允许多个发送器连接到同一条总线上，同时增加了发送器的驱动能力和冲突保护特性，扩展了总线共模范围，后命名为 TIA/EIA-485-A 标准。由于 EIA 提出的建议标准都是以“RS”作为前缀，所以在通信工业领域，仍然习惯将上述标准以 RS 作前缀称谓。RS-232、RS-422 与 RS-485 标准只对接口的电气特性做出规定，而不涉及接插件、电缆或协议，在此基础上用户可以建立自己的高层通信协议。表 3-2 列出了 RS-232、RS-422 与 RS-485 三者的区别。

表 3-2 RS-232、RS-422 与 RS-485 的区别

标准	RS-232	RS-422	RS-485
工作方式	单端	差分	差分
节点数	1 收 1 发	1 发 10 收	1 发 32 收
最大传输电缆长度	50 英尺	4 000 英尺	4 000 英尺
最大传输速率	20 kbps	10 Mbps	10 Mbps
最大驱动输出电压	±25 V	-0. 25 V~+6 V	-7 V~+12 V
发送器输出信号电平（负载最小值）	±5 V~±15 V	±2. 0 V	±1. 5 V
发送器输出信号电平（空载最大值）	±25 V	±6 V	±6 V

（一）RS-232 协议

RS-232 是目前最常用的一种全双工点对点式的异步串行通信协议接口标准。RS232 接口按照引脚个数分可以分为 9 针（9 pins）和 25 针（25 pins）两种，其中最常用的是 9 针，引脚的具体位置和含义如表 3-3 所示，按照接口类型分为公口和母口，分别如图 3-14 和图 3-15 所示。

表 3-3 9 针的 RS232 引脚的编号定义和功能

RS232 引脚编号	引脚名缩写	引脚名全称	信号传输方向
1	DCD	data carrier detect	←
2	RXD	receive external data	←
3	TXD	transmit external data	→
4	DTR	data terminal ready	→
5	GND	ground	→
6	DSR	data set ready	←
7	RTS	request to send	→
8	CTS	clear to send	←
9	RI	ring indicator	←

图 3-14 公口的 9 针的 RS232 接口

图 3-15 母口的 9 针的 RS232 接口

（二）RS-422 协议

RS-422 是采用四线全双工差分传输多点通信的数据传输协议。它采用平衡传输、单向/非可逆，有使能端或没有使能端的传输线。与 RS-485 不同的是它不允许出现多个发送端，而只能有多个接收端。硬件构成上 EIA-422（RS-422）相当于两组 EIA-485（RS-485），即两个半双工的 EIA-485（RS-485）构成一个全双工的 EIA-422（RS-422）。

RS-422 四线接口由于采用单独的发送和接收通道，因此不必控制数据方向，各装置之间任何必须的信号交换均可以按软件方式（XON/XOFF 握手）或硬件方式（一对单独的双绞线）。RS-422 的最大传输距离为 4 000 英尺（约 1 219 米），最大传输速率为 10 Mb/s。其平衡双绞线的长度与传输速率成反比，在 100 kb/s 速率以下，才可能达到最大传输距离。只有在很短的距离下才能获得最高速率传输。一般 100 米长的双绞线上所能获得的最大传输速率仅为 1 Mb/s。

由于 RS-422 接收器采用高输入阻抗和发送器，因此它比 RS-232 具备更强的驱动能力，允许在相同传输线上连接多个接收节点，最多可接 10 个节点，即一个主设备（master），其余为从设备（salve）。从设备之间不能通信，所以 RS-422 支持点对多点的双向通信。

（三）RS-485 协议

RS-485 是一种多点差分数据传输的电气规范，被应用在许多不同的领域，作为数据传输链路。RS-485 具有控制方便、成本低廉、高噪声抑制、高传输速率、传输距离远、宽共模范围等优点。但是基于在 RS-485 总线上任一时刻只能存在一个主机的特点，它往往应用在集中控制枢纽与分散控制单元之间。

由于 RS-485 是从 RS-422 基础上发展而来的，所以 RS-485 许多电气规定与 RS-422 相仿。如都采用平衡传输方式、需要在传输线上接终接电阻等。RS-485 可以采用二线与四线方式，二线制可实现真正的多点双向通信。而采用四线连接时，与 RS-422 一样只能实现点对多的通信，即只能有一个主设备，其余为从设备，但它比 RS-422 有改进。无论四线还是二线连接方式，总线上可接到 32 个设备。

六、Modbus 协议

Modbus 是一种串行通信协议，是 Modicon 公司（现在的施耐德电气，Schneider Electric）于 1979 年为使用可编程逻辑控制器（PLC）通信而发表。Modbus 已经成为工业领域通信协议的业界标准（de facto），并且现在是工业电子设备之间常用的连接方式。Modbus 允许多个（大约 240 个）设备连接在同一个网络上进行通信。

Modbus 网络是一个工业通信系统，由带智能终端的可编程序控制器和计算机通过公用线路或局部专用线路连接而成，包括硬件和软件。它可应用于各种数据采集和过程监控。

Modbus 特点：

- 标准、开放，用户可以免费、放心使用 Modbus 协议，不需要交纳许可证费，也不会侵犯知识产权。目前，支持 Modbus 的厂家超过 400 家，支持 Modbus 的产品超过 600 种。
- Modbus 可以支持多种电气接口，如 RS-232、RS-485 等，还可以在各种介质上传送，如双绞线、光纤、无线等。
- Modbus 的帧格式简单、紧凑，通俗易懂。用户使用容易，厂商开发简单。

第五节　工程案例

考核知识点及能力要求：

- 了解智能主轴多源信号采集中的传感器。
- 熟悉在线分析设定、图像查看。

• 掌握软件开启方式、通道设置、示波/采集设定等知识。

智能主轴的多源信号采集

测试三齿高速钢立铣刀模态参数在静态和动态（恒力预紧，不同波形、幅值、频率下的预紧）下的切削振动信号，并进行颤振抑制。试验设备如图 3-16 所示。

图 3-16　试验设备

试验中使用位移传感器（螺纹连接）2 个，采集 X-Y 方向位移信号；加速度传感器（螺纹连接）2 个，采集 X-Y 方向加速度信号；在机床或工件上的 3 个方向上布置 3 个 B32 的加速度传感器，采集加速度信号；麦克风传感器 1 个，采集声音振动信号；力锤激励，压电堆预紧；测力计，安装在工件与机床之间。

采用 LMS 数采和 Kistler 9129A 测力计，数采采样频率为 10 240 Hz，采样时间为整个切削过程。实验所用铣刀为三齿高速钢立铣刀，螺旋角 45°，刀具直径 10 mm，悬长 75 mm。工件材料为铝合金 6061，密度 2 690 kg/m^3，弹性模量 68.9 GPa，泊松比 0.33。下面，详细介绍使用软件完成采集设置。

一、开启软件

如图 3-17 所示，在 Windows 桌面上点击 Test Lab 的快捷方式，然后点击进入 Test. Lab Signature 文件夹，在快捷方式里选择打开 Signature Acquisition，点击 File 键正下方的空白项目图标，新建一个软件默认空白设置的项目。

二、通道设置

如图 3-18 所示，点击 Channel Setup 切换到 Channel Setup 的界面（进行通道设置）如下，通道设置基本属于一个 Excel 表格的布局，每一行代表一个通道，每一列代表通道的一种属性设置。我们从左往右看：第一列数字相当于通道的数目编号。第二列

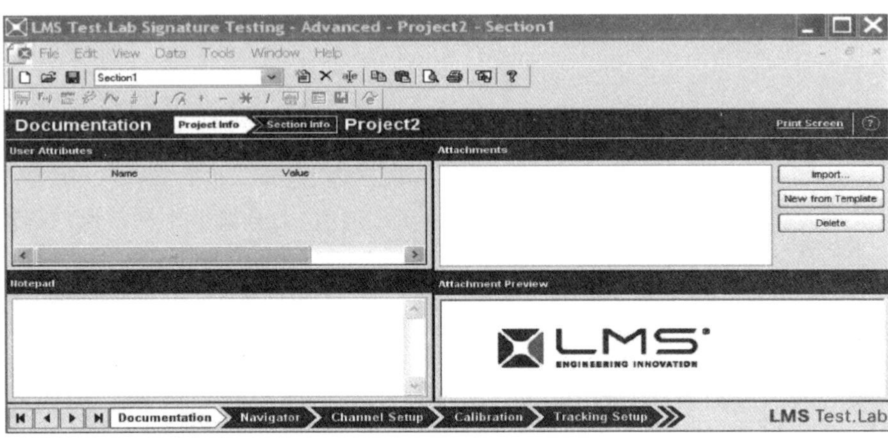

图 3-17 软件打开界面

Physical Channel ID（物理通道 ID），即各个通道的名字，在后续应用中可简写来代替。第三列 OnOff，用来做通道的开和关。第四列 Channel Group ID（通道组 ID），可以根据通道想要连接的传感器选择 Vibration（振动信号组）。Acoustic（声学信号组），Other（其他组）和 Static（缓变信号组）。第五列 Point（测点），填写通道接的传感器对应的测点名称。第六列 Direction（方向），填写传感器测的物理量在测点所处的预先定义好了的空间坐标中的方向。第七列 Input Mode（输入模式），选择 Voltage DC 表示传感器采集的信号既有交流 AC 信号，又有 DC 直流量，但是前端不会供电给传感器；选择 Voltage AC 表示传感器采集的信号只有交变 AC 信号，DC 直流量被削为零。第八列 Measured Quantity（测得物理量），根据传感器类型选择加速度、声压等。

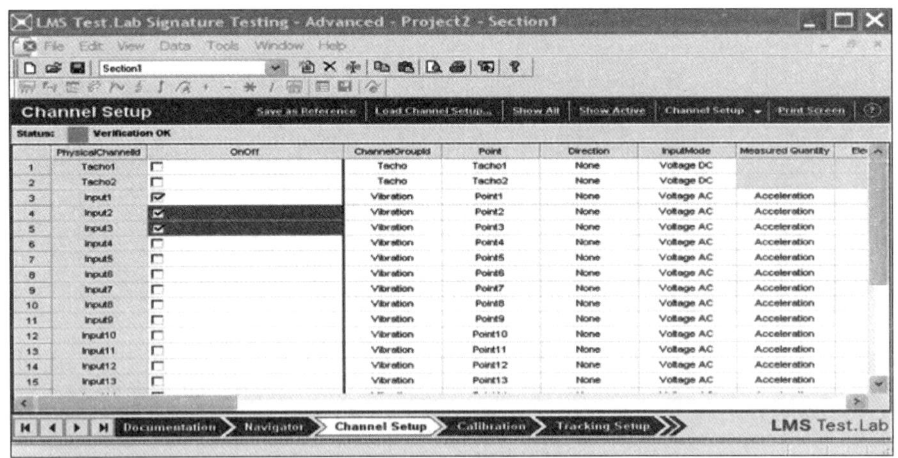

	PhysicalChannelId	OnOff	ChannelGroupId	Point	Direction	InputMode	Measured Quantity
1	Tacho1	☐	Tacho	Tacho1	None	Voltage DC	
2	Tacho2	☐	Tacho	Tacho2	None	Voltage DC	
3	Input1	☑	Vibration	Point1	None	Voltage AC	Acceleration
4	Input2	☑	Vibration	Point2	None	Voltage AC	Acceleration
5	Input3	☑	Vibration	Point3	None	Voltage AC	Acceleration
6	Input4	☐	Vibration	Point4	None	Voltage AC	Acceleration
7	Input5	☐	Vibration	Point5	None	Voltage AC	Acceleration
8	Input6	☐	Vibration	Point6	None	Voltage AC	Acceleration
9	Input7	☐	Vibration	Point7	None	Voltage AC	Acceleration
10	Input8	☐	Vibration	Point8	None	Voltage AC	Acceleration
11	Input9	☐	Vibration	Point9	None	Voltage AC	Acceleration
12	Input10	☐	Vibration	Point10	None	Voltage AC	Acceleration
13	Input11	☐	Vibration	Point11	None	Voltage AC	Acceleration
14	Input12	☐	Vibration	Point12	None	Voltage AC	Acceleration
15	Input13	☐	Vibration	Point13	None	Voltage AC	Acceleration

图 3-18 通道设置界面

三、示波/采集设定

在流程条上点击 Acquisition Setup，进入通道信号示波和采集设定界面。下面分区域来说明软件的使用，界面的左上半角如图 3-19 所示。上部 Overview 根据需要可以显示 1 个或者多个通道（1，2，4，8，16 通道的信号预览），下部的 Details 显示某一通道的放大预览。具体被显示的通道可以在下部所示的通道 fra：1（CH1）处选择更换通道。通道所对应的输入模式和量程也可以自定义选择修改。

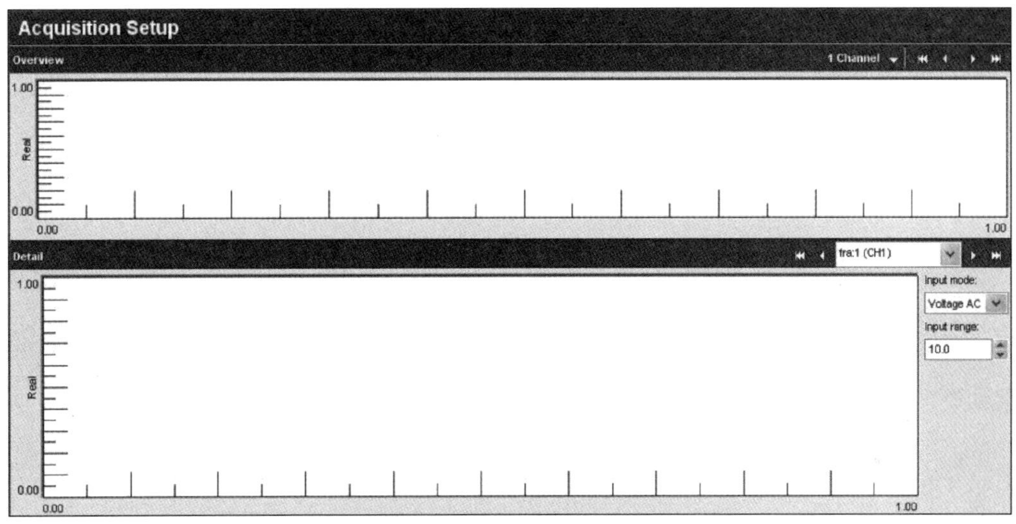

图 3-19　界面左上角设置

界面的右上角部分用来设定系统采集信号的一些设定，如图 3-20 所示，主要包括触发方式、采样频率等。

四、在线分析设定

点击流程条上的 Online Processing 进入在线分析函数的设定，分为 2 个区域。上部如图 3-21 所示，在 Acoustic 组通道的设定处可以根据通道连接实际情况设定，比如只连接了加速度计，则需要在右上角先点击选择 Vibration 进入振动信号通道的设定。具体步骤如下：

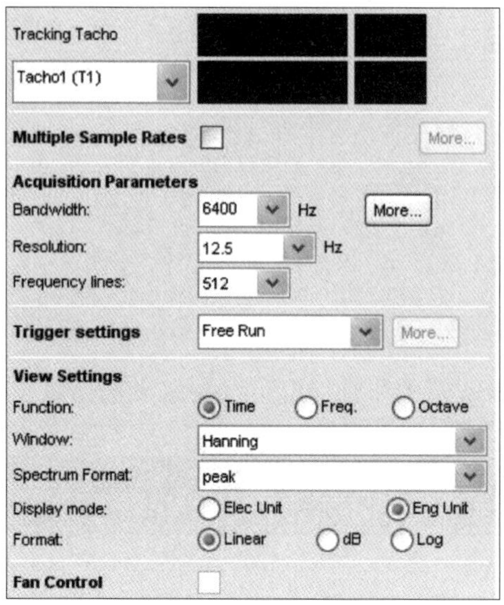

图 3-20　界面右上角设置

• 在 Function 处选择某一种函数，比如自动率线性谱（AutoPower Linear），PSD 等。可以根据使用者的需求来选择。采集自功率线性谱是最常用的需要，也是软件的默认设定。

• 在 Window 处，根据需要选择汉宁窗等各种常用的窗函数。

• 在 Final weighting 处选择对频域结果做积权运算，默认是无积权（No Change）。如果是声学通道，可以选择做常用的 A 积权等。

• Format 选择谱的格式，可以选择峰值谱（Peak）和有效值谱（RMS）。

• References 用于选择参考通道，要做相位参考谱的话，需要对 Phase referenced-spectra 打钩，然后选定一个参考通道。对参考通道加什么类型的窗函数，可在 Reference window 里设定。

• First bins to clear 可以输入 0、1、2 等数字，用于删减频谱结果的前面几个频率点的结果。一般这些点靠近 0Hz，有些时候会存在直流量过高的干扰等问题。用这个功能可以滤去前面几个点对结果的影响。

• Estimation method 用于选择做频响函数估计方法的选择，有常见的 H1，H2，Hv 三种估计方法可供选择。

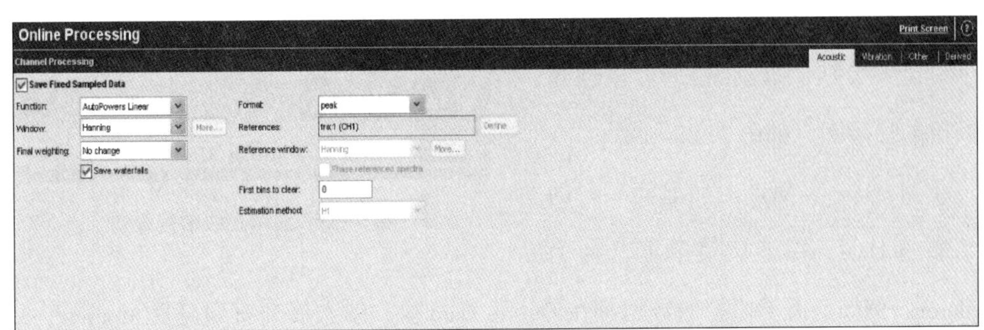

图 3-21 上部的设定

下部的设定如图 3-22 所示，主要做 section（剖面）的设定。所谓剖面的设定，是指希望软件在采集完成以后给出三维频谱结果图（一般为瀑布图）的同时，在这些瀑布图上做一些剖面，给出某个关心频率的剖面函数，或者阶次剖面等，来看关心的频率点或者阶次的幅值随转速或者时间的变动。剖面函数有阶次（order），频率（frequency），倍频程（octave），整体强度（overall level），谱图统计学（map statistics，比如用于得到峰值保持谱图），级别计算（level calculation，主要做声级计），心理声学指标函数（psychoacoustic metrics），倍频程谱图（octave maps）和关键频带谱图（critical band maps）等剖面结果。

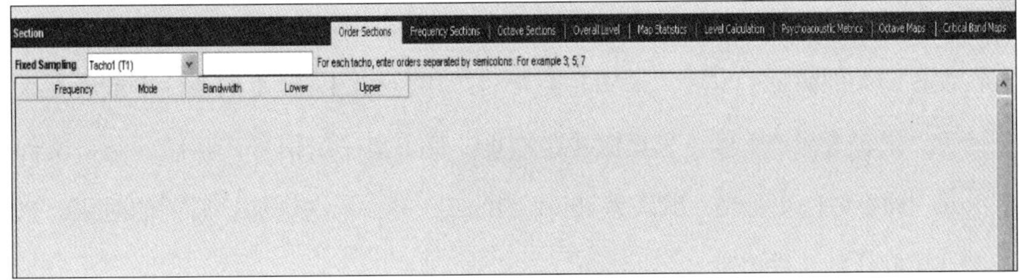

图 3-22 下部的设定

五、开始测量

点击流程条中的 Measure 进入测量页面。我们按界面区域来说明要做的设定：

默认状态下，界面左侧空白处没有图用来显示在线的时域和频域信号。所以需要创建一些显示图来监控信号。点击 Create a Picture 后面的图标（有前后图、波特图、上下对比图等默认显示图），可以创建一些简单的显示图，如图 3-23 所示。

图 3-23　显示在线信号设置

在 Measure 页面点击最上面一行的主菜单里的 Data，在下拉菜单里选择 Data Explorer，例如，需要监控的数据都在 Online Data 里，依次展开直到可见 Monitor，Monitor 里选择 Tacho，如图 3-24 所示。

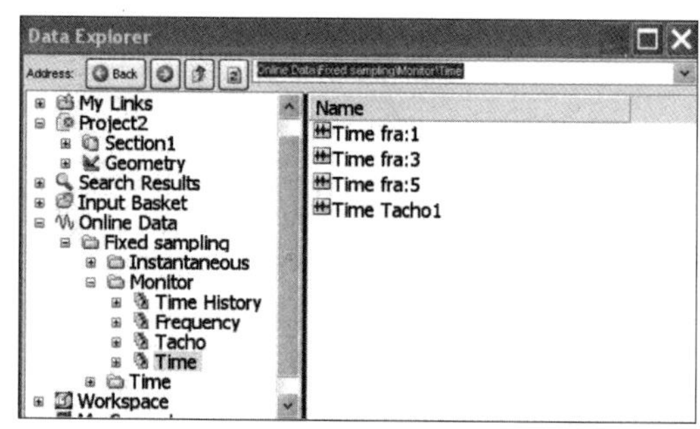

图 3-24　选择监测参数

完成上述测量前准备，点击 Arm/Disarm 键，系统进入示波状态，可以看到被监控通道的时域信号在示图中波动，如果是接了转速的测试，还可以看到 Tracking Tacho 处转速的显示。一旦认为测试对象已经进入状态，可以进行采集的时候，按图 3-25 中 3 个键当中的播放键开始进入测量状态。

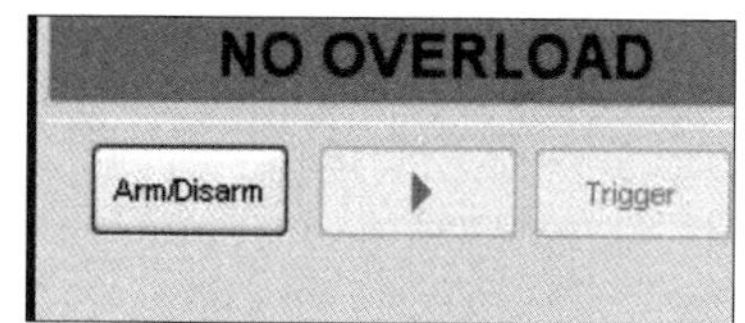

图 3-25　测量设置

由于触发条件或者转速门槛的设置，采集并出结果的过程不一定会马上开始，只有在设置的条件满足了以后，采集才会开始，并会在结束触发的条件下或者在采集时间到达，或者人为按下停止采集键才会停止。每采集一组信号，存储的结果文件的名字 Run Name 会自动更改，默认为 Run1，Run2，…，依次增加。需要的时候，也可以改动这个默认的文件名字。

六、图像查看

采集完成以后，点击流程条里的 Navigator 可以查看数据波形，如图 3-26 所示。利用数据图像上方的工作栏可以放大局部、观察细节，如图 3-27 所示。

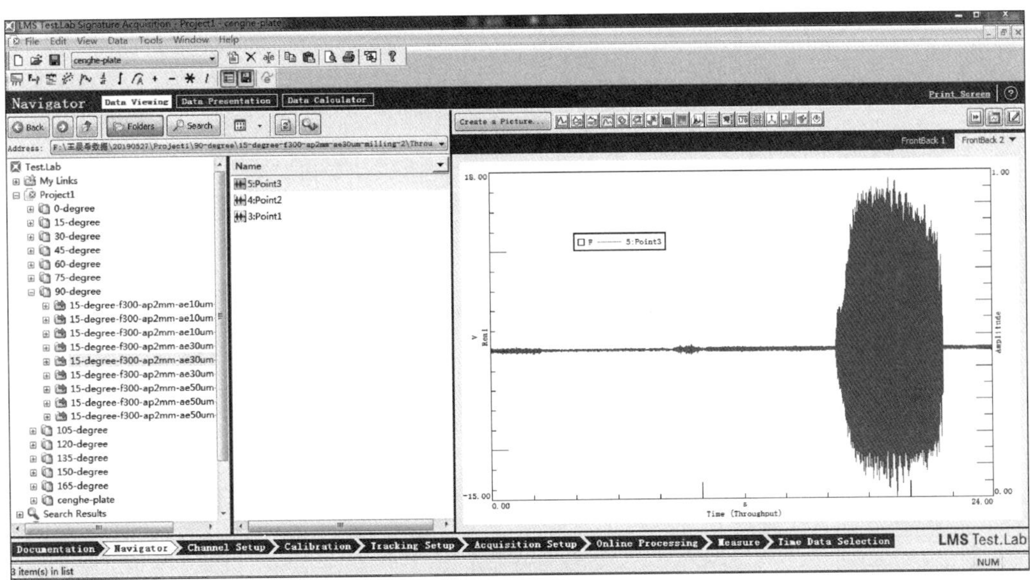

图 3-26　查看数据图像

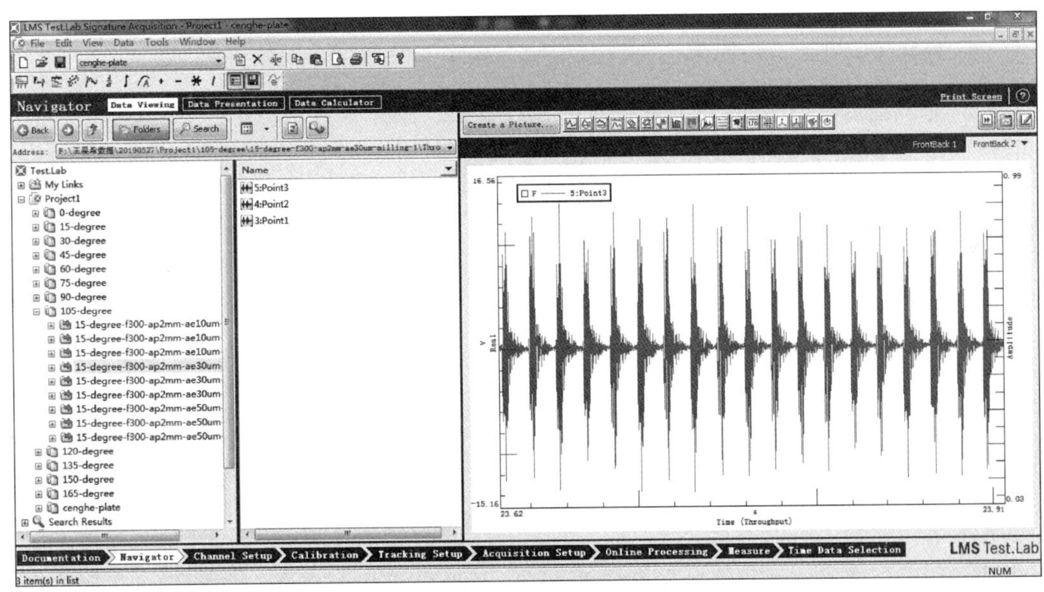

图 3-27　观察波形细节

实验——数据采集及记录实验

（一）实验目标

1. 掌握数据采集软件的安装流程；

2. 掌握数据采集软件的配置；

3. 掌握数据记录的方法。

（二）实验环境

1. 硬件：具备还原卡的 PC 机一台；数据采集设备一台；采集用传感器若干。

2. 软件：数据采集配套软件一套。

（三）实验内容及主要步骤

实验内容：

1. 安装数据采集软件；

2. 配置数据采集软件；

3. 查看采集数据并导出。

实验步骤：

1. 操作 PC 机处于还原模式，按照说明书操作安装数据采集软件；

2. 完成通道配置、示波/采集设定、在线分析、图像查看的设置；

3. 设置数据存储和导出格式，操作完成导出成 txt，csv 等多种格式。

练习题

1. 请谈谈未来数据采集的发展方向。

2. 请结合数据采集的事例，完成一次数据采集的配置。

3. 试述网络接口协议的差异和应用场景。

4. 常见的数据采集系统类型有哪些？各有哪些特点？

5. 基于传感器技术和信息采集技术，谈一谈对数控机床自感知功能与互联网信息技术相结合的理解与看法。

第四章
常见的故障和失效形式

智能制造系统是机电一体化的产物，技术先进、结构复杂。其故障也是多种多样、各不相同，故障原因一般都比较复杂，这给故障诊断和维修带来不少困难。尤其是轴承、齿轮和刀具，因为设计缺陷、恶劣工况、安装维修不当和操作失误等诸多原因，成了故障多发件。下面分别对这三类部件的失效形式进行分析。

- **职业功能：**装备与产线智能运维。
- **工作内容：**配置、集成智能运维系统的单元模块；实施装备与产线的监测与运维。
- **专业能力要求：**能进行智能运维系统单元模块的配置与集成；能进行装备与产线单元模块的维护作业。
- **相关知识要求：**滚动轴承的腐蚀失效、接触疲劳失效、磨损失效和断裂失效；刀片涂层剥落；切削部位塑性变形；切削刃微崩；切削刃或刀尖崩碎；刀片或刀具折断；磨料磨损；前刀面磨损；刀尖磨损；后刀面磨损；积屑瘤；齿轮麻点疲劳剥落；齿面磨损；齿面胶合和擦伤；齿面接触疲劳；弯曲疲劳与断齿。

第一节　滚动轴承失效形式及机理

考核知识点及能力要求：

- 了解游隙变化失效。
- 熟悉腐蚀失效。
- 掌握接触疲劳失效、磨损失效、断裂失效等知识。

滚动轴承是旋转机械不可缺少的基础部件之一。虽然滚动轴承体积小成本低，可是一旦滚动轴承失效，给旋转机械乃至整个生产设备带来的损失却是巨大的。

随着技术的迅速发展，企业对滚动轴承质量的要求越来越高，特别是自动化、连续生产的企业，对滚动轴承的可靠性要求十分严苛。因此提高滚动轴承的可靠性已经成为滚动轴承生产厂家需要解决的主要问题之一。

滚动轴承的可靠性与滚动轴承的失效形式有着密切的关系，要提高轴承的可靠性，必须从轴承的失效形式着手，仔细分析滚动轴承的失效原因，找出解决问题的具体办法。

一、接触疲劳失效

接触疲劳失效系指轴承工作表面受到交变应力的作用而产生的材料疲劳失效。接触疲劳失效常见的形式是接触疲劳剥落。接触疲劳剥落发生在轴承工作表面，往往伴随着疲劳裂纹，首先从接触表面以下最大交变切应力处产生，然后扩展到表面形成不同的剥落形状，点状的称为点蚀或麻点剥落，剥落成小片状的称为浅层剥落。由于剥落面的逐渐扩大，会慢慢向深层扩展，形成深层剥落。深层剥落是接触疲劳失效的疲劳源，如图 4-1 所示。

图 4-1　接触疲劳失效

二、磨损失效

磨损失效系指表面之间的相对滑动摩擦导致其工作表面金属不断磨损而产生的失效。持续的磨损将引起轴承零件逐渐损坏，并最终导致轴承尺寸精度丧失及其他问题。磨损失效是各类轴承常见的失效模式之一，按磨损形式通常可分为磨粒磨损和粘着磨损。磨粒磨损是指轴承工作表面之间挤入外来坚硬粒子、硬质异物或金属表面的磨屑，且接触表面相对移动而引起的磨损，常在轴承工作表面造成犁沟状的擦伤。粘着磨损是指由于摩擦表面的显微凸起或异物使摩擦面受力不均，在润滑条件严重恶化时，因局部摩擦生热，易造成摩擦面局部变形和摩擦显微焊合现象。严重时表面金属可能局部熔化，接触面上作用力将局部摩擦焊接点从基体上撕裂而增大塑性变形，如图 4-2 所示。

三、断裂失效

轴承断裂失效主要原因是缺陷与过载。当外加载荷超过材料强度极限时造成零件断裂称为过载断裂。过载原因主要是主机突发故障或安装不当。轴承零件的微裂纹、缩孔、气泡、大块外来杂物、过热组织及局部烧伤等缺陷在冲击过载或剧烈振动时也会在缺陷处引起断裂，称为缺陷断裂，如图 4-3 所示。

图 4-2　磨损失效

图 4-3　断裂失效

四、腐蚀失效

有些滚动轴承在实际运行当中不可避免地接触到水、水汽以及腐蚀性介质，这些物质会引起滚动轴承的生锈和腐蚀。另外滚动轴承在运转过程中还会受到微电流和静电的作用，造成滚动轴承的电流腐蚀。滚动轴承的生锈和腐蚀会造成套圈、滚动体表面的坑状锈和梨皮状锈及滚动体间隔相同的坑状锈全面生锈及腐蚀，最终引起滚动轴承的失效，如图 4-4 所示。

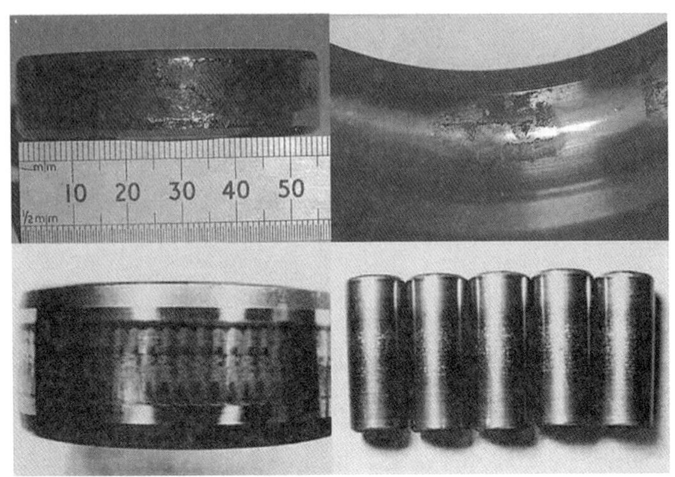

图 4-4　腐蚀失效

五、游隙变化失效

滚动轴承在工作中，由于外在或内在因素的影响，使得原有配合间隙改变，精度降低，乃至造成“咬死”，称为游隙变化失效。

外界因素如过盈量过大，安装不到位，温升引起的膨胀、瞬时过载等；内在因素如残余奥氏体和残余应力处于不稳定状态等，均是造成游隙变化失效的主要原因。

第二节　刀具失效形式及机理

考核知识点及能力要求：

- 了解冷焊磨损、扩散磨损、氧化磨损。

- 熟悉刀片涂层剥落、切削部位塑性变形。
- 掌握切削刃微崩、切削刃或刀尖崩碎、刀片或刀具折断、磨料磨损、前刀面磨损、刀尖磨损、后刀面磨损、积屑瘤的知识。

在现代加工技术中，切削加工要求刀具具有高效、耐久、可靠和经济的特点。在数字控制（numerical control，NC）、柔性制造系统（flexible manufacturing system，FMS）等自动化加工中，刀具的可靠性显得更加突出。刀具可靠性差，不仅会降低生产效率，损坏机床系统和设备，甚至造成人员伤亡。刀具常见的失效形式有刀具破损和刀具磨损。刀具破损指的是刀具的崩刃、断裂等；刀具磨损指的是刀具在使用过程中缓慢失去锋利的切削能力。

一、刀具破损

（一）切削刃微崩

当工件材料组织、硬度、余量不均匀，前角偏大导致切削刃强度偏低，工艺系统刚性不足产生振动，或进行断续切削，刃磨质量欠佳时，切削刃容易发生微崩，即刃区出现微小的崩落、缺口或剥落。出现这种情况后，刀具将失去一部分切削能力，但还能继续工作。继续切削中，刃区损坏部分可能迅速扩大，导致更大的破损，如图 4-5 所示。

（二）切削刃或刀尖崩碎

这种破损方式常在比造成切削刃微崩更为恶劣的切削条件下产生，或者是微崩的进一步发展。崩碎的尺寸和范围都比微崩大，使刀具完全丧失切削能力而不得不终止工作。刀尖崩碎的情况常称为掉尖。

（三）刀片或刀具折断

当切削条件极为恶劣，切削用量过大，有冲击载荷，刀片或刀具材料中有微裂，由于焊接、刃磨在刀片中存在残余应力时，加上操作不慎等因素，可能造成刀片或刀具切削刃大部分破裂，刀片不能再使用，如图 4-6 所示。

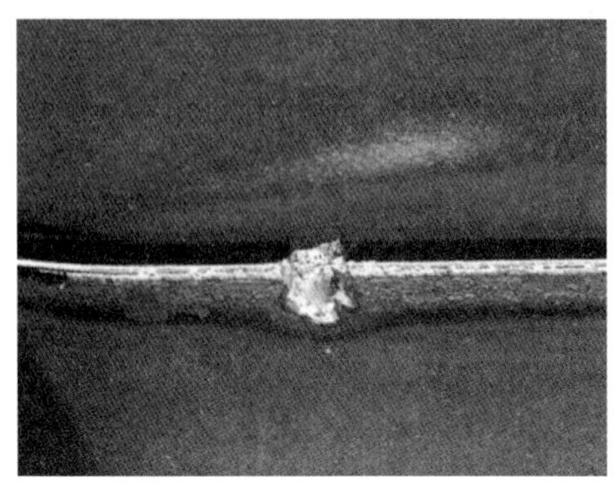

图 4-5　崩刃

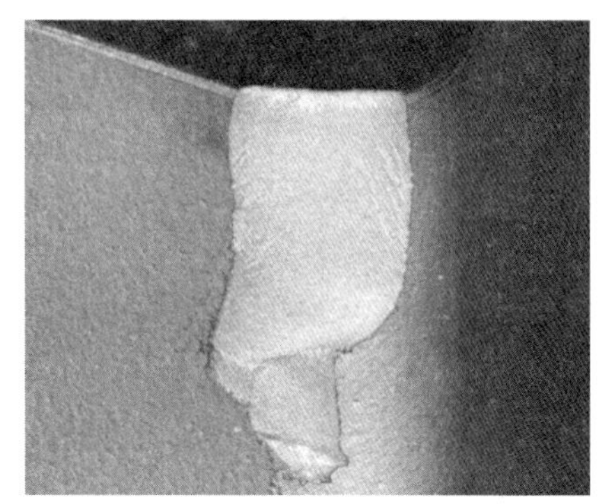

图 4-6　切削刃破裂

（四）刀片涂层剥落

涂层剥落通常发生在加工具有黏结特性的材料时，黏附负荷会逐渐发展，切削刃要承受拉应力。这会导致涂层分离，从而露出底层或基体，如图 4-7 所示。

（五）刀片的热裂

当刀具承受交变的机械载荷和热负荷时，切削部分表面因反复热胀冷缩，不可避免地产生交变的热应力，从而使刀片发生疲劳而开裂。例如，硬质合金铣刀进行高速铣削时，刀齿不断受到周期性地冲击和交变热应力，在前刀面产生梳状裂纹。有些刀具虽然并没有明显的交变载荷与交变应力，但因表层、里层温度不一致，也将产生热应力，加上刀具材料内部不可避免地存在缺陷，刀片也可能产生裂纹，如图 4-8 所示。裂纹形成后刀具有时还能继续工作一段时间，有时裂纹迅速扩展导致刀片折断或刀面严重剥落。

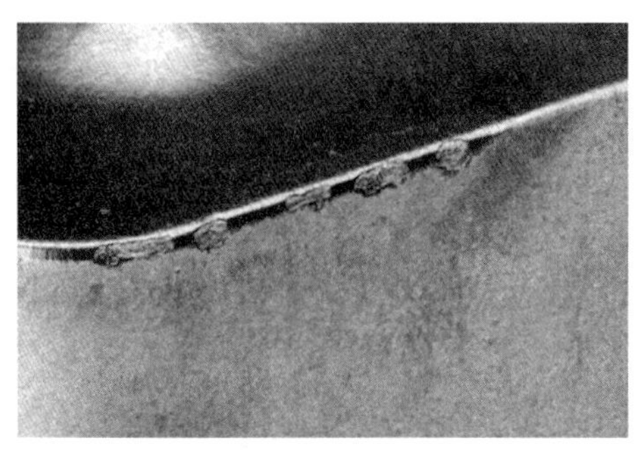

图 4-7　涂层剥落

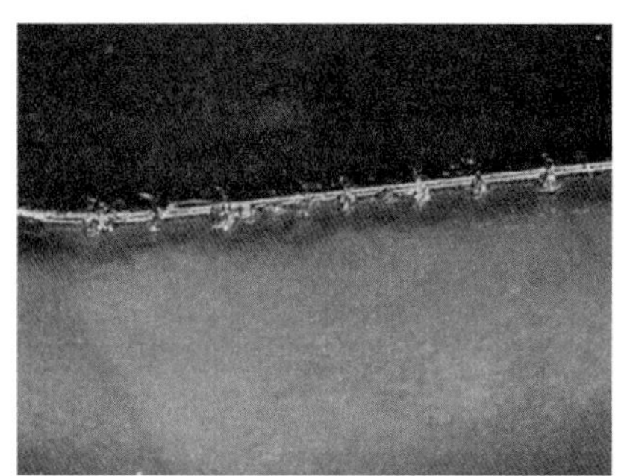

图 4-8　热裂

（六）切削部位塑性变形

塑性变形是指切削刃形状永久改变，切削刃出现向内变形（切削刃凹陷，如图 4-9 所示）或向下变形（切削刃下塌，如图 4-10 所示）。切削刃在高切削力和高温下处于应力状态，超出了刀具材料的屈服强度和温度，可能发生塑性变形。硬质合金在高温和三向压应力状态工作时，也会产生表层塑性流动，甚至使切削刃或刀尖发生塑性变形而造成塌陷。塌陷一般发生在切削用量较大和加工硬材料的情况下。

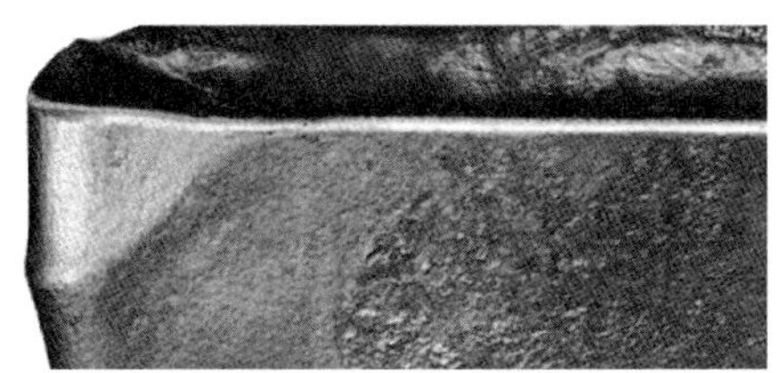

图 4-9　切削刃凹陷

图 4-10　切削刃下塌

二、刀具磨损

（一）按磨损原因划分

1. 磨料磨损

被加工材料中常有一些硬度极高的微小颗粒，能在刀具表面划出沟纹，这就是磨料磨损。磨料磨损在各个面都存在，前刀面最明显。而且各种切削速度下都能发生磨料磨损，但对于低速切削时，由于切削温度较低，其他原因产生的磨损都不明显，因而磨料磨损是其主要原因。另外，刀具硬度越低磨料磨损越严重。

2. 冷焊磨损

切削时，工件、切削与前后刀面之间存在很大的压力和强烈的摩擦，因而会发生冷焊。由于摩擦副之间有相对运动，冷焊将产生破裂被一方带走，从而造成冷焊磨损。冷焊磨损一般在中等切削速度下比较严重。实验表明，脆性金属比塑性金属的抗冷焊能力强；多相金属比单相金属冷焊倾向小；金属化合物比单质冷焊倾向小；化学元素周期表中 B 族元素与铁的冷焊倾向小。高速钢与硬质合金低速切削时冷焊比较严重。

3. 扩散磨损

在高温下切削、工件与刀具接触过程中，双方的化学元素在固态下相互扩散，改变刀具的成分结构，使刀具表层变得脆弱，加剧了刀具的磨损。扩散现象总是保持着从深度梯度高的物体向深度梯度低的物体持续扩散。例如硬质合金在 800 ℃时其中的钴便迅速地扩散到切屑、工件中去，WC 分解为钨和碳扩散到钢中去；PCD 刀具在切削钢、铁材料时当切削温度高于 800 ℃时，PCD 中的碳原子将以很大的扩散强度转移到工件表面形成新的合金，刀具表面石墨化。钴、钨扩散比较严重，钛、钽、铌的抗扩散能力较强。故 YT 类硬质合金耐磨性较好。陶瓷和 PCBN 切削时，当温度高达 1 000~1 300 ℃时，扩散磨损尚不显著。

4. 氧化磨损

当温度升高时刀具表面氧化产生较软的氧化物被切屑摩擦而形成的磨损称为氧化磨损。如：在 700~800 ℃时空气中的氧与硬质合金中的钴及碳化物、碳化钛等发生氧化反应，形成较软的氧化物；在 1 000 ℃时 PCBN 与水蒸气发生化学反应。

（二）按磨损形式划分

刀具磨损主要与工件材料、刀具材料的机械物理性能和切削条件有关。刀具磨损按磨损形式划分为下面几种类型：

1. 前刀面磨损

在以较大的速度切削塑性材料时，前刀面上靠近切削力的部位，在切屑的作用下，会磨损成月牙凹状，因此也称为月牙洼磨损。在磨损初期，刀具前角加大，使切削条件有所改善，并有利于切屑的卷曲折断。但当月牙洼进一步加大时，切削刃强度大大削弱，最终可能会造成切削刃的崩碎毁损的情况，如图 4-11 所示。

2. 刀尖磨损

刀尖磨损为刀尖圆弧的后刀面及邻近的副后刀面上的磨损，它是刀具上后刀面的磨损的延续。由于此处的散热条件差，应力集中，故磨损速度要比后刀面快，有时在副后刀面上还会形成一系列间距等于进给量的小沟，称为沟纹磨损。它们主要是由于已加工表面的硬化层及切削纹路造成的。在切削加工硬化倾向大的难切削材料时，最

易引起沟纹磨损。刀尖磨损对工件表面粗糙度及加工精度影响最大。

3. 后刀面磨损

后刀面磨损是最常见的磨损类型之一，发生在刀片（刀具）的后刀面。后刀面磨损的特点是刀具后刀面上出现与加工表面基本平行的磨损带，如图 4-12 所示。

图 4-11　前刀面磨损

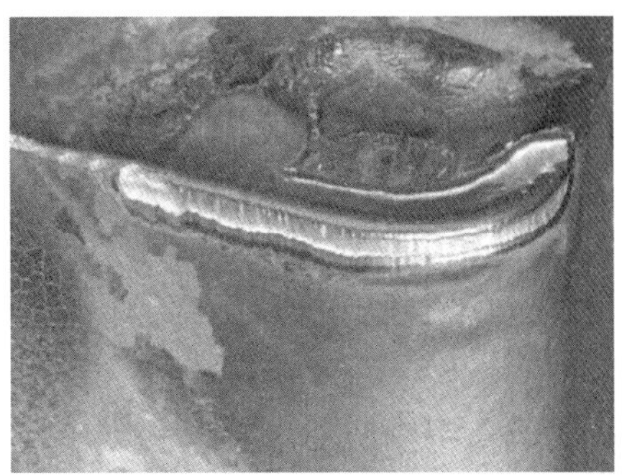

图 4-12　后刀面磨损

4. 积屑瘤

在靠近切削刃的一部分，刀-屑接触区内，由于下压力很大，使切屑底层金属嵌入前刀面上的微观不平的峰谷内，形成无间隙的真正的金属间接触而产生黏结现象，这部分刀-屑接触区被称为黏结区。在黏结区内，切屑底层将有一薄层金属材料层积滞留在前刀面上，这部分切屑的金属材料经过了剧烈的变形，在适当的切削温度下发生变化。随着切屑的连续流出，在后继切削的流动推挤下，这层滞积材料便与切屑上层发生相对滑移而离开来，成为积屑瘤的基础。随后，在它的上面又会形成第二层滞积切削材料，这样不断地层积，就形成了积屑瘤，如图 4-13 所示。

图 4-13　积屑瘤

第三节　齿轮失效形式及机理

考核知识点及能力要求：

- 了解浅层疲劳剥落、硬化层疲劳剥落。
- 熟悉麻点疲劳剥落。
- 掌握齿面磨损、齿面胶合和擦伤、齿面接触疲劳、弯曲疲劳与断齿的知识。

通常齿轮投入使用后，由于齿轮制造不良或操作维护不善，会产生各种形式的失效，致使齿轮失去正常功能而失效。失效形式又随齿轮材料、热处理、安装和运转状态等因素的不同而不同，常见的齿轮失效形式有：齿面磨损、齿面胶合和擦伤、齿面接触疲劳、弯曲疲劳与断齿[66]。

一、齿面磨损

齿轮在啮合过程中，往往在轮齿接触表面上出现材料摩擦损伤的现象。凡磨损量不影响齿轮在预期寿命内应具备功能的磨损，称为正常磨损。齿轮正常磨损的特征是齿面光亮平滑，没有宏观擦伤，各项公差在允许范围内。如果由于齿轮用材不当，或在接触面间存在硬质颗粒，以及润滑油供应不足或不清洁等状况，往往会引起齿轮的早期磨损，并有微小的颗粒分离出来，使接触表面发生尺寸变化、重量损失，并使齿形改变、齿厚变薄、噪声增大[67]。严重磨损的结果将导致齿轮失效。磨损失效形式可分为：齿轮磨粒磨损、齿轮腐蚀磨损和齿轮端面冲击磨损，如图 4-14 所示。

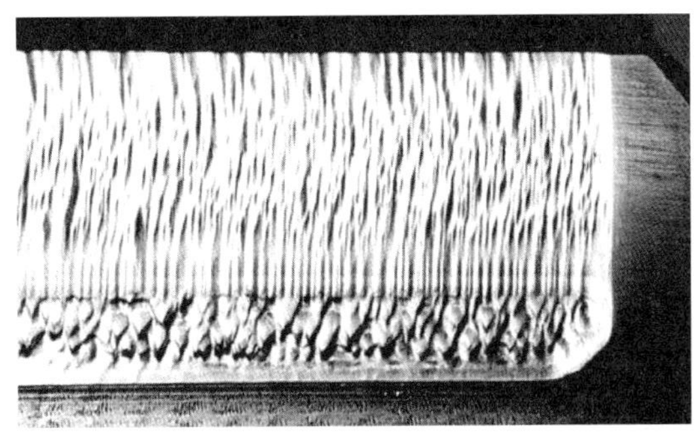

图 4-14 齿面磨损

(一)齿轮磨粒磨损

在齿轮啮合过程中，若润滑油供应不足或工作齿面上有外来的微小颗粒，齿面将发生剧烈的磨粒磨损。齿轮齿面受到磨粒磨损，沿滑道方向有细而均匀的条痕，齿面发暗。磨粒磨损进一步发展会使齿形改变、齿厚变薄，甚至出现“刀片”状齿尖，啮合间隙增大，传动时噪声增大，有时还由于齿厚过度减薄导致断齿。

(二)齿轮腐蚀磨损

腐蚀磨损是以化学腐蚀作用为主，并伴有机械磨损的一种损伤形式。化学腐蚀磨损齿轮的宏观特征是常呈现有腐蚀麻坑，并在工作齿面上沿滑动速度方向呈现出均匀而细小的磨痕。磨损产物都为红褐色小片，其中主要成分为三氧化二铁。

化学腐蚀磨损是由于润滑剂中存在污染物或杂质，与齿轮材料发生化学或电化学反应而引起的，同时腐蚀部分由于啮合摩擦和润滑剂的冲刷而脱落，形成化学腐蚀磨损。

（三）齿轮轮齿端面冲击磨损

齿轮轮齿端面冲击磨损是变速箱齿轮在换挡时，轮齿端面经常受到冲击载荷而导致齿端面磨损。如果齿轮表面硬度过低，则齿端面容易磨损或打毛；硬化层过浅，则易被压碎而暴露出心部软组织；齿轮心部硬度过高或金相组织中碳化物级别过低，则轮齿尖角处易出现崩裂现象。

二、齿面胶合和擦伤

齿轮两啮合齿面的金属发生胶合磨损是在一定压力下直接接触，“焊合”后又有相对运动，金属从齿面上撕落，或从一个齿面向另一个齿面转移而引起损伤的现象，这是一种较严重的磨损形态。它通过接触面局部发生黏合，在相对运动下从黏合处分离，致使接触面上有小颗粒被拉拽出来。这一过程反复进行多次会使齿面发生破坏。胶合和擦伤一般发生在重载或高速的齿轮传动中，主要是由于润滑条件不合适而导致齿面间的油膜破裂，如图 4-15 所示。

图 4-15　齿面胶合和擦伤

胶合磨损的宏观特征是齿面沿滑动速度方向呈现深、宽不等的条状粗糙沟纹，在齿顶和齿根处较为严重，此时噪声明显增大。胶合分为冷黏合和热黏合。冷黏合的沟

纹比较清晰，热黏合可能伴有高温烧伤引起的变色。

冷黏合撕伤是在重载低速传动的情况下形成的。由于局部压力很高，表面油膜破裂，造成轮齿金属表面直接接触，在受压力产生塑性变形时，接触点由于分子相互的扩散和局部再结晶等原因发生黏合，当滑动时黏合结点被撕开而形成冷黏合撕伤。热黏合撕伤通常是在高速或重载中速传动中，由于齿面接触点局部温度升高，油膜及其他表面膜破裂，表层金属熔合而后又撕裂形成的。

新齿轮未经磨合时，也常常在某一局部产生胶合现象，使齿轮擦伤。

三、齿面接触疲劳

齿轮在啮合过程中，既有相对滚动，又有相对滑动。这两种力的作用使齿轮表面层深处产生脉动循环变化的切应力。轮齿表面在这种切应力反复作用下，引起局部金属剥落而造成损坏。其损坏形式有麻点疲劳剥落、浅层疲劳剥落和硬化层疲劳剥落三种[68]，如图 4-16 所示。

（a）齿圈

（b）行星轮

（c）太阳轮

图 4-16　齿面接触疲劳

（一）麻点疲劳剥落

齿轮在接触应力作用下，工作表面呈痘斑、片状的疲劳损伤，称为麻点疲劳剥落。麻点疲劳剥落又分初始麻点（非扩展性的）和破坏性麻点（扩展性的）。初始麻点是由于齿面存在微小的加工误差，表面不平，接触不均匀，齿轮在正常工作载荷作用下，使表面局部产生了高出材料疲劳极限的应力。经过一段循环次数后产生疲劳剥落，形成深度小于 0.1 mm、直径小于 1 mm 的细小麻点。破坏性麻点是在接触应力较大，循环次数较多的情况下，初始麻点中产生的次生裂纹容易发展成剥落面积较大、较深的剥落坑，麻点深度一般约小于 0.4 mm。

齿轮齿面在滚动带滑动的接触过程中，因表面凹凸不平，表面摩擦较大，在受挤压时，表面部分易被压平，形成小的表面折叠，其尖端处产生应力集中，在反复切应力的作用下易产生局部塑性变形而导致裂纹形成。在有润滑情况下，由于毛细管作用使润滑油进入裂缝，当齿轮运动时，高压油挤入裂缝，形成油楔。在油楔压力反复交变冲击作用下，裂纹进一步扩展，同时在裂纹顶端受到垂直弯曲应力作用，像悬臂梁一样，最后将此块弯断，形成麻点剥落。可见，麻点剥落是从表面产生裂纹，因油楔压力作用而引起浅层剥落。

（二）浅层疲劳剥落

比麻点剥落大而深的接触疲劳剥落损伤称为浅层疲劳剥落，呈鳞片状，通常坑深约 0.4 mm，但在硬化层深度以内。这种剥落常发生在齿轮表面粗糙度低、相对摩擦力小的场合。

（三）硬化层疲劳剥落

经表面强化处理的齿轮在工作过程中出现大块状剥落，深度达到硬化层过渡区，称为硬化层疲劳剥落。它是表面硬化齿轮严重剥落的一种形式。软齿面不易出现这类损伤现象。

四、弯曲疲劳与断齿

轮齿承受载荷如同悬臂梁，其根部受到脉动循环的弯曲应力作用。当这种周期性的应力过高时，会在根部产生裂纹，并逐渐扩展。当剩余部分无法承担外载荷时，就会发生断齿。

在齿轮工作中，严重的冲击和过载接触线上的过分偏载以及材质不均都可能引起断齿。对于齿轮的弯曲疲劳，诊断的重点应放在裂纹扩展期。这方面已经有了一些成功的实例。

常见的断齿形式有整个轮齿沿齿根的弯曲疲劳断裂、轮齿局部断裂和轮齿出现裂

纹等。齿轮轮齿弯曲疲劳断口特征有明显的三个区域：裂纹源区、疲劳裂纹扩展区和最终瞬断区，如图 4–17 所示。

图 4–17　断齿

练习题

1. 试述滚动轴承接触疲劳失效与磨损失效的差异。

2. 试述刀具破损的常见形式和机理。

3. 试述齿轮齿面磨损的原因。

4. 试述轴承断裂失效的预防措施。

5. 除了本书介绍的常见失效形式外，还有那些故障容易引发安全事故，试举例说明。

第五章
数据分析

数据分析技术是智能运维的重要手段，它是针对采集获得的设备运行数据，利用一定的信号处理方法，完成指标统计、特征提取和故障识别的过程，从而达到设备异常状态判别和故障诊断的目的。从发展历程及实现手段上，经典的数据分析技术包括预处理、时域分析、频域分析、时频分析等经典信号处理方法。本章分别介绍数据预处理、基本时频域分析技术、先进时频分析方法和工程案例。

- **职业功能：**装备与产线智能运维。
- **工作内容：**实施装备与产线的监测与运维。
- **专业能力要求：**能进行装备与产线单元模块的维护作业；能进行装备与产线单元模块的故障告警安全操作。
- **相关知识要求：**基本的数据预处理方法；时域统计指标及相关分析的计算方法；信号频谱分析及包络谱分析方法；短时傅立叶变换、经验模式分解、小波分析的操作流程；基于时频分析的信号处理方法；基于时域、频域、时频域分析方法的数据分析流程；面向简单实际工程问题的数据分析技术。

第一节　数据预处理

考核知识点及能力要求：

- 了解数据预处理的常见策略。
- 掌握基本的数据预处理方法。

在工程实践中，我们得到的数据可能存在缺失值、重复值等情况，在使用之前需要进行数据预处理。数据预处理没有标准的流程，通常随着不同的任务和数据集属性的不同而不同。常用的数据预处理方法主要包括零均值化处理、消除趋势项、异常值处理、去除唯一属性、缺失值填充、属性编码、重采样和数据标准化等。

一、零均值化处理

零均值化处理也叫中心化处理，由于各种原因测试所得的信号均值往往不为 0。为了简化后续处理的计算工作，在分析处理数据之前，一般要将被分析的数据转化为零均值的数据，这种处理就叫零均值化处理。零均值化处理对信号的低频段有特殊的意义，这是因为信号的非零均值相当于在此信号上叠加了一个直流分量，而直流分量的傅立叶变换是在零频率处的冲激函数，如果不去掉均值，在估计信号的功率谱时，会在零频率处出现一个很大的谱峰，并会影响零频率附近的频谱曲线，使之产生较大的误差。因此要根据对信号均值的估计，消除信号中所含的均值成分。图 5-1 展示了零均值化处理的分析案例。

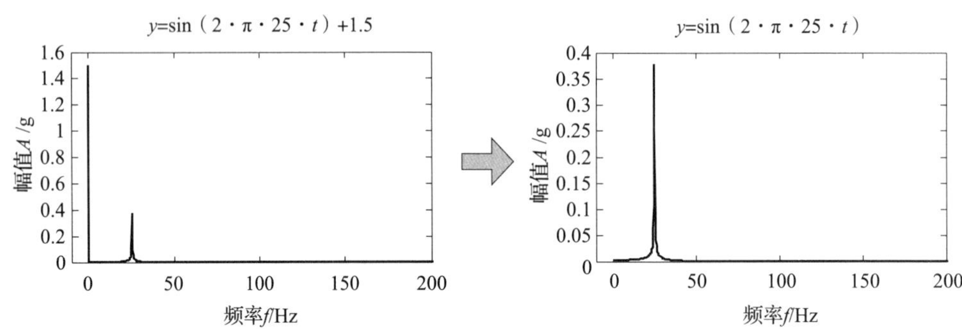

图 5-1　零均值化处理前后的信号频谱

二、消除趋势项

趋势项是样本记录中周期大于记录长度的频率成分，即信号中的缓慢变化成分，可能由测试系统本身各种原因引起的趋势误差。数据中的趋势项会使低频处的频谱估计失去真实性，所以从原始数据中去掉趋势项是非常重要的工作。但如果趋势项不是误差，而是原始数据中本身包含的成分，这样的趋势项就不能消除，所以消除趋势项要特别谨慎。

消除趋势项常用的一类方法是最小二乘法，它能使残差的平方和最小，既能消除多项式趋势项，又能消除线性趋势项。对于其他类型的趋势项，可以用滤波的方法来去除，即通过对滤波器进行合理定制化设计，使滤波过程消除或减弱趋势项及干扰噪声，并保留有用信号。图 5-2 展示了消除趋势项处理的分析案例。

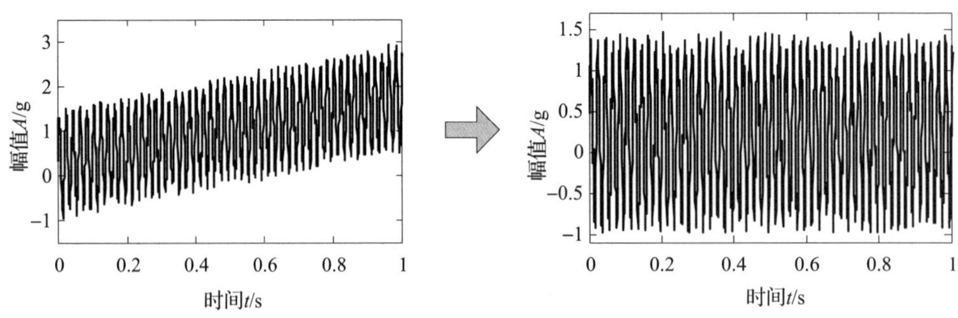

图 5-2　消除趋势项前后的信号波形

三、异常值处理

异常值一般是由于测试系统受到外部干扰或人为错误导致，对于数据中的异常值，一般对其进行置零操作或者令其等于均值或者众数。判断异常值可以使用系统的异常值检测方法实现，其最简单的方法为基于 3σ 原则的判别，即通过比较每一个点与相邻数据是否满足原则：$x_{i-1}-3\sigma<x_i<x_{i+1}+3\sigma$。

四、去除唯一属性

我们所接触的相当一部分数据中，每一个样本都有一个唯一的编码（ID），这些编码不能刻画数据的分布规律（大部分编码是按照规律产生的，或者随机产生的），因此需要对这些编码进行删除。

五、缺失值填充

大部分的工业数据均存在一定程度的缺失或者异常，很大概率是由传感器异常引起的。对于缺失值处理，可以使用均值填充、零值填充、众数填充、临近值填充等。具体的缺失值填充方法根据数据的具体物理含义来确定，常见的空缺值/异常值填充方式如图 5-3 所示。

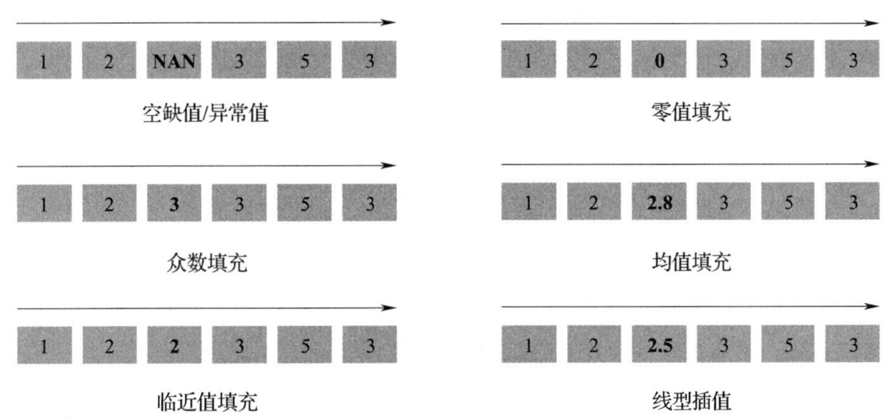

图 5-3 常见的空缺值/异常值填充方式

（一）均值填充

如果样本属性的距离是可度量的，则使用该属性有效值的平均值来插补缺失的值。

（二）众数填充

如果样本属性的距离是不可度量的，则使用该属性有效值的众数来插补缺失的值。

（三）同类填充

对于有明显类别的样本数据，如不同机器所采集的样本数据，可以先进行分类，然后再使用均值或者众数等方法进行填充。

（四）建模预测

对于属性之间有明确相关性的数据而言，可以将缺失的属性作为预测目标来预测，将数据集按照是否含有特定属性的缺失值分为两类，利用现有的机器学习算法对待预测数据集的缺失值进行预测。该方法的缺陷是如果其他属性和缺失属性无关，则预测的结果毫无意义；但是若预测结果相当准确，则说明这个缺失属性是没必要纳入数据集中的；一般的情况是介于两者之间。

（五）压缩感知和矩阵补全

压缩感知和矩阵补全均有成熟的理论体系，当数据的样本之间和属性之间具有强相关性时，或者缺失值过多，传统方法难以补全时，可以考虑使用压缩感知方法或者矩阵补全方法。

六、属性编码

许多数据的个别属性不是数值形式，比如机器的异常和正常工作状态，需要对其进行编码才能进一步构造模型等。或者我们对于数据的某个属性具体数值并不关心，而只在意其所处的范围。对于前者可以使用数字对属性类别进行编码，也可以使用独热编码（one-hot encoding）来减弱编码数值对于数据分布的影响。对于后者，可以划分一定的区间，对不同区间的数值采取编码，示意图如图 5-4 所示。

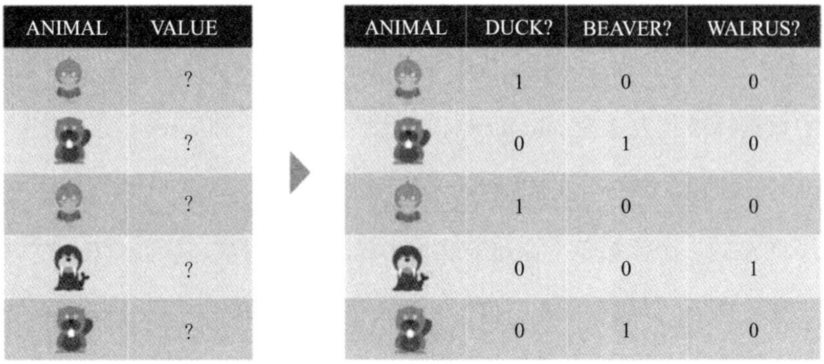

ANIMAL	VALUE
	?
	?
	?
	?
	?

ANIMAL	DUCK?	BEAVER?	WALRUS?
	1	0	0
	0	1	0
	1	0	0
	0	0	1
	0	1	0

图 5-4 独热编码示意图

七、重采样

在进行数据处理之前，一般还需要观察数据的分布情况。如果数据是带有时间戳的时序数据，而且数据的采样间隔不均匀，则会导致数据分析过程中时间信息丢失或者失真。因此在处理时序数据时，还需要对数据进行重采样，保证数据是等间隔。重采样的方式也有多种，包括以秒、分钟、小时、天等为单位重采样，在每种时间间隔内还分均值采样、中值采样、众数采样、最大值采样、最小值采样等。常见的重采样方式如图 5-5 所示。

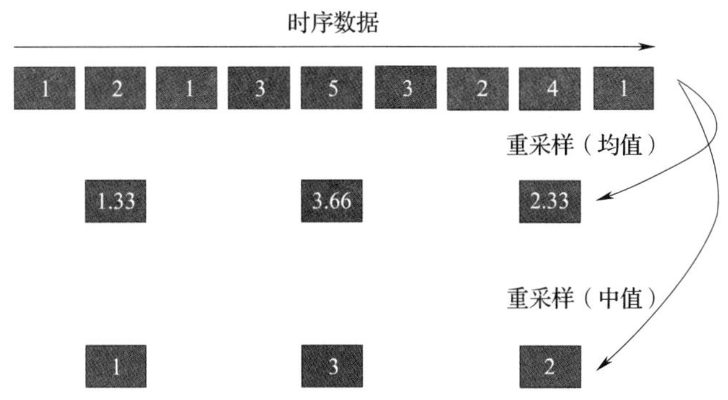

图 5-5 常见的重采样方式

八、数据标准化

数据标准化是将样本的属性缩放到某个指定的范围内，数据标准化的原因是某些算法要求样本具有零均值和单位方差（如神经网络），需要消除样本不同属性具有不同量级时的影响。因为数量级的差异将导致量级较大的属性占据主导地位，或者数量级的差异将导致迭代收敛速度减慢，依赖于样本距离的算法对于数据的数量级非常敏感。

常用的数据标准化方法有 min-max 标准化（归一化）和 z-score 标准化（规范化）。其中 min-max 标准化（归一化）的计算流程为设 minA 和 maxA 分别为属性 A 的最小值和最大值，将 A 的一个原始值 x 通过 min-max 标准化映射成在区间［0，1］中的值 x′，其公式为：新数据=(原数据-最小值)/(最大值-最小值)。而 z-score 标准化（规范化）是基于原始数据的均值（mean）和标准差（standard deviation）进行数据标准化的计算。z-score 标准化方法适用于属性 A 的最大值和最小值未知的情况，或属性 A 中有超出取值范围的离群数据的情况，新数据=(原数据-均值)/标准差。

第二节　基本时频域分析技术

考核知识点及能力要求：

- 了解信号时域分析及频域分析的基本原理。
- 熟悉时域统计指标及相关分析的计算方法。
- 掌握信号频谱分析及包络谱分析方法。

经过动态测试仪器采集、记录并显示系统在运行过程中各种随时间变化的动态信息，如振动、温度、压力、电流等，就可以得到待测对象的时间历程，即时域信号。将时域信号经傅立叶变换处理，可以得到信号幅值和相位随频率变化的分布特性，即频域信号。通过在时域和频域分别对信号进行观察、分析、处理，可以获得信号中的

某些特性，进而实现设备的状态判别与监测诊断。

一、基本时域分析

时域信号包含的信息量大，具有直观、易于理解等特点，是最基本、最直观的信号表达形式。通过开展时域波形信号的统计特征计算及相关性分析等处理，可以对设备的运行状态进行初步判断。时域分析技术能够有效获取信号波形在不同时刻点的相似性和关联性，得到反映设备运行状态的特征指标，为系统故障诊断与智能运维提供有效的信息。工程中常采用的时域分析技术包括时域统计分析和相关分析等。

（一）时域统计分析

信号的时域统计分析是指对动态信号的各种时域参数、指标的估计或计算，通过选择和考察合适的信号动态分析指标，对不同类型的故障做出准确判断。

1. 概率密度函数

信号幅值的概率表示动态信号某一瞬时幅值发生的机会或概率。信号幅值的概率密度是指该信号单位幅值区间内的概率，它是幅值的函数。

随机信号 $x(t)$ 的取值落在区间内的概率可用下式表示：

$$P_{\mathrm{prb}}[x < x(t) \leqslant x + \Delta x] = \lim_{T \to \infty} \frac{\Delta T}{T} \tag{5-1}$$

式中，ΔT 为信号 $x(t)$ 取值落在区间（x，$x+\Delta x$］内的总时间；T 为总观察时间。

当 $\Delta x \to 0$ 时，概率密度函数定义为：

$$p(x) = \lim_{\Delta x \to 0} \frac{P_{\mathrm{prb}}[x < x(t) \leqslant x + \Delta x]}{\Delta x} = \lim_{\Delta x \to 0} \frac{1}{\Delta x}\left[\lim_{T \to \infty} \frac{\Delta T}{T}\right] \tag{5-2}$$

随机信号 $x(t)$ 的取值小于或等于某一定值 δ 的概率，称为信号的概率分布函数，常用 $P(x)$ 表示，其定义为：

$$P(x) = P_{\mathrm{prb}}[x(t) \leqslant \delta] = \lim_{T \to \infty} \frac{\Delta T}{T} \tag{5-3}$$

式中，ΔT 为信号 $x(t)$ 取值满足 $x(t) \leqslant \delta$ 的总时间；T 为总观察时间。

信号的幅值概率密度可以直接用来判断设备的运行状态。图 5-6（a）与（b）是机床变速箱的噪声概率密度函数，新旧两个变速箱的概率密度函数有着明显的差异。

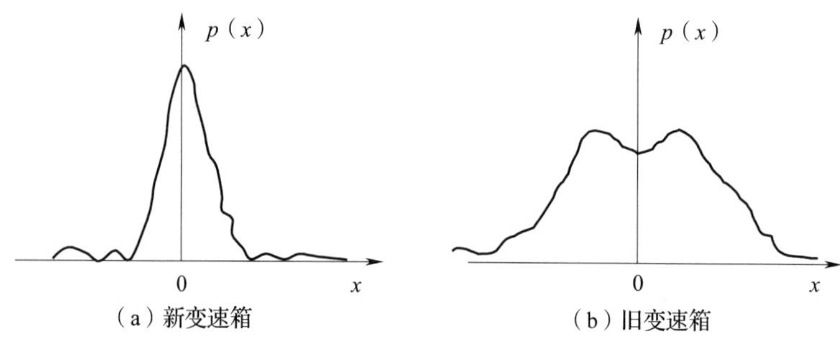

图 5-6　机床变速箱噪声概率密度函数

我们知道，随机噪声的概率密度是高斯曲线，正弦信号的概率密度是中凹的曲线。新的变速箱的噪声中主要是随机噪声，反映在时域信号中，是大量的、无规则的、幅值较小的随机冲击，因此其幅值概率分布比较集中，如图 5-6（a）所示。旧的变速箱工作时，由于缺陷或故障的出现，随机噪声中就会出现周期信号，从而使噪声功率大为增加，这些效应反映到噪声幅值分布曲线的形状中，使得分散度加大，并且曲线的顶部变平或甚至出现局部的凹形，如图 5-6（b）所示。

2. 信号的基本分析参数

从信号波形出发，其基本的分析参数包括：信号最大最小值、均值、方差、均方值、偏斜度和峭度等。以简谐振动信号为例，部分时域统计参数如图 5-7 所示。

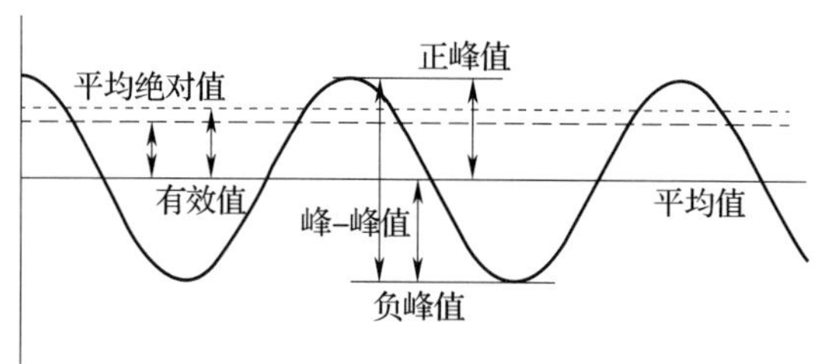

图 5-7　部分时域统计参数示例

（1）最大值和最小值

信号的最大值 x_{max} 和最小值 x_{min} 给出了信号动态变化的范围，其定义为：

$$
\begin{aligned}
x_{max} &= \max\{x(t)\} \\
x_{min} &= \min\{x(t)\}
\end{aligned}
\tag{5-4}
$$

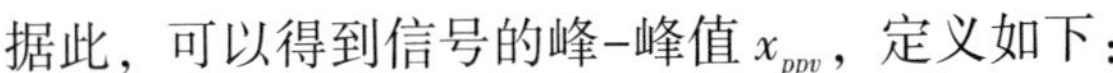

据此，可以得到信号的峰-峰值 x_{ppv}，定义如下：

$$x_{ppv} = x_{\max} - x_{\min} = \max\{x(t)\} - \min\{x(t)\} \tag{5-5}$$

在旋转机械的振动监测和故障诊断中，对波形复杂的振动信号，往往采用其峰-峰值作为振动大小的特征量，又称其为振动的“通频幅值”。

（2）均值和方差

如前所述，信号的最大值和最小值以及峰-峰值只给出了信号变化的极限范围，却没有提供信号的变化中心信息。要描述信号的波动中心，就必须给出其均值 μ_x。均值是指信号幅值的算术平均值，可通过下式计算得到：

$$\mu_x = \lim_{T\to\infty}\frac{1}{T}\int_0^T x(t)\,\mathrm{d}t \tag{5-6}$$

式中，T 是观察或测量时间。

均值 μ_x 的物理意义是信号在观测时间 T 内取值的时间平均，其作为随机过程的静态分量，显示出了整个过程的中心趋势。

均值相等的信号随时间的变化规律并不完全相同。为进一步描述信号围绕均值波动的情况，引入方差 σ_x^2，它反映信号中的动态分量，其数学表达式为：

$$\sigma_x^2 = \lim_{T\to\infty}\frac{1}{T}\int_0^T [x(t) - \mu_x]^2\mathrm{d}t \tag{5-7}$$

当机械设备正常运转时，其上采集到的信号（尤其是振动信号）一般比较平稳，波动较小，信号的方差也比较小。因此，我们可以借助方差的大小来初步判断设备的运行状况。

（3）均方值

信号的均方值反映了信号相对于零值的波动情况，其数学表达式为：

$$\psi_x^2 = \lim_{T\to\infty}\frac{1}{T}\int_0^T x^2(t)\,\mathrm{d}t \tag{5-8}$$

均方值 ψ_x^2 的物理意义是信号在观测时间 T 内取值平方的时间平均值，是反映随机过程能量强度的一个数字指标。若信号的均值为零，则均方值等于方差。若信号的均值不为零时，则有下式成立：

$$\psi_x^2 = \sigma_x^2 + \mu_x^2 \tag{5-9}$$

幅值的平方具有能量的含义，因此均方值表示了单位时间内的平均功率，在信号分析中形象地称之为信号功率。

（4）信号的偏斜度和峭度

信号的偏斜度 α 和峭度 β 常用来检验信号偏离正态分布的程度。偏斜度的定义为：

$$\alpha = \lim_{T\to\infty} \frac{1}{T}\int_0^T x^3(t)\,\mathrm{d}x \tag{5-10}$$

峭度的定义为：

$$\beta = \lim_{T\to\infty} \frac{1}{T}\int_0^T x^4(t)\,\mathrm{d}x \tag{5-11}$$

偏斜度反映了信号概率分布的中心不对称程度，不对称越厉害，信号的偏斜度越大。峭度反映了信号概率密度函数峰顶的凸平度。峭度对大幅值非常敏感，当其概率增加时，信号的峭度将迅速增大，非常有利于探测信号中的脉冲信息。例如，在滚动轴承的故障诊断中，当轴承圈出现裂纹，滚动体或者滚珠轴承边缘剥落时，振动信号中往往存在相当大的脉冲，此时用峭度作为故障诊断特征量是非常有效的。然而，峭度对于冲击脉冲及脉冲类故障的敏感性主要出现在故障早期，随着故障发展，敏感度下降，也就是说，在整个劣化过程中，该指标稳定性不好，因此常配合均方根值使用。

3. 信号的有量纲指标

有量纲指标通常包括平均幅值、方根幅值、均方幅值和峰值四类，针对时域信号 $x(t)$，$t\in[0,\ T]$，其具体的定义如下：

（1）平均幅值：$\bar{x} = \frac{1}{T}\int_0^T |x(t)|\,\mathrm{d}t$

（2）方根幅值：$x_r = \left[\frac{1}{T}\int_0^T \sqrt{|x(t)|}\,\mathrm{d}t\right]^2$

（3）均方根值：$x_{rms} = \left[\frac{1}{T}\int_0^T x^2(t)\,\mathrm{d}t\right]^{\frac{1}{2}}$

（4）峰值：$x_p = E[\max|x(t)|]$

在如上有量纲指标中，均方根值 x_{rms}（也称有效值）是一种工程中常用的统计指标，具有良好的稳定性，能较好反映整个时间历程的能量变化程度。

4. 信号的无量纲指标

无量纲指标具有对信号幅值和频率变化不敏感的特点，即与机器的运动状态无关，只依赖于概率密度函数的形状。因此，无量纲指标是一种较好的机器状态监测诊断参数。当采集得到原始数据后，无须进行额外处理，即可直接提取该指标，从而避免了信号的畸变、泄露等问题的出现。同时其也不会受到工况变化的影响，指标较为稳定，因而在早期故障诊断时（尤其对于轴承的疲劳诊断），无量纲指标得到了较好的应用。

依据定义，无量纲指标应由两个量（具有相同量纲）的比值构成，而针对不同的应用场合，其被赋予了不同的物理意义。在机械运行状态监测时，常用到的无量纲指标有：波形指标、峰值指标、脉冲指标、裕度指标、偏斜度指标和峭度指标等。其具体的定义如下：

（1）波形指标：$W=\frac{x_{rms}}{\bar{x}}$=有效值/绝对平均幅值

（2）峰值指标：$C=\frac{x_p}{x_{rms}}$=峰值/均方根值

（3）脉冲指标：$I=\frac{x_p}{\bar{x}}$=峰值/绝对平均幅值

（4）裕度指标：$L=\frac{x_p}{x_r}$=峰值/方根幅值

（5）偏斜度指标：$S=\frac{\alpha}{\sigma_x^3}$

（6）峭度指标：$K=\frac{\beta}{\sigma_x^4}$

当信号中包含的信息不是来自一个零件或部件，而是属于多个元件时，例如多级齿轮的振动信号中往往包含有来自高速齿轮、低速齿轮以及轴承等部件的信息。在这种情况下，可利用上面这些无量纲指标进行故障诊断或趋势分析。在实际应用中，对这些无量纲指标的基本选择标准是：

（1）对机器的运行状态、故障和缺陷等足够敏感，当机器运行状态发生变化时，这些无量纲指标应有明显的变化。

（2）对信号的幅值和频率变化不敏感，即与机器运行的工况无关，只依赖于信号幅值的概率密度形状。

当机器长时间连续运行出现质量下降时，例如机器中运动副的游隙增加，齿轮或滚动轴承的撞击增加，相应的振动信号中的冲击脉冲增多，幅值分布的形状也随之缓慢变化。实验结果表明，波形指标 W 和峰值指标 C 对于冲击脉冲的多少和幅值分布形状的变化不够敏感，而相对来说，峭度指标 K、裕度指标 L 和脉冲指标 I 能够识别上述变化，因此可以在机器的振动、噪声诊断中加以应用。

图 5-8 是对 28 个汽车后桥齿轮在不同运行状态下的振动加速度信号计算得到的无量纲指标[68]。观察可知，波形指标 W 的变化较小，诊断能力较差；脉冲指标 I 的诊断能力最高，可以作为齿轮诊断的指标；峰值指标 C 比脉冲指标诊断能力差一些，但比波形指标要好很多。

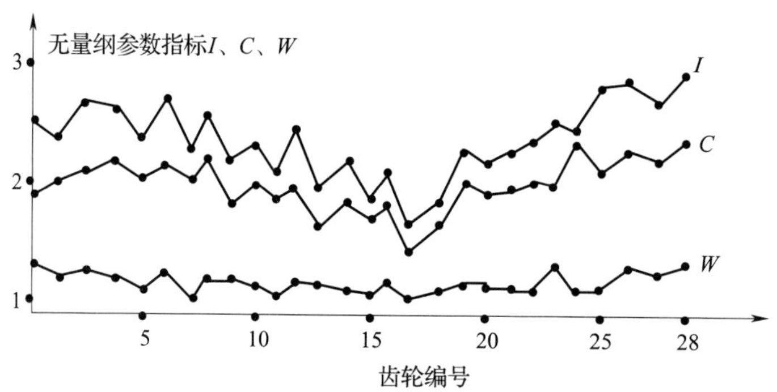

图 5-8　汽车后桥齿轮的无量纲诊断指标

在选择上述各动态指标时，按其诊断能力由大到小顺序排列，大体上为峭度指标、裕度指标、脉冲指标、峰值指标、波形指标。

（二）相关分析

相关分析方法是对机械信号进行时域分析的常用方法之一，也是故障诊断的重要手段，无论是分析两个随机变量之间的关系，还是分析两个信号或一个信号在一定时移前后之间的关系，都需要应用相关分析，例如在振动测试分析、雷达测距、声发射探伤等场合都会用到相关分析。所谓相关，就是指变量之间的线性联系或相互依赖关系，包括自相关分析和互相关分析。

1. 随机变量的相关系数

通常，两个变量之间若存在着一一对应的确定关系，则称两者存在着函数关系。如果随着某一个变量数值的确定，另一变量却可能取许多不同值，但取值有一定的概率统计规律，则称两个随机变量存在着相关关系。

对于变量 x 和 y 之间的相关程度常用相关系数 ρ_{xy} 表示：

$$\rho_{xy}=\frac{E[(x-\mu_x)(y-\mu_y)]}{\sigma_x\sigma_y} \tag{5-12}$$

式中，E 为数学期望；μ_x 为随机变量 x 的均值，$\mu_x=E[x]$；μ_y 为随机变量 y 的均值，$\mu_y=E[y]$；σ_x、σ_y 为随机变量 x、y 的标准差，$\sigma_x=\sqrt{E[(x-\mu_x)^2]}$，$\sigma_y=\sqrt{E[(y-\mu_y)^2]}$。

根据柯西—许瓦兹不等式：

$$E[(x-\mu_x)(y-\mu_y)]^2\leqslant E[(x-\mu_x)^2]E[(y-\mu_y)^2] \tag{5-13}$$

可推得 $|\rho_{xy}|\leqslant 1$。ρ_{xy} 的绝对值越接近于 1，说明 x 和 y 的线性相关程度越好；若 ρ_{xy} 接近于零，则认为 x、y 之间完全无关，但仍可能存在着某种非线性的相关关系甚至函数关系。ρ_{xy} 的正负号表示一变量随另一变量的增加而增加或者减少。

2. 自相关分析

设 $x(t)$ 是各态历经随机过程的一个样本记录，$x(t+\tau)$ 是 $x(t)$ 时移 τ 后的样本记录，显然，$x(t)$ 和 $x(t+\tau)$ 具有相同的均值和标准差。在任何 $t=t_i$ 时刻，从两个样本上可以分别得到两个量值 $x(t_i)$ 和 $x(t_i+\tau)$，如果把 $\rho_{x(t)x(t+\tau)}$ 简写作 $\rho_x(\tau)$，则有：

$$\rho_x(\tau)=\frac{\lim\limits_{T\to\infty}\frac{1}{T}\int_0^T[x(t)-\mu_x][x(t+\tau)-\mu_x]\mathrm{d}t}{\sigma_x^2}=\frac{\lim\limits_{T\to\infty}\frac{1}{T}\int_0^T x(t)x(t+\tau)\mathrm{d}t-\mu_x^2}{\sigma_x^2} \tag{5-14}$$

对各态历经随机信号及功率信号 $x(t)$ 可定义自相关函数 $R_x(\tau)$ 为：

$$R_x(\tau)=\lim_{T\to\infty}\frac{1}{T}\int_0^T x(t)x(t\pm\tau)\mathrm{d}t \tag{5-15}$$

其中，T 为信号 $x(t)$ 的观测时间。$R_x(\tau)$ 描述了 $x(t)$ 与 $x(t\pm\tau)$ 之间的相关性。实际中常用如下标准化的自相关函数（或称自相关系数）：

$$\rho_x(\tau)=\frac{R_x(\tau)}{\sigma_x^2} \tag{5-16}$$

式中，σ_x 为信号 $x(t)$ 的标准差。

自相关函数具有如下性质：

（1）自相关函数 $R_x(\tau)$ 为实函数。

（2）自相关函数 $R_x(\tau)$ 为偶函数，即 $R_x(\tau)=R_x(-\tau)$。

（3）当时延 $\tau=0$ 时，自相关函数 $R_x(0)$ 等于信号的均方差，即 $R_x(0)=\sigma_x^2$。

（4）当时延 $\tau\neq0$ 时，自相关函数 $R_x(\tau)$ 总是小于 $R_x(0)$，即小于信号的均方差；当 $\tau\to\infty$ 时，随机变量 $x(t)$ 和 $x(t+\tau)$ 之间彼此无关。

（5）若平稳随机信号 $x(t)$ 含有周期成分，则它的自相关函数 $R_x(\tau)$ 中亦含有周期成分，自相关函数不改变信号的周期性，但丢失了相位信息。例如对于简谐振动信号 $x(t)=\sum_{i=1}^{n}A_i\sin(\omega_i t+\theta_i)$，其自相关函数如下：

$$R_x(\tau)=\sum_{i=1}^{n}\frac{A_i^2}{2}\cos(\omega_i\tau) \tag{5-17}$$

如上可知，自相关函数 $R_x(\tau)$ 和 $x(t)$ 具有相同的频率成分，其幅值与原周期信号的幅值有关，但丢失了初始相位信息。

图 5-9 给出了几种典型信号的自相关函数，对比可知，信号中的周期性分量在相应的自相关函数中不会衰减，且保持了原来的周期；而不含周期成分的随机信号，其自相关函数在 τ 较大位置将趋近于零；宽带随机噪声的自相关函数很快衰减到零，窄带随机噪声的自相关函数则具有较慢的衰减特性。

正常运行下机器的振动或噪声一般是由大量、无序、大小接近的随机成分叠加的结果，因而具有较宽而均匀的频谱，其自相关函数往往与宽带随机噪声的自相关函数接近；对于异常运行状态下的振动信号，通常在随机信号中会出现有规则的、周期性的信号，其幅值也往往比随机噪声幅值明显。在机器故障的工程实际中，依靠自相关函数可以在噪声中发现隐藏的周期分量，确定机器的缺陷所在。特别是对于早期故障，周期信号不明显，直接观察难以发现，自相关分析就显得尤为重要。

图 5-10 是从机床中采集的振动信号及信号的自相关函数。从时域波形中看不到有

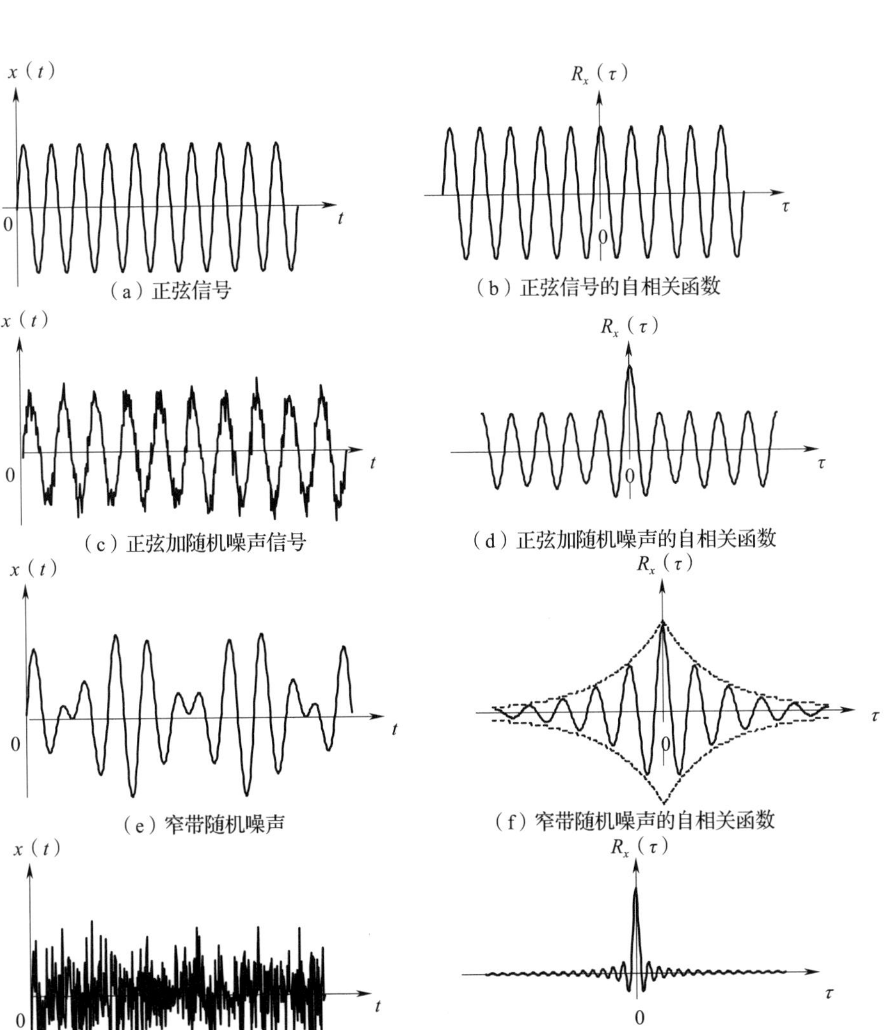

图 5-9　典型信号的自相关分析

故障发生，但通过观察自相关函数图 5-10（b），可以发现其中隐藏的周期分量，根据自相关函数 $R_x(\tau)$ 的幅值和频率，可以进一步确定故障或缺陷发生的原因。由此可见，这种方法在故障初期周期信号不明显甚至难以发现时是非常有效的。

3. 互相关分析

互相关函数 $R_{xy}(\tau)$ 常用来分析两个信号在不同时刻的相互依赖关系（或相似性）。对各态历经过程的随机信号 $x(t)$ 和 $y(t)$ 的互相关函数 $R_{xy}(\tau)$ 的定义为：

$$R_{xy}(\tau)=\lim_{T\to\infty}\frac{1}{T}\int_0^T x(t)y(t+\tau)\mathrm{d}t \tag{5-18}$$

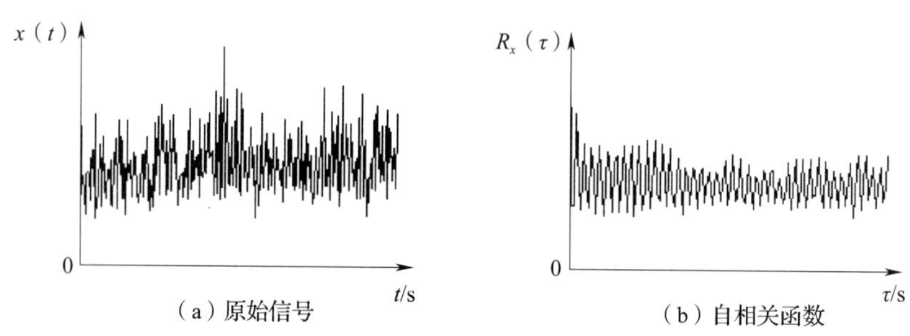

图 5-10　机床振动信号的自相关分析

如果 $x(t)$ 和 $y(t)$ 两信号是同频率的周期信号或者包含有同频率的周期成分，那么，即使 $\tau \to \infty$，互相关函数也不收敛并会出现该频率的周期成分。如果两信号含有频率不等的周期成分，则两者不相关。即同频相关，不同频不相关。

互相关函数具有如下性质：

（1）互相关函数为非奇非偶函数，具有反对称性质，如果 x、y 易位置，则有 $R_{xy}(\tau)=R_{yx}(-\tau)$。

（2）互相关函数的峰值不一定在 $\tau=0$ 处，峰值点偏离原点的距离表示两信号取得最大相关程度的时移 τ。

（3）两个相同频率的周期信号，其互相关函数也是同频率的周期信号，同时还保留了原信号的幅值和相位差信息。

互相关函数的这些性质，使它在工程应用中有重要的价值，是在噪声背景下提取有用信息的一个有效手段。如果对一个线性系统（如某个部件、结构或者机床）激振，所测得的振动信号中常常含有大量的噪声干扰。根据线性系统的频率保持性，只有与激振频率相同的成分才可能是由激振引起的响应，其他部分均是干扰。因此，只要将激振信号和所测得的响应信号进行互相关（不必用时移，$\tau=0$）处理，就可得到由激振引起的响应幅值和相位差，消除了噪声的影响。这种应用相关分析原理来消除信号中的噪声干扰、提取有用信息的方法叫作相关滤波。它是利用互相关函数同频相关、不同频不相关的性质来达到滤波效果的。

互相关分析在实践中有广泛和重要的应用。例如：可在噪声背景下提取有用信息；系统中信号的幅频、相频传输特性计算；速度测量；板墙对声音的反射和衰减测量等。下面是利用互相关分析测定船舶航速的应用实例。

图 5-11（a）给出了利用互相关分析测定船舶航速的原理。船舶航行速度的测量往往受到水流速度因素的影响，而用互相关分析测量航行速度可消除水流速度的影响。利用互相关分析测定船舶航速时，在船前进方向相距为 l 的两点，安装两组超声发射机和接收传感器。信号源 1 和信号源 2 分别给两组超声发射机提供信号，超声发射机发射的信号经过海底的反射形成回波，回波信号由接收传感器接收记录，就得到两组回波信号 $x_1(t)$ 和 $x_2(t)$，如图 5-11（b）所示。

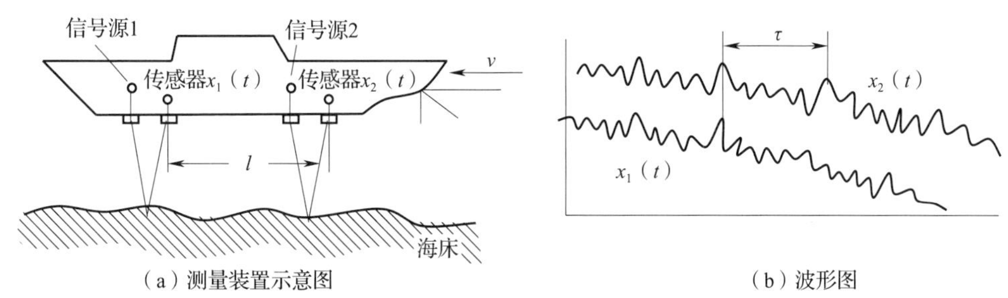

（a）测量装置示意图　　（b）波形图

图 5-11　船舶速度测量及信号波形

测定速度时先计算信号 $x_1(t)$ 和 $x_2(t)$ 之间的互相关函数 $R_{x_1x_2}(\tau)$，如图 5-12 所示。设互相关函数 $R_{x_1x_2}(\tau)$ 上峰值对应的时间为 $\tau_{\max}$，则船舶的航行速度为：

$$v=l/\tau_{\max}$$

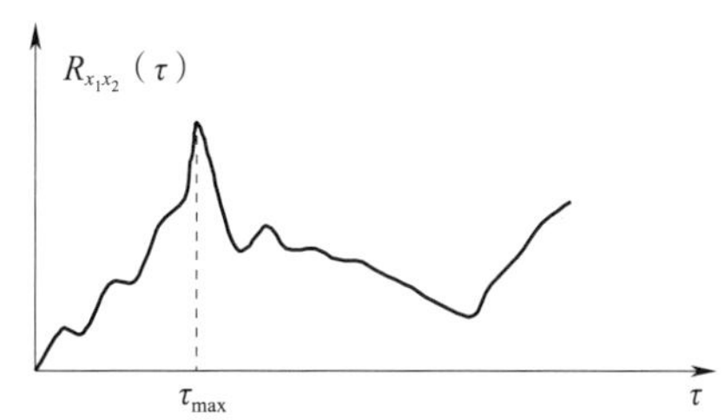

图 5-12　$x_1(t)$ 和 $x_2(t)$ 的互相关函数

二、基本频域分析

信号可以从时间和频率两个角度去描述，时域分析能反映信号幅值随时间的变化情况，而频域分析能揭示信号的频率组成及分布情况。频域分析是通信、机械故障诊断等领域应用最广泛的信号处理方法之一。

频谱分析是利用某种变换将复杂信号分解为简单信号叠加的方法，信号频谱分析通常分为经典频谱分析和现代频谱分析两大类。经典频谱分析是一种非参数、线性估计方法，其理论基础是信号的傅立叶变换。现代频谱分析属于非线性参数估计方法，以随机过程参数模型的参数估计为基础。本书主要聚焦经典频谱分析技术，通过对采样数据进行傅立叶变换实现对信号频谱的线性估计。本节通过简述其基本理论、快速实现算法及其应用，介绍基本频域分析在故障诊断与智能运维中的应用。

（一）傅立叶变换及频谱分析

1. 傅立叶级数

根据傅立叶级数理论，任何周期信号均可展开为若干简谐信号的叠加。图 5-13 展示了傅立叶级数分解示意图，以频率为横坐标，幅值 A_n 和相位 ϕ_n 为纵坐标可以得到信号的幅频谱和相频谱。

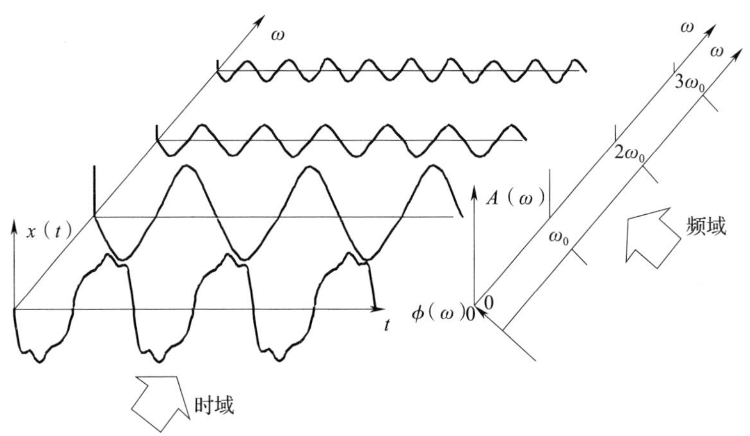

图 5-13　周期信号的傅立叶级数分解

设 $x(t)$ 为周期信号，则有：

$$
\begin{aligned}
x(t) &= a_0 + \sum_{n=1}^{\infty}(a_n\cos n\omega_0 t + b_n\sin n\omega_0 t) \\
&= A_0 + \sum_{n=1}^{\infty}A_n\sin(n\omega_0 t + \phi_n)
\end{aligned}
\tag{5-19}
$$

式中，A_0 是静态分量，ω_0 是基频，$n\omega_0$ 是第 n 次谐波（$n=1, 2, 3, \cdots$），$A_0=a_0$，$A_n=\sqrt{a_n^2+b_n^2}$ 是第 n 次谐波的幅值，$\phi_n=\arctan\left(\dfrac{a_n}{b_n}\right)$ 是第 n 次谐波的相位。各系数分别为：

$$
\left.
\begin{aligned}
a_0 &= \frac{1}{T}\int_0^T x(t)\,\mathrm{d}t \\
a_n &= \frac{2}{T}\int_0^T x(t)\cos n\omega_0 t\,\mathrm{d}t \quad (n=1, 2, \cdots) \\
b_n &= \frac{2}{T}\int_0^T x(t)\sin n\omega_0 t\,\mathrm{d}t \quad (n=1, 2, \cdots)
\end{aligned}
\right\}
\tag{5-20}
$$

式中，T 是基本周期，$\omega_0=\frac{2\pi}{T}$是基频。

由于 n 取整数，相邻频率的间隔均为基波频率 ω_0。因而，周期信号的频谱具有离散性、谐波性和收敛性三个特点。

下面对连续谱分析进行简单介绍。

当周期信号 $x(t)$ 的周期 T 趋于无穷大时，则该信号可看成非周期信号，信号频谱的谱线间隔 $\Delta\omega=\omega_0=\frac{2\pi}{T}$趋于无穷小。所以非周期信号的频谱是连续的。

由前面可知，周期信号 $x(t)$ 在$\left(-\frac{T}{2},\ \frac{T}{2}\right)$区间可用傅立叶级数表示为：

$$x(t)=\sum_{n=-\infty}^{\infty}\left[\frac{1}{T}\int_{-\frac{T}{2}}^{\frac{T}{2}}x(t)\mathrm{e}^{-jn\omega_0 t}\mathrm{d}t\right]\mathrm{e}^{jn\omega_0 t} \tag{5-21}$$

当 T 趋于∞时，频率间隔 $\Delta\omega$ 成为 $\mathrm{d}\omega$，离散谱中相邻的谱线紧靠在一起，$n\omega_0$ 就变成连续变量 ω，符号 Σ 就变成积分符号 $\int$ 了，于是得到傅立叶积分：

$$x(t)=\frac{1}{2\pi}\int_{-\infty}^{+\infty}\left[\int_{-\infty}^{+\infty}x(t)\mathrm{e}^{-j\omega t}\mathrm{d}t\right]\mathrm{e}^{j\omega t}\mathrm{d}\omega \tag{5-22}$$

由于时间 t 是积分变量，故上式括号内积分之后仅是 ω 的函数，记作 $X(\omega)$：

傅立叶变换：
$$X(\omega)=\int_{-\infty}^{+\infty}x(t)\mathrm{e}^{-j\omega t}\mathrm{d}t \tag{5-23}$$

傅立叶逆变换：
$$x(t)=\frac{1}{2\pi}\int_{-\infty}^{+\infty}X(\omega)\mathrm{e}^{j\omega t}\mathrm{d}\omega \tag{5-24}$$

傅立叶变换有着明确的物理意义。在整个时间轴上的非周期信号 $x(t)$ 是由频率 ω 的谐波 $X(\omega)\mathrm{e}^{j\omega t}\mathrm{d}\omega$ 沿频率从$-\infty$ 连续到$+\infty$，通过积分叠加得到的。由于对不同的频率 ω，$\mathrm{d}\omega$ 是一样的。所以只需 $X(\omega)$ 就能真实反映不同频率谐波的振幅和相位的变化。因此 $X(\omega)$ 为 $x(t)$ 的连续频谱。一般 $X(\omega)$ 是复函数，可写成：

$$X(\omega)=|X(\omega)|\mathrm{e}^{j\phi(\omega)} \tag{5-25}$$

式中，$|X(\omega)|$为信号的连续幅值谱，$\phi(\omega)$ 为信号的连续相位谱。

由信号 $x(t)$ 求出其频谱 $X(\omega)$ 的过程称为对信号作谱分析。下面以矩形窗函数 $w(t)$ 为例，介绍其频谱求取过程。

矩形窗函数 $w(t)$ 定义为：

$$w(t)=\begin{cases}1 & |t|\leqslant \dfrac{T}{2}\\ 0 & |t|>\dfrac{T}{2}\end{cases} \tag{5-26}$$

根据傅立叶变换有：

$$W(\omega)=\int_{-\infty}^{+\infty}w(t)\mathrm{e}^{-j\omega t}\mathrm{d}t=\int_{-\frac{T}{2}}^{\frac{T}{2}}\mathrm{e}^{-j\omega t}\mathrm{d}t=T\frac{\sin(\omega T/2)}{\omega T/2}=T\mathrm{sinc}(\omega T/2) \tag{5-27}$$

定义 $\sin\mathrm{c}(x)=\dfrac{\sin x}{x}$，该函数在信号分析中很有用。矩形窗函数及频谱如图 5-14 所示。

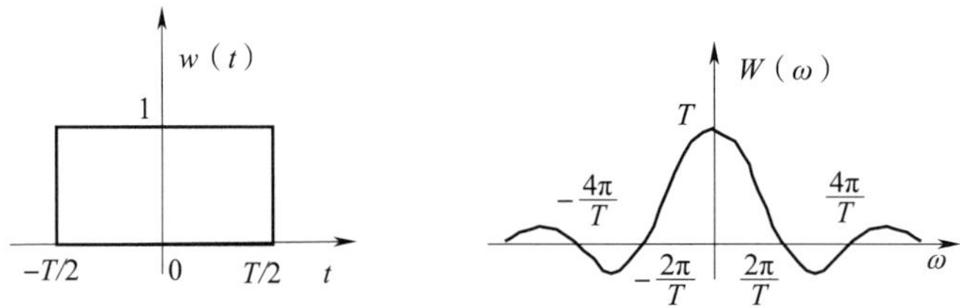

图 5-14　矩形窗函数及其频谱

傅立叶变换主要性质如下：

（1）线性叠加性质　若 $x_1(t)\leftrightarrow X_1(\omega)$，$x_2(t)\leftrightarrow X_2(\omega)$，则：

$$[a_1x_1(t)+a_2x_2(t)]\leftrightarrow[a_1X_1(\omega)+a_2X_2(\omega)]$$

（2）时移性质　若 $x(t)\leftrightarrow X(\omega)$，则 $x(t\pm t_0)\leftrightarrow X(\omega)\mathrm{e}^{\pm j\omega t_0}$

（3）频移性质　若 $x(t)\leftrightarrow X(\omega)$，则 $x(t)\mathrm{e}^{\mp j\omega_0 t}\leftrightarrow X(\omega\pm\omega_0)$

（4）时间伸缩性质　设 $x(t)\leftrightarrow X(\omega)$，$a$ 为正实数，则 $x(at)\leftrightarrow\dfrac{1}{a}X\left(\dfrac{\omega}{a}\right)$

（5）时间微分性质　若 $x(t)\leftrightarrow X(\omega)$，则 $\dfrac{\mathrm{d}x(t)}{\mathrm{d}t}\leftrightarrow(j\omega)X(\omega)$

（6）时间积分性质　若 $x(t)\leftrightarrow X(\omega)$，且 $X(\omega)|_{\omega=0}=0$，则：

$$\int_{-\infty}^{t}x(\tau)\mathrm{d}\tau\leftrightarrow\frac{1}{j\omega}X(\omega)$$

（7）卷积定理　若 $x_1(t) \leftrightarrow X_1(\omega)$，$x_2(t) \leftrightarrow X_2(\omega)$，则：

$$x_1(t) * x_2(t) \leftrightarrow X_1(\omega) \cdot X_2(\omega) \quad 及 \quad x_1(t) \cdot x_2(t) \leftrightarrow \frac{1}{2\pi} X_1(\omega) * X_2(\omega)$$

2. 离散傅立叶变换（DFT）

在工程实际中，采集获得的信号一般为离散的数字信号，其频谱分析需借助离散傅立叶变换（discrete fourier transform，DFT）。

离散傅立叶变换公式为：

$$X\left(\frac{n}{N\Delta t}\right) = \sum_{k=0}^{N-1} x(k\Delta t)\mathrm{e}^{-j2\pi nk/N} \quad (n = 0,\ 1,\ 2,\ \cdots,\ N-1) \tag{5-28}$$

式中，$x(k\Delta t)$ 是波形信号的采样值，N 是序列点数，Δt 是采样间隔，n 是频域离散值的序号，k 是时域离散值的序号。因此，离散傅立叶逆变换为：

$$x(k\Delta t) = \frac{1}{N}\sum_{n=0}^{N-1} X\left(\frac{n}{N\Delta t}\right)\mathrm{e}^{j2\pi nk/N} \quad (k = 0,\ 1,\ 2,\ \cdots,\ N-1) \tag{5-29}$$

它将 N 个时间域的采样序列和 N 个频率域采样序列联系起来。基于这种对应关系，考虑到采样间隔 Δt 的具体数值不影响离散傅立叶变换的实质。所以，通常略去采样间隔 Δt，因此有如下的形式：

$$X(n) = \sum_{k=0}^{N-1} x(k)W_N^{nk} \quad (n = 0,\ 1,\ 2,\ \cdots,\ N-1) \tag{5-30}$$

$$x(k) = \frac{1}{N}\sum_{n=0}^{N-1} X(n)W_N^{-nk} \quad (k = 0,\ 1,\ 2,\ \cdots,\ N-1) \tag{5-31}$$

式中，$W_N = \mathrm{e}^{-j2\pi/N}$。在计算离散频率值时，还需引入采样间隔 Δt 进行计算。

3. 快速傅立叶变换（FFT）

在如上的离散傅立叶变换公式中，计算量较大，尤其对于长序列信号而言，其复杂运算对存储空间及计算时间的需求严重限制了其应用，为此学术界开展大量研究并提出快速傅立叶算法 FFT。本节以 cooley-tukey 计算序列数长 $N = 2^i$（i 为正整数）的算法来说明 FFT 的基本原理。

FFT 的基本思想是把长度为 2 的正整数次幂的数据序列 $\{x_k\}$ 分隔成若干较短的序列作 DFT 计算，用以代替原始序列的 DFT 计算。然后再把它们合并起来，得到整个序列 $\{x_k\}$ 的 DFT。为了更清楚地表示 FFT 的计算过程，我们以长度为 8 的数据序列为例进行说明。

（1）首先，为推导方便，将离散傅立叶变换写成如下形式：

$$X_n = \sum_{k=0}^{N-1} x_k e^{-j2\pi nk/N} \tag{5-32}$$

式中，$X_n = X(n)$，$n=0, 1, 2, \cdots, N-1$，$x_k = x(k)$。

（2）对原数据序列按奇、偶逐步进行抽取。

原始序列	$\underline{x_0\ x_1\ x_2\ x_3\ x_4\ x_5\ x_6\ x_7}$	1 个长度为 8 的序列
第一次抽取	$\underline{x_0\ x_2\ x_4\ x_6}\ \underline{x_1\ x_3\ x_5\ x_7}$	2 个长度为 4 的序列
第二次抽取	$\underline{x_0\ x_4}\ \underline{x_2\ x_6}\ \underline{x_1\ x_5}\ \underline{x_3\ x_7}$	4 个长度为 2 的序列
第三次抽取	$\underline{x_0}\ \underline{x_4}\ \underline{x_2}\ \underline{x_6}\ \underline{x_1}\ \underline{x_5}\ \underline{x_3}\ \underline{x_7}$	8 个长度为 1 的序列

（3）根据上面的抽取方法及 FFT 的计算公式 $X(n) = \sum_{k=0}^{N-1} x(k) e^{-j2\pi kn/N}$，因此：

$$X(n) = \sum_{k=0}^{N/2-1} [x(2k) W_N^{2nk} + x(2k+1) W_N^{(2k+1)n}] \quad n = 0, 1, \cdots, N-1 \tag{5-33}$$

因为 $W_N^2 = e^{-2j(2\pi/N)} = e^{-j2\pi/(N/2)} = W_{N/2}^1$，所以：

$$\begin{aligned} X(n) &= \sum_{k=0}^{N/2-1} [x(2k) W_{N/2}^{nk} + x(2k+1) W_{N/2}^{nk} W_N^n] \quad n = 0, 1, \cdots, N-1 \\ &= G(n) + W_N^n H(n) \end{aligned} \tag{5-34}$$

其中，$G(n) = \sum_{k=0}^{N/2-1} x(2k) W_{N/2}^{nk}$，$H(n) = \sum_{k=0}^{N/2-1} x(2k+1) W_{N/2}^{nk}$ $n = 0, 1, \cdots, N-1$。

$G(n)$ 和 $H(n)$ 的周期是 $N/2$，所以 $G(n) = G(n+N/2)$，$H(n) = H(n+N/2)$。又因为，$W_N^{N/2} = e^{-j(2\pi/N)\cdot N/2} = -1$，故 $W_N^{n+N/2} = W_N^n \cdot W_N^{N/2} = -W_N^n$。

$$X(n) = G(n) + W_N^n H(n) \quad n = 0, 1, \cdots, N/2-1 \tag{5-35}$$

$$X(n+N/2) = G(n) - W_N^n H(n) \quad n = 0, 1, \cdots, N/2-1 \tag{5-36}$$

将两个半段 $X(n)$ 和 $X(n+N/2)$ 相接后得到整个序列的 $X(n)$。在合成时，偶序列 DFT 的变换 $G(n)$ 不变，奇序列 DFT 的变换 $H(n)$ 要乘以权重函数 W_N^n。同时，二者合成时前半段的用加，后半段的用减。图 5-15 是 $N=8$ 时的计算流程图。

图 5-15 中左起第 5 列的数据 x_i'，$i=0, 1, 2, \cdots, 7$，表示长度为 1 的数据的傅立叶变换。同样，FFT 逆变换的计算 $x(k) = \frac{1}{N}\sum_{n=0}^{N-1} X(n) W_N^{-kn}$ 也可以按照上述方法进行，详细步骤参见文献[69]。

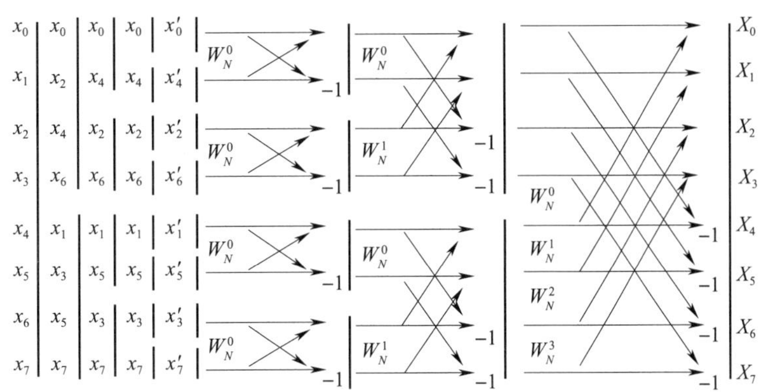

图 5-15　$N=8$ 时的 FFT 计算流程图

4. 频谱分析案例

下面以几个信号的傅立叶变换结果为例说明频谱分析的功能及结果。本节展示图片为基于 matlab 程序计算的结果。在 matlab 程序中，有封装好可供现成调用的子函数 “fft”，具体的程序代码为：

$$F=\text{fft}(x, \ N)$$

输入：待处理信号 x，用于计算的信号长度 N（通常选择为 2 的指数幂）；

输出：傅立叶系数 F。

（1）信号 $x_1(t)=\sin(110\pi t)$，则其时域波形及频谱图分别如图 5-16 所示。

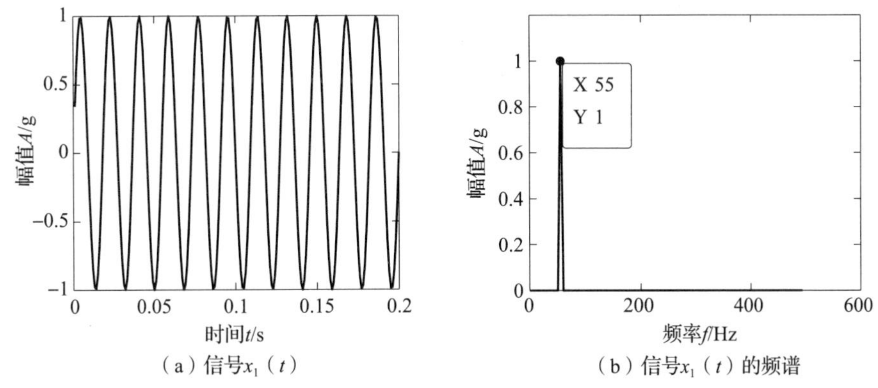

图 5-16　信号 $x_1(t)$ 的时域波形及频谱图

（2）信号 $x_2(t)=\sin(110\pi t)+\sin(180\pi t)$，其时域波形及频谱图如图 5-17 所示。

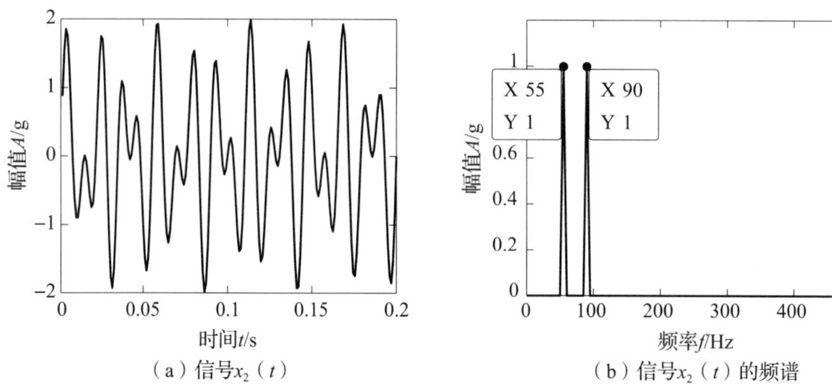

（a）信号x_2（t）　（b）信号x_2（t）的频谱

图 5-17　信号 $x_2(t)$ 的时域波形及频谱图

（3）信号 $x_3(t)$ 为实测的振动信号，其时域波形及频谱图分别如图 5-18 所示。

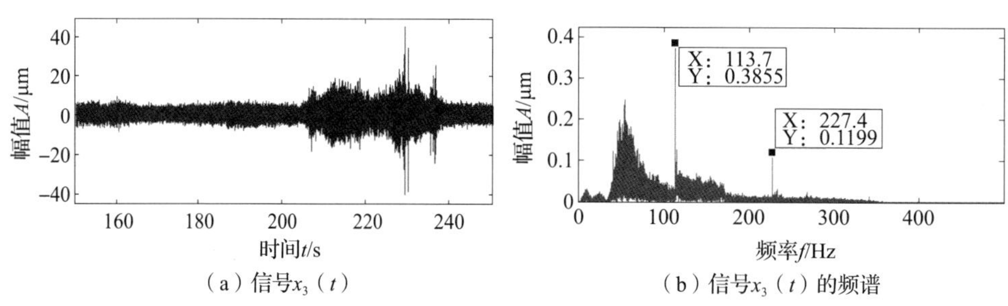

（a）信号x_3（t）　（b）信号x_3（t）的频谱

图 5-18　信号 $x_3(t)$ 的时域波形及频谱图

（二）频谱泄漏及改进

在傅立叶变换的过程中，因采样过程截断、分析数据长度有限等原因，使得频谱存在泄漏、频率分辨率受限等固有缺陷，影响了谱分析的精度。此处分析频谱泄漏的产生及其改进方法。

1. 频谱泄漏

理论上信号的长度是无限的，但任何信号都是在有限时间段内进行观测的。因此，信号采样过程须使用窗函数，将无限长信号截断成为有限长度的信号。从理论上看，截断过程就是在时域将无限长信号乘以有限时间宽度的窗函数。

若原信号及其频谱分别为 $x(t)$ 和 $X(\omega)$，根据频域卷积定理，截断后信号的频谱为 $X(\omega)$ 与 $W(\omega)$ 的卷积。由于 $W(\omega)$ 为一个无限带宽函数，所以即使 $x(t)$ 为有限

带宽信号，截断后信号的频谱必然是无限带宽的。这就说明信号的能量分布在截断后扩展了。由此可见，信号截断必然会带来一定的误差，这一现象称为泄漏。

2. 频谱泄漏改进方法

频谱泄漏与截断长度、所使用的窗函数等有关。

（1）截断长度的影响

增大截断长度将使得频谱中心频率以外频率分量的衰减速度加快，泄漏误差减少。如图 5-14 所示，展示了矩形窗函数及其频谱。当 $T\to\infty$ 时，$W(\omega)$ 函数变为 $\delta(\omega)$ 函数，$W(\omega)$ 与 $\delta(\omega)$ 的卷积仍然为 $W(\omega)$。这说明不进行信号截断就没有泄漏误差。

（2）窗函数选择的影响

不同的窗函数导致泄漏大小不同：泄漏取决于窗函数频谱的旁瓣，如果窗函数的旁瓣小，相应的泄漏也小。信号处理中除最常用的矩形窗函数外，常用的窗函数还有三角窗、汉宁窗等。这两种窗函数及其幅频曲线如图 5-19 所示。窗函数的选择应根据被分析信号的性质和处理要求来确定。如果仅要求精确获得主瓣的频率，可选择矩形窗函数；如果处理要求幅值精度高，泄漏量小，应选择汉宁窗等。

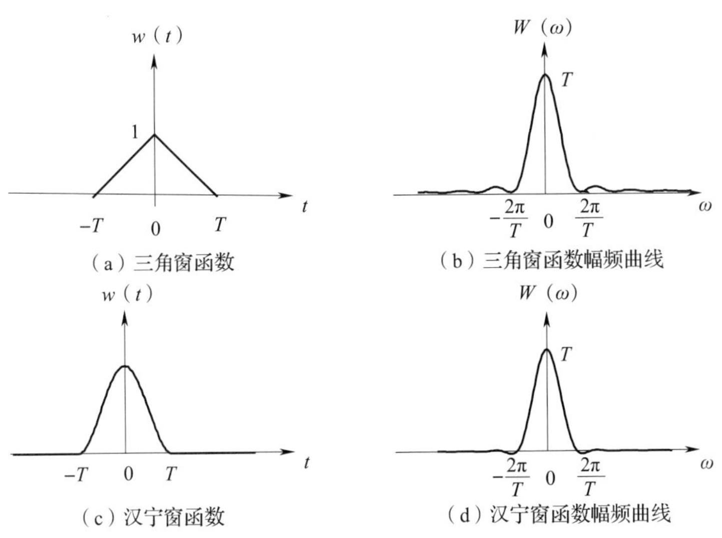

图 5-19　三角窗、汉宁窗及它们的幅频特性

（三）包络解调分析

当机械出现故障时，信号中包含的故障信息往往都以调制的形式出现，即所测到的信号常常是被故障源调制了的信号。例如机械系统受到外界周期性冲击时的振荡衰减响应信号就是典型的幅值调制信号。一般调制包括幅值调制和频率调制。要获取故障信息就需要提取调制信号。提取调制信号的过程就是信号的解调。信号解调方法很多，例如绝对值解调法、线性算子解调法、平方解调法、能量解调法、Hilbert 包络解调法。本节主要介绍常用的 Hilbert 包络解调。

1. Hilbert 变换

根据欧拉公式，对简单的余弦信号 $\cos(2\pi f_0 t)$（其中 $2\pi f_0>0$）可表示为如下复数形式：

$$\cos(2\pi f_0 t) = (\mathrm{e}^{i2\pi f_0 t} + \mathrm{e}^{-i2\pi f_0 t})/2 \tag{5-37}$$

上式右边两个指数的虚部相互抵消，实部表示了原来的实信号。显然有，$\cos(2\pi f_0 t)=\mathrm{Re}\{\mathrm{e}^{i2\pi f_0 t}\}=\mathrm{Re}\{\mathrm{e}^{-i2\pi f_0 t}\}$。因此，我们称 $\mathrm{e}^{i2\pi f_0 t}$ 为 $\cos(2\pi f_0 t)$ 的复信号。同理，针对一般的实信号 $x(t)$，假设 $X(f)$ 是 $x(t)$ 的频谱，有如下关系成立：

$$x(t) = \mathrm{Re}\{\int_0^\infty 2X(f)\mathrm{e}^{i2\pi ft}\mathrm{d}f\} = \mathrm{Re}\{q(t)\} \tag{5-38}$$

式中，$q(t)=\int_0^\infty 2X(f)\mathrm{e}^{i2\pi ft}\mathrm{d}f$。显然，$q(t)$ 就是 $x(t)$ 的复信号。将这一关系推广，即可得到复信号构造的滤波器时间响应函数，如下所示：

$$h_1(t) = \delta(t) + i\frac{1}{\pi t} \tag{5-39}$$

因此，任何一个实信号 $x(t)$ 的复信号 $q(t)$ 可由滤波得到：

$$q(t) = h_1(t) * x(t) = x(t) + i\frac{1}{\pi t} * x(t) = x(t) + ix'(t) \tag{5-40}$$

其中，$x'(t)=\frac{1}{\pi t} * x(t)=\frac{1}{\pi}\int_{-\infty}^{\infty}\frac{x(\tau)}{t-\tau}\mathrm{d}\tau$，称为 $x(t)$ 的 Hilbert 变换。Hilbert 反变换公式为 $x(t)=-\frac{1}{\pi t} * x'(t)=-\frac{1}{\pi}\int_{-\infty}^{\infty}\frac{x'(\tau)}{t-\tau}\mathrm{d}\tau$。

由此可知，对一个信号进行 Hilbert 变换，相当于对该信号进行了一次滤波处理，考虑其具体滤波操作，Hilbert 变换又称为 90°移相滤波。

2. Hilbert 包络解调

设一窄带调制信号 $x(t)=a(t)\cos(2\pi f_0 t+\phi(t))$，其中，$a(t)$ 是缓慢变化的调制信号。令 $\theta(t)=2\pi f_0 t+\phi(t)$，$\mu(t)=\dfrac{\mathrm{d}\theta(t)}{\mathrm{d}t}=2\pi f_0+\dfrac{\mathrm{d}\phi(t)}{\mathrm{d}t}$ 是信号 $x(t)$ 的瞬时频率。设 $x(t)$ 的 Hilbert 变换为 $x'(t)=a(t)\sin(2\pi f_0 t+\phi(t))$。则它的解析信号为：

$$q(t)=x(t)+ix'(t)=a(t)[\cos(2\pi f_0 t+\phi(t))+i\sin(2\pi f_0 t+\phi(t))] \quad (5\text{-}41)$$

解析信号的模或信号的包络为：

$$|a(t)|=\sqrt{x^2(t)+x'^2(t)} \quad (5\text{-}42)$$

解析信号的相位为：

$$\theta(t)=\arctan\frac{x'(t)}{x(t)}=2\pi f_0 t+\phi(t) \quad (5\text{-}43)$$

解析信号相位的导数或瞬时频率为：

$$\mu(t)=\frac{\mathrm{d}\theta(t)}{\mathrm{d}t}=\mathrm{d}\left[\arctan\frac{x'(t)}{x(t)}\right]/\mathrm{d}t=2\pi f_0+\frac{\mathrm{d}\phi(t)}{\mathrm{d}t} \quad (5\text{-}44)$$

3. 包络谱分析

包络谱分析是基于信号包络进行傅立叶变换，获得信号包络谱的过程。其具体流程如图 5-20 所示。

图 5-20　基于 Hilbert 变换求解信号包络谱的流程图

如此，在得到信号的包络谱之后，再进行频率成分分析，结合系统物理机理及先验知识，即可完成设备的状态判别及故障诊断。下面以某一轴承故障诊断为例，说明基于包络解调分析的故障诊断性能。图 5-21 分别展示了轴承振动的时域、频域分析及包络谱解调分析信号，其中包络谱信号中表现出明显的 235 Hz 特征频率成分。通过基于轴承参数及转频信息的计算，可得轴承的外圈故障特征频率为 235 Hz，因此，通过基于 Hilbert 变换的包络解调分析，实现了轴承外圈故障诊断。

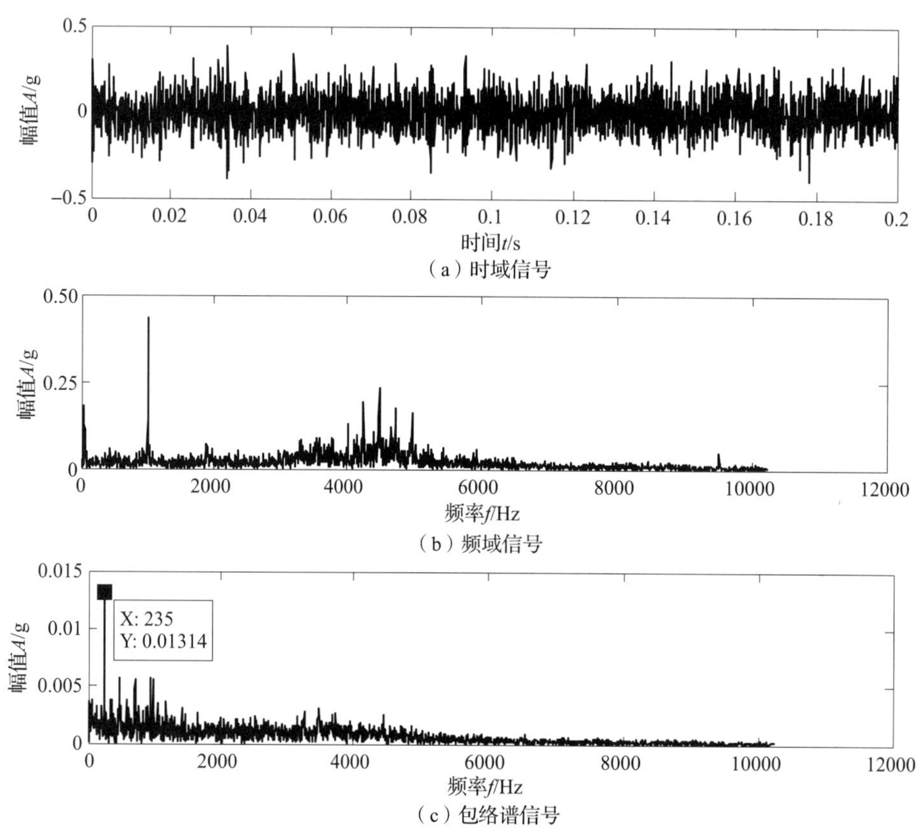

图 5-21　轴承信号包络谱分析案例

第三节　先进时频分析方法

考核知识点及能力要求：

- 了解信号时频分析的基本原理。

- 熟悉短时傅立叶变换、经验模式分解、小波分析的操作流程。
- 掌握基于时频分析的信号处理方法。

上节所述的时域和频域分析技术是分别在时域和频域对信号进行表征，但工程实际中，测试对象往往是非平稳信号或时变信号，即信号的频率成分是随时间变化的，时频分析是描述信号频谱成分随时间变化特性的一种分析方法。时频分析研究始于 20 世纪 40 年代，为了得到信号的时变频谱特性，许多学者提出了各种形式的时频分布函数，其中典型如短时傅立叶变换和小波变换等。此处分析选 3 类经典的先进时频分析方法具体介绍，分别为短时傅立叶变换、经验模式分解和小波分析。

一、短时傅立叶变换

本节从实际信号分析角度，解读经典频谱分析的不足，并引出短时傅立叶变换时频分析方法。

（一）经典频谱分析的不足

采集信号可以从时域和频域两个维度进行描述（见图 5-22）。根据傅立叶级数原理，任何信号可表示为不同频率的平稳正弦波的线性叠加，经典的傅立叶分析能够完美地描绘平稳的正弦信号及其组合。

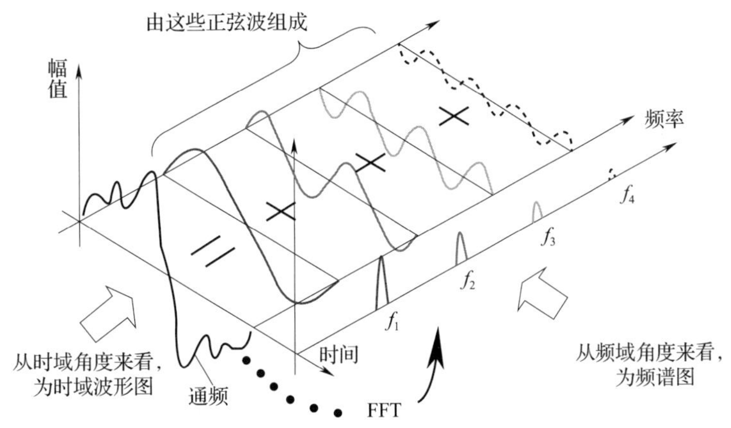

图 5-22　信号的时域和频域描述

然而，许多随机过程从本质上来讲是非平稳的，例如记录下来的语音或音乐的声压信号；振动中的冲击响应信号；机组启、停机信号等。当然，非平稳信号的谱密度也可以用傅立叶谱分析方法来计算，可是所得到的频率分量是对信号历程平均化的计算结果，并不能恰当地反映非平稳信号的特征。下面举例说明经典频谱分析的不足。

$$s_1(t)=\sin(20\pi t)+\sin(40\pi t)+\sin(60\pi t),\quad 0<t\leqslant 2\ \mathrm{s} \tag{5-45}$$

$$s_2(t)=\begin{cases}\sin(20\pi t)+\sin(40\pi t), & 0<t\leqslant 1\ \mathrm{s}\\ \sin(40\pi t)+\sin(60\pi t), & 1<t\leqslant 2\ \mathrm{s}\end{cases} \tag{5-46}$$

$s_1(t)$ 和 $s_2(t)$ 分别是两组信号，两个信号中均包含 10 Hz、20 Hz 和 30 Hz 的频率成分，唯一不同是 $s_2(t)$ 中三个频率成分并非一直存在，而是有先有后。图 5-23（a）和图 5-23（b）分别为信号 $s_1(t)$ 和 $s_2(t)$ 的频谱分析结果，由图可知，两个信号表现为类似的频率成分及幅值大小分布，频谱上并未体现出信号 $s_2(t)$ 随时间变化的特性。

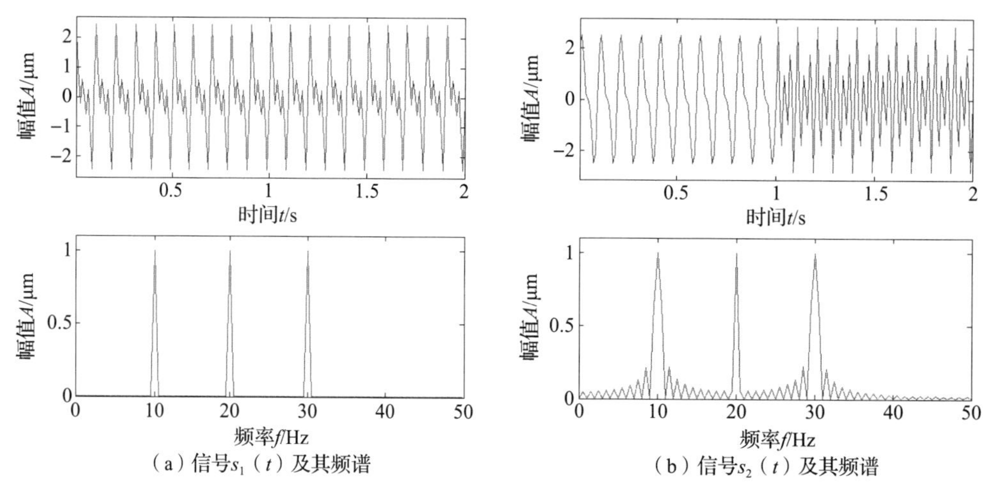

（a）信号 $s_1(t)$ 及其频谱　（b）信号 $s_2(t)$ 及其频谱

图 5-23　信号 $s_1(t)$ 和 $s_2(t)$ 的频谱图

（二）短时傅立叶变换

为了克服傅立叶变换不能同时进行时、频分析的不足，对于非平稳、非正弦的机电设备动态信号的分析，必须寻找既能够反映时域特征又能够反映频域特征的新方法，才能提供信号特征全貌，正确有效地进行时频分析。下面简单介绍经典的基于短时傅立叶变换的时频分析方法。

如果将非平稳过程视为由一系列短时平稳信号组成，任意一短时信号就可应用傅立叶变换进行分析。1946 年，Gabor 提出了窗口傅立叶变换概念，用一个在时间上可滑移的时窗来进行傅立叶变换，从而实现了在时间域和频率域上都具有较好局部性的分析方法，这种方法称为短时傅立叶变换（short time fourier transform，STFT）。

设 $h(t)$ 是中心位于 $\tau=0$，高度为 1、宽度有限的时窗函数，通过 $h(t)$ 所观察到的信号 $x(t)$ 的部分是 $x(t)h(t)$，如图 5-24 所示。

当 $h(t)$ 的中心位于 τ，由加窗信号 $x(t)h(t-\tau)$ 的傅立叶变换便产生短时傅立叶变换：

$$STFT_x(\tau,\ f) = \int_{-\infty}^{+\infty} x(t)h^*(t-\tau)\mathrm{e}^{-j2\pi ft}\mathrm{d}t = \int_{-\infty}^{+\infty} x(t)\left[h(t-\tau)\mathrm{e}^{j2\pi ft}\right]^*\mathrm{d}t$$

$$= \langle x(t),\ h(t-\tau)\mathrm{e}^{j2\pi ft}\rangle \tag{5-47}$$

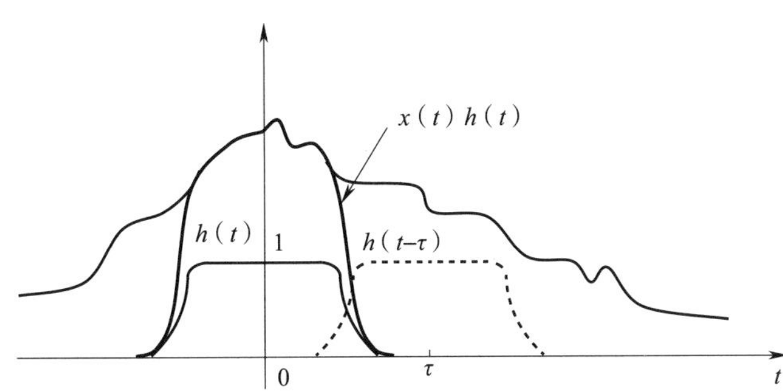

图 5-24　时窗函数为 $h(t)$ 的信号 $x(t)$ 的短时傅立叶变换

利用短时傅立叶变换分析如上的信号 $s_1(t)$ 和 $s_2(t)$，得到的时频分析结果如图 5-25（a）和图 5-25（b）所示。由图可知，短时傅立叶变换很好地表征了信号中频率成分随时间的分布变化情况。

（三）时频分辨率的限制

考虑到短时傅立叶变换区分两个纯正弦波的能力，当给定了时窗函数 $h(t)$ 和它的傅立叶变换 $H(f)$，则带宽 Δf 为：

$$(\Delta f)^2 = \frac{\int f^2 \mid H(f) \mid^2 \mathrm{d}f}{\int \mid H(f) \mid^2 \mathrm{d}f} \tag{5-48}$$

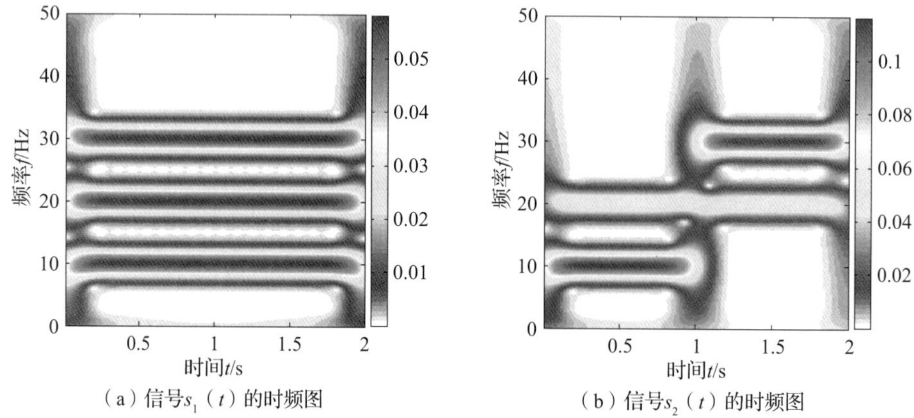

（a）信号s_1（t）的时频图　（b）信号s_2（t）的时频图

图 5-25　信号 $s_1(t)$ 和 $s_2(t)$ 的时频图

如果两个正弦波之间的频率间隔大于 Δf，那么这两个正弦波就能够被区分开。可见 STFT 的频率分辨率是 Δf。同样，时域中的分辨率 Δt 为：

$$(\Delta t)^2=\frac{\int t^2\,|h(t)|^2\mathrm{d}t}{\int |h(t)|^2\mathrm{d}t} \tag{5-49}$$

如果两个脉冲的时间间隔大于 Δt，那么这两个脉冲就能够被区分开。STFT 的时间分辨率是 Δt。

然而，时间分辨率 Δt 和频率分辨率 Δf 不可能同时任意小，根据 Heisenberg 不确定性原理，时间和频率分辨率的乘积受到以下限制：

$$\Delta t\Delta f\geqslant\frac{1}{4\pi} \tag{5-50}$$

式中，当且仅当采用了高斯窗函数，等式成立。由式可知，要提高时间分辨率，只能降低频率分辨率，反之亦然。因此，时间与频率的最高分辨率受到 Heisenberg 不确定性原理的制约。这一点在实际应用中应当注意。此外，当时间和频率分辨率一旦确定，则在整个时频平面上的时频分辨率保持不变。

短时傅立叶变换能够分析非平稳动态信号，但由于其基础是傅立叶变换，更适合分析准平稳（quasi-stationary）信号。如果一信号由高频突发分量和长周期准平稳分量组成，那么短时傅立叶变换能给出满意的时频分析结果。下面是采用短时傅立叶变换

分析某型航空发动机整机试车振动的工程实例。

如图 5-26 所示，时域信号描述了发动机整机试车振动随时间的变化曲线，清晰展现了幅值变化，尤其是振动突跳的位置；而在短时傅立叶时频图中，细致刻画了信号中频率成分及其幅值随时间的分布变化，同时展示出振动突跳位置的频率分布情况，为振动超标溯源提供了良好的支撑。

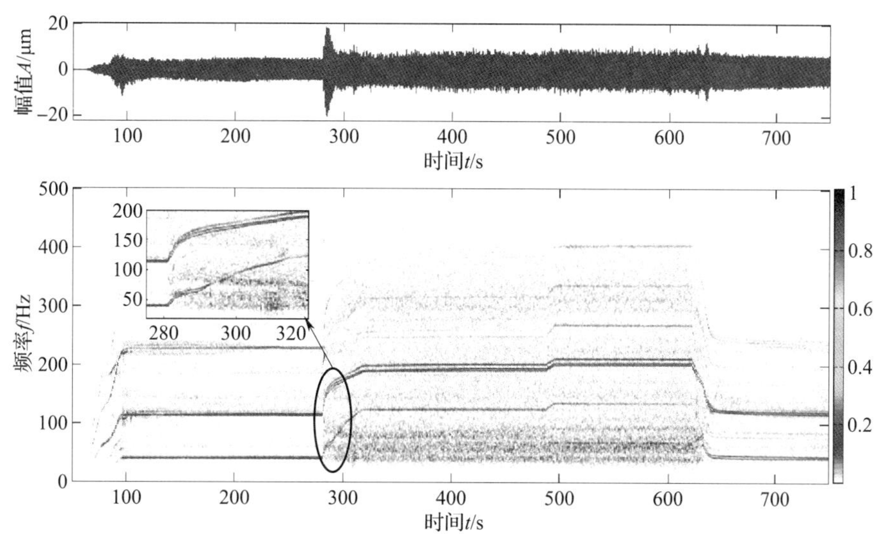

图 5-26　航空发动机整机试车振动及其时频图

二、经验模式分解

对非平稳、非线性信号比较直观的分析方法是使用具有局域性的基本量和基本函数，如瞬时频率。1998 年，美籍华人 Norden E. Huang 等人在对瞬时频率的概念进行了深入研究之后，创造性地提出了本征模式函数（intrinsic mode function，IMF）的概念以及将任意信号分解为本征模式函数组成的新方法——经验模式分解（empirical mode decomposition，EMD），从而赋予了瞬时频率合理的定义和有物理意义的求法，初步建立了以瞬时频率表征信号交变的基本量，以本征模式分量为时域基本信号的新的时频分析方法体系，并迅速地在水波研究、地震学、合成孔径雷达图像滤波及机械设备故障诊断等领域得到应用。

（一）EMD 的基本理论和算法

EMD 方法认为，任何信号都是由一系列不同的基本模式分量组成的，可以通过信号自身的特征时间尺度对其进行分解，从而得到各阶的本征模式分量。由于分解时使用的是自适应的广义基，所以从理论上讲，该方法具有普遍适用性，可以应用于非平稳信号的分析，从而在机械设备故障信号的处理方面获得良好的应用。

1. 基本模式分量

在进行经验模式分解时，基本模式分量需要满足如下两个条件：

（1）在整个数据中，极值点（包括极大值和极小值）的数量 N_e 与过零点的数量 N_z 相等或最多相差 1 个。即：

$$(N_z - 1) \leqslant N_e \leqslant (N_z + 1) \tag{5-51}$$

（2）在任一时间点上，信号的局部均值为零，即由局部极大值确定的上包络线 $f_{\max}(t)$ 与局部极小值确定的下包络线 $f_{\min}(t)$ 的平均值为零。所以：

$$[f_{\max}(t) + f_{\min}(t)]/2 = 0 \quad t \in [t_1, t_2] \tag{5-52}$$

其中，$[t_1, t_2]$ 为某一时间区间。

通过以上两个条件确定的基本模式分量，每个分量都没有复杂的叠加波，只含一个振荡模式（原因是在连续两个零点之间只有一个极值点），可通过 Hilbert 变换求出其瞬时频率。

2. EMD 的基本原理

对于大多数信号而言，可能包括多个振荡模式，本身并不是基本模式分量，因此，需对其进行 EMD 分解，获得各阶本征模式分量，分解的原理具体如下[70]：

（1）针对待处理的原始信号 $x(t)$，找出其所有的局部极值点（包括极大值和极小值），然后用三次样条曲线将上述极值点连接起来，得到信号的上、下包络线（极大值点的连线对应上包络线，极小值点的连线对应下包络线）；如图 5-27 所示，N 表示数据点数，A 表示幅值，实线为原始信号 $x(t)$，“○”和“*”分别表示了原始信号中的极大值和极小值，两条虚线表示用这些极大极小值拟合的上、下包络线。

（2）对上、下包络线求取平均，得到均值序列 $m(t)$，如图 5-27 所示的点划线。

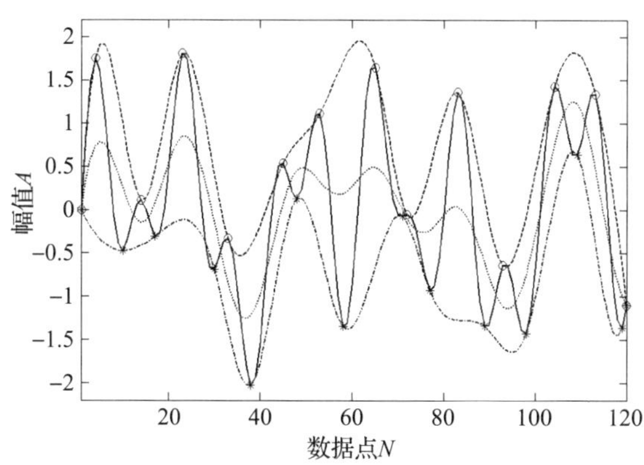

图 5-27　信号 $x(t)$ 的上、下包络线及均值 $m(t)$

（3）从原始信号中减去包络线均值 $m(t)$，得到 $y_1(t)$，即 $y_1(t)=x(t)-m(t)$。

（4）用基本模式分量的两个条件检测 $y_1(t)$，若其不满足，则将 $y_1(t)$ 作为待处理信号，重复步骤（1）~（3），直到 $y_1(t)$ 满足基本模式分量的条件，并将其记为第一个基本模式分量，即 $c_1(t)=y_1(t)$。

（5）从原始信号中，去除第一个基本模式分量 $c_1(t)$，得到剩余信号 $r_1(t)$，即 $r_1(t)=x(t)-c_1(t)$。

（6）将 $r_1(t)$ 作为待处理信号，重复步骤（1）~（5），分别得到各阶基本模式分量 $c_1(t)$，$c_2(t)$，$c_3(t)$，…，直至满足提前设定的停止准则，并将剩余的信号记为 $r_n(t)$。

如此，即完成了对原始信号的经验模式分解，得到了其各阶本征模式分量，具体可以表示为：$x(t)=\sum_{i=1}^{n} c_i(t)+r_n(t)$。

上述第（6）步中的停止条件被称为分解过程的停止准则，它可以是如下两种条件之一：①当最后一个基本模式分量 $c_n(t)$ 或剩余分量 $r_n(t)$ 变得比预期值小时便停止；②当剩余分量 $r_n(t)$ 变成单调函数，从中不能再筛选出基本模式分量为止。然而在实际中，为了保证基本模式分量保存足够的反映物理实际的幅度与频率调制，通常筛选过程的停止准则可以通过限制两个连续的处理结果之间的标准差 S_d 的大小来实现。

$$S_d=\sum_{t=0}^{T}\frac{|(h_{(k-1)}(t)-h_k(t))|^2}{h_k^2(t)} \tag{5-53}$$

式中，T 表示信号的时间跨度，$h_{(k-1)}(t)$ 和 $h_k(t)$ 是在筛选基本模式分量过程中两个连续的处理结果的时间序列。S_d 的值通常取 0.2~0.3。

EMD 方法得到了一个自适应的广义基，基函数不是通用的，没有统一的表达式，而是依赖于信号本身，是自适应的，不同的信号分解得到不同的基函数，与传统的分析工具有着本质的区别。因此可以说，经验模式分解方法是基函数理论上的一种创新。

3. 基于 EMD 的 Hilbert 变换（HHT）

基于 EMD 的 Hilbert 变换，主要是为了取得信号的 Hilbert 谱来进行时频分析。若已经获得一个信号 $x(t)$ 的基本模式分量组，就可以对每个基本模式分量进行 Hilbert 变换，然后计算瞬时频率。

对每个 IMF 进行 Hilbert 变换可以得到：

$$x(t) = \mathrm{Re}\sum_{i=1}^{n} a_i(t)\mathrm{e}^{j\Phi(t)} = \mathrm{Re}\sum_{i=1}^{n} a_i(t)\mathrm{e}^{j\int\omega_i(t)\mathrm{d}t} \tag{5-54}$$

其中 Re 表示取实部，将信号幅度在三维空间中表达成时间与瞬时频率的函数，即得到 Hilbert 时频谱 $H(\omega, t)$，简称 Hilbert 谱。记作：

$$H(\omega, t) = \begin{cases} \mathrm{Re}\sum_{i=1}^{n} a_i(t)\mathrm{e}^{j\int\omega_i(t)\mathrm{d}t} & \omega_i(t) = \omega \\ 0 & \end{cases} \tag{5-55}$$

进而可以定义边界谱 $h(\omega)$：

$$h(\omega) = \int_0^T H(\omega, t)\mathrm{d}t \tag{5-56}$$

式中，T 是信号的整个采样持续时间，$H(\omega, t)$ 是信号的 Hilbert 时频谱。由式可见，边界谱 $h(\omega)$ 是时频谱对时间轴的积分，边界谱表达了每个频率在全局上的幅度（或能量）贡献，它代表了在统计意义上的全部数据的累加幅度，反映了概率意义上幅值在整个时间跨度上的积累幅值。若把 Hilbert 时频谱的幅值平方对频率进行积分，便得到瞬时能量密度 $IE(t)$：

$$IE(t) = \int_\omega H(\omega, t)^2 \mathrm{d}\omega \tag{5-57}$$

可见，$IE(t)$ 是时间 t 的函数，表示能量随时间波动的情况。以上基于 EMD 的 Hilbert 谱信号分析方法通称为 Hilbert-huang 变换（hilbert-huang transformation，HHT）。

对比傅立叶展开说明 HHT 方法的优势：对相同数据分别做两种处理，傅立叶展开如下：

$$X(t) = \mathrm{Re}\sum_{i=1}^{\infty} a_i e^{j\omega_i t} \tag{5-58}$$

其中 a_i 和 ω_i 都是常量。对比可知，Hilbert-huang 变换用可变的幅度和瞬时频率对信号进行分解，避免了用不真实的谐波分量来表述非线性、非平稳信号，给基于局部时间特征的振动模式分量的瞬时频率赋予了实际的物理意义。基于 EMD 的时频分析方法能够定量地描述频率和时间的关系，实现了对时变信号完整、准确的分析。

（二）EMD 方法在机械设备故障诊断中的应用

EMD 方法是一种优秀的非平稳信号处理方法，而当机械设备发生故障时，它的振动信号往往会出现非平稳特性，故将该方法应用于机械设备动态分析与故障诊断中。下面通过“机车轮对轴承损伤定量识别方法”应用实例，说明该方法在机械设备故障诊断中的应用。

在滚动轴承实验台上设置了滚动轴承内圈早期损伤故障，故障内圈如图 5-31 所示。某机车轮对滚动轴承的型号为 552732QT，其参数如下：内径 160 mm，外径 290 mm，滚子直径 34 mm，滚子个数 17。测试时，试验台轴转频为 755 r/min。根据故障机理和试验参数，可计算得到内圈故障特征频率为 123 Hz。

采样频率设为 12 800 Hz，采样点数为 16 384，图 5-28 上图为从滚动轴承试验台上采集到的滚动轴承振动信号，对滚动轴承振动信号进行 Hilbert 包络解调，并用分贝值进行量化，得到其对应的分贝值，如图 5-28 所示。

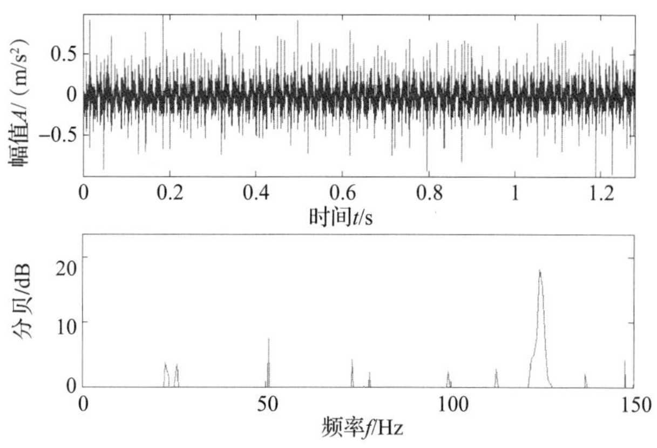

图 5-28　滚动轴承振动信号及其包络谱

根据包络解调结果，可以计算出内圈故障频率对应的冲击脉冲值为 18. 147 7 dB。根据该分贝值判断轴承运行状态应该为正常，而实际轴承存在内圈早期故障，说明直接进行解调分析，无法准确识别轴承损伤状态。故首先对该信号进行经验模式分解，由于数据长度较长，此处不考虑经验模式分解的端点效应问题，分解所得前三个基本模式分量如图 5-29 所示。

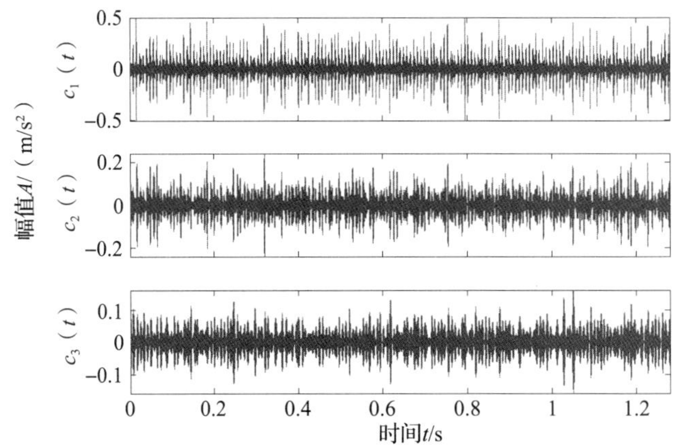

图 5-29　分解所得前三个基本模式分量

对得到的基本模式分量进行包络解调分析，得到各个基本模式分量对应的分贝值如图 5-30 所示，其中内圈故障频率对应的冲击脉冲最大值出现在第一个基本模式分量中，数值为 21. 122 1 dB，根据该分贝值判断轴承的运行状态为轻微故障，这符合轴承实际状况，故障内圈如图 5-31 所示。分析结果表明通过经验模式分解，轴承的损伤得以凸显，有利于发现早期轴承故障。

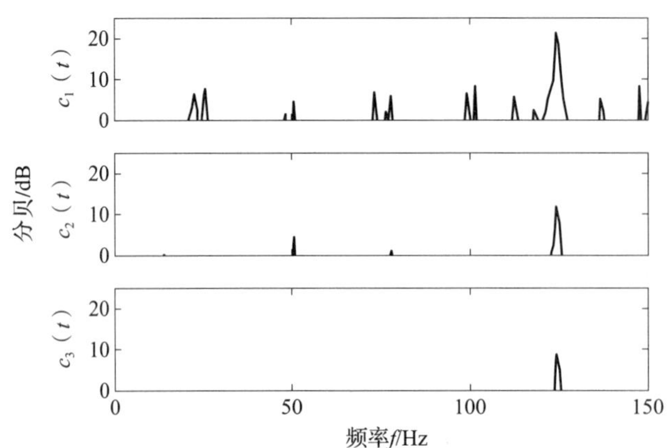

图 5-30　前三个基本模式分量对应的分贝值

图 5-31 内圈轴承擦伤

三、小波分析

“小波”，顾名思义就是小的波形。所谓“小”是指局部非零，波形具有衰减性；“波”则是指它具有波动性，包含有频率的特性。小波分析的目的就是既要看到森林（信号的全貌），又要看到树木（信号的细节）。小波分析的思想来源于伸缩和平移方法，为非平稳信号分析展示了美好的前景。

（一）小波变换

在平方可积实数空间 $L^2(R)$ 中，函数 $\psi(t)$ 满足容许条件（admissible condition）：

$$\int_{-\infty}^{+\infty}\psi(t)\,\mathrm{d}t = 0 \tag{5-59}$$

称 $\psi(t)$ 为基本小波或母小波。$\psi(t)$ 通过伸缩 a 和平移 b 产生一个函数族 $\{\psi_{b,a}(t)\}$，称为小波（小波基函数）。有：

$$\psi_{b,\ a}(t) = a^{-1/2}\psi\left(\frac{t-b}{a}\right) \tag{5-60}$$

式中，a 是尺度因子，有 $a>0$，b 是时移因子。如果 $a<0$，则波形收缩；反之，若 $a>1$，则波形伸展。信号 $x(t)$ 的小波变换为：

$$WT_x(b,\ a) = a^{-1/2}\int_{-\infty}^{+\infty} x(t)\psi^*\left(\frac{t-b}{a}\right)\mathrm{d}t = \langle x(t),\ \psi_{b,\ a}(t)\rangle \tag{5-61}$$

小波变换是用信号 $x(t)$ 与小波基函数 $\psi_{b,a}(t)$ 进行的内积〈·，·〉运算。这一内积运算旨在探求信号 $x(t)$ 中包含与小波基函数 $\psi_{b,a}(t)$ 最相关或最相似的分量。小波变换的实质就是以基函数 $\psi_{b,a}(t)$ 与信号 $x(t)$ 作内积匹配，将 $x(t)$ 分解为不同频带的子信号。因此，构造出一个小波基函数 $\psi_{b,a}(t)$，就能够进行一种小波变换。如何进行有效的小波变换，关键取决于小波基函数的构造与选择。

对信号 $x(t)$ 进行小波变换相当于通过小波的尺度因子和时移因子变化去观察信号。当 a 减小时，小波函数的时宽减小，频宽增大；当 a 增大时，小波函数的时宽增大，频宽减小。小波变换的局部化是变化的，在高频处时间分辨率高，频率分辨率低；在低频处时间分辨率低，频率分辨率高，即具有“变焦”的性质，也就是具有自适应窗的性质，如图 5-32 所示。

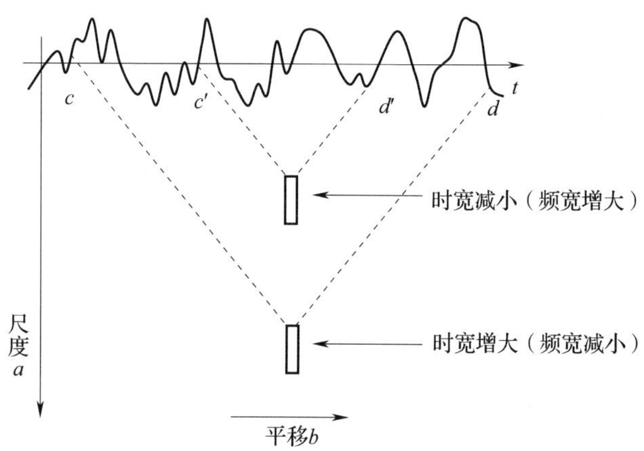

图 5-32　小波变换对信号波形的观察示意图

通过变量置换，小波变换可改写为：

$$WT_x(b,\ a) = a^{1/2}\int_{-\infty}^{+\infty} x(at)\psi^*(t - b/a)\mathrm{d}t = \langle x(at),\ a^{1/2}\psi^*(t - b/a)\rangle \qquad (5-62)$$

由此可知，当尺度因子 a 增大（或减小），函数 $\psi((t-b)/a)$（滤波器脉冲响应）在时域中伸展（或缩短），可计及信号更长（或更短）的时间行为。同时，随着尺度因子 a 的改变，通过一个恒定的滤波器 $\psi(t-b/a)$ 观察到被伸展或压缩了的信号波形 $x(at)$。显而易见，尺度因子 a 解释了信号在变换过程中尺度的变化，用大尺度可观察信号的总体，用小尺度可观察信号的细节。

当机器发生故障时，动态信号波形复杂且不平稳。因机器各零部件的结构不同和运行状态不同，信号所包含机器不同零部件的故障特征频率分布在不同的频带里。小

波变换能够把任何信号映射到由一个母小波伸缩（变换频率）、平移（刻画时间）而成的一组基函数上去，实现信号在不同频带、不同时刻的合理分离，为动态信号的非平稳性描述、机器零部件故障特征频率的分离、微弱信息的提取以实现早期故障诊断提供了高效、有力的工具。这些优点来自小波变换的多分辨分析和小波基函数的正交性。

（二）小波包信号分解

小波变换在对信号进行时频分解时，由于其尺度是按二进制变化的，每次分解得到的低频逼近信号和高频细节信号平分被分解信号的频带，二者带宽相等。小波变换对信号的分解都是对低频逼近信号 A 进行分解，不再对高频细节信号 D 进行分解。图 5-33（a）是小波信号分解频带划分的示意图。在图 5-33（a）中，用 A_kx 和 D_kx 分别表示低频逼近信号 A_{j-k} 和高频细节信号 D_{j-k}。由于小波函数的正交性，这些分解频带相互独立，信息无冗余，也不疏漏。小波变换的这种分解方式，高频频带信号的时间分辨率高而频率分辨率低，低频频带信号的时间分辨率低而频率分辨率高。

在实际应用中，往往希望提高高频频带信号的频率分辨率。对于如何解决这一问题，小波包（wavelet packet）分析给出了解决问题的途径。小波包分析能够为信号提供一种更加精细的分析方法，它在全频带对信号进行多层次的频带划分，不仅继承了小波变换所具有的良好时频局部化优点，还继续对小波变换没有再分解的高频频带进一步分解，从而提高了频率分辨率，因此小波包更具有应用价值。图 5-33（b）是小波包信号分解频带划分的示意图。

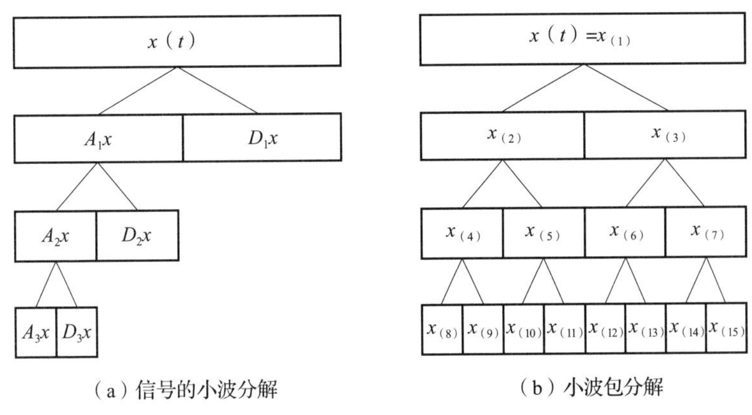

（a）信号的小波分解　　（b）小波包分解

图 5-33　小波分解及小波包分解示意图

由图 5-33 所示的信号小波分解和小波包分解可以看到，由于正交分解，每一个频带分解后的两个频带不交叠，输出的两个频带的带宽减半，因此采样率可以减半而不致引起信息的丢失。这是因为带通信号的采样率决定于其带宽，而不决定其频率上限。这就是 Mallat 在他的文献[68]里对信号分解引入“隔二抽取”的理由，用符号“↓2”表示。

小波包技术将信号无冗余、无疏漏、正交地分解到独立的频带内，每个频带里信号的能量对于机械动态分析与监测诊断都是十分有用的信息。因此，可采取小波包频带能量监测技术，即分解频带信号能量占信号总能量的分数，对机械系统进行动态监测。目前，国内外大都采用 FFT 频谱分析选取某些特征频率的幅值来进行监测诊断。这种方法相当于只考虑正弦振动的能量，而没有考虑其他振动的能量。频带能量监测应当涉及各频带里信号的全部能量，包括非平稳、非线性振动能量，如松动、摩擦、爬行、碰撞等，这些故障的特征波形往往是非平稳、非线性的，不能简单地用正弦分量来表示。小波包信号分解是将包括正弦信号在内的任意信号划归到相应的频带里，用每个频带里信号的能量来反映机械设备的状态。因此，用小波包频带能量监测更具有合理性，通过相应频带里能量比例的变化，可对机械设备进行有效的动态分析与监测诊断。

（三）小波分析在故障诊断中的应用

本节以汽轮发电机组轴瓦松动排故为例，说明小波分析在故障诊断中的应用。在某型 50 MW 汽轮发电机组大修结束后，对机组进行全面振动监测。在开机测试过程中，发现低压缸 4#轴瓦出现严重的振动超标，其振动波形如图 5-34 所示，波形杂乱上下不对称。

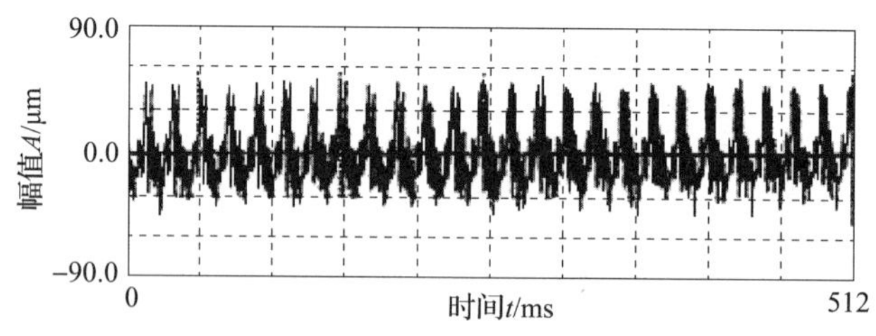

图 5-34 检修前 4#轴瓦垂直振动时域波形

对低压缸 4#轴瓦轴承座的振动信号在 0~1 000 Hz 频率范围内进行小波包 4 次分解，得到 16 个频带，每个频带的带宽为 62.5 Hz。如图 5-35 所示，上面用棒图展示出

了各个频带相对比例能量，下面展示了各频带分解的信号波形。

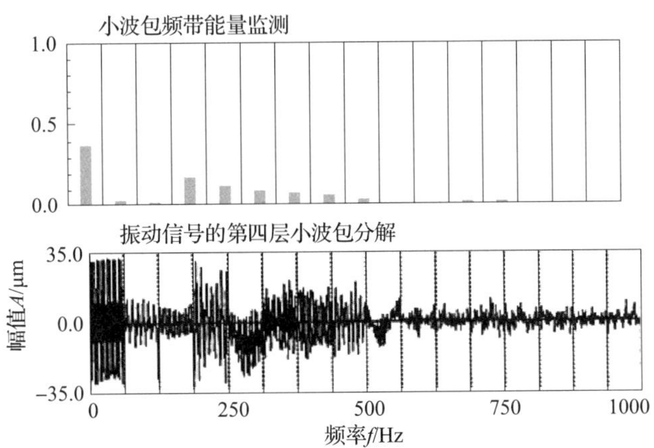

图 5-35 检修前 4#轴瓦垂直振动的小波包分解频带能量监测

借助小波包信号分解频带能量监测，发现在 187. 5 Hz（第三频带）以上频带的分解信号的波形杂乱，能量比例很大。初步诊断认为是轴瓦紧力不足和支撑不善的松动故障。图 5-36 是低压缸 4#轴瓦轴承座的振动信号的 FFT 频谱，从 100 Hz 到 500 Hz 频带内存在大量 2 倍工频直到 10 倍工频的谐波谱峰。

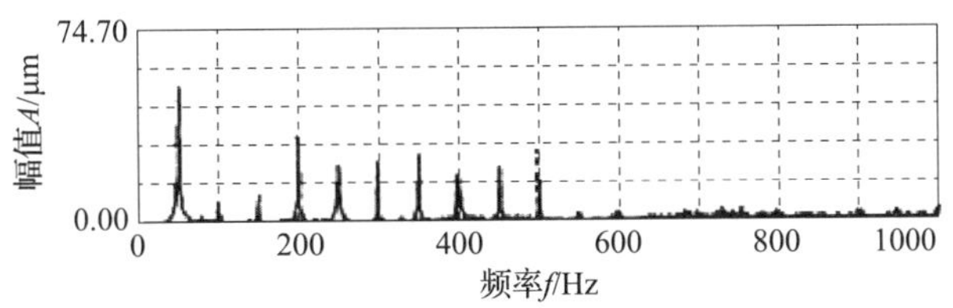

图 5-36 检修前 4#轴瓦垂直振动的 FFT 频谱

由如上分析可知，4#轴瓦垂直振动具有非平稳、非线性和有色噪声的特点。考虑到运行过程中，与 4#轴瓦相邻的 3#轴瓦和 5#轴瓦的垂直振动都不大，排除了机组高速不平衡及不对中等因素的影响，则问题集中在 4#轴瓦本身。诊断认为 4#轴瓦机械松动导致振动中产生非平稳、非线性成分，并因松动产生局部摩擦而在振动中出现有色噪声成分，要求检查轴瓦预紧力及垫铁与洼窝的支撑状况。

停机检修后按标准流程将 4#轴瓦预紧力增加，并开机试运行，发现 4#轴瓦检修后振动明显下降，松动故障现象有明显的改善。由此，小波包分解频带能量监测揭示了松动类故障的振动属性，为其故障诊断提供了理论支撑。

第四节　工程案例

考核知识点及能力要求：

- 了解基于数据分析技术的智能运维实例。
- 熟悉基于时域、频域、时频域分析方法的数据分析流程。
- 掌握面向简单实际工程问题的数据分析技术。

一、案例 1：精轧机齿轮多故障诊断的数据分析

冶金工业为现代制造业的重要部门，为维系国民经济命脉的其他重要产业部门提供基础工业原料，其技术发展与革新对国家工业竞争力具有深远影响。本节中将小波多尺度相邻系数降噪方法（以解析离散小波变换 ADWT 为例）应用于连轧机组机械传动链的微弱冲击性故障特征提取中。精轧机组生产线通常由若干精轧机架对轧制产品进行流水线作业。某钢铁制造商的 2050 精轧生产线的 F3 精轧机架传动链结构主要传动参数列于表 5-1。该机架的动力由 2 个 500 kW 直流电动机串联连接供给，经过单级斜齿轮减速箱后将扭矩分配给精轧机架上下驱动轧辊。

表 5-1　　单级减速齿轮箱的主要传动参数

项目	参数
齿轮箱传动比	65/22
齿轮箱输入轴的旋转速度/$r \cdot min^{-1}$	281. 3

续表

项目	参数
齿轮箱输出轴的旋转速度/$r \cdot min^{-1}$	98.3
齿轮啮合频率/Hz	103.2
齿轮副模数/mm	30
齿轮副中心距/mm	1 350
齿面宽/mm	560

在某次巡检中，从减速齿轮箱的振动信号时域统计指标趋势中发现振动水平呈现持续增长，尤其是测点 4 的增幅较大。在测点 4 上获取的振动加速度信号的采样频率为 5 120 Hz，所记录数据的采样长度为 4 096 个数据点。特别说明：在该测试中，振动加速度信号经过数采系统的一次硬件积分调理后，以振动速度信号形式存储。该测点上存储的振动速度信号及其频谱如图 5-37 所示。在其时域波形图 5-37（a）上出现了类似局部冲击的特征，但并不显著；而在其频谱上则主要出现了齿轮啮合频率的 2~4 次谐频，此外没有更显著特征。

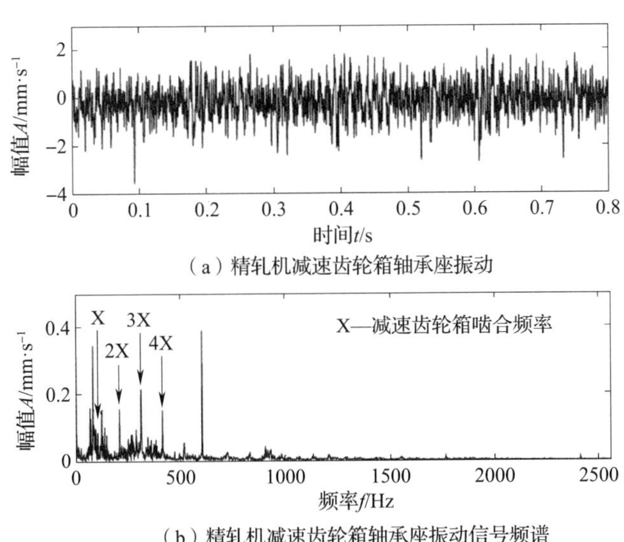

（a）精轧机减速齿轮箱轴承座振动

（b）精轧机减速齿轮箱轴承座振动信号频谱

图 5-37　精轧机减速齿轮箱高速端输入侧的振动信号及其频谱

采用双树复小波变换（DTCWT）对信号进行 6 层分解，所得到的各小波尺度信号如图 5-38 所示，其中在小波尺度 D5(80~160 Hz）上出现了较为明显的冲击特征，但分布较为凌乱，没有统一的周期性规律。采用基于 DTCWT 的相邻系数降噪算法对信号进行处理，得到的降噪结果如图 5-39 所示。其整体降噪结果的时域波形上出现了 10 个具有冲击特性的单元，这些冲击单元形状差异很大，类似于振动信号中的低频趋势项特征，但它们之间并没有精确的周期性间隔关系。

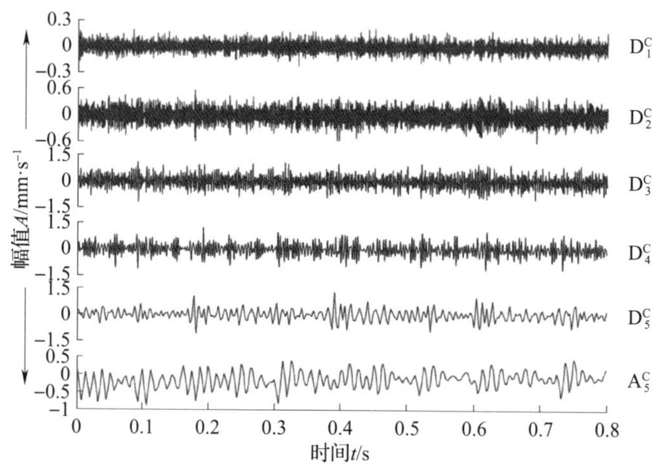

图 5-38　精轧机轴承座信号的小波分解结果

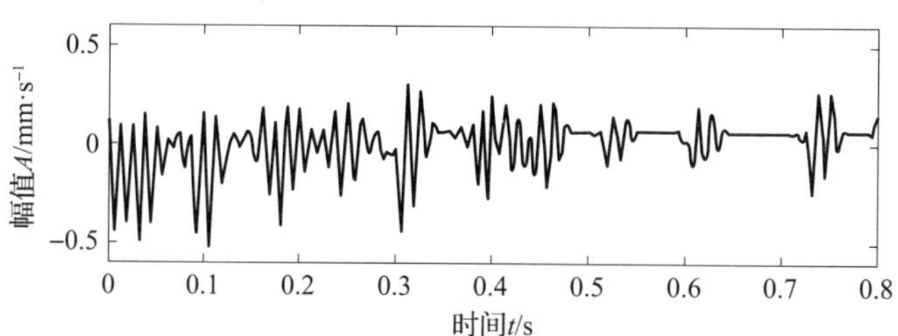

图 5-39　精轧机轴承座信号的 DTCWT 相邻系数降噪结果

对图 5-38 中 DTCWT 分解过程得到的小波系数序列进行多尺度相邻系数收缩降噪。各尺度的降噪结果中，具有较强周期性冲击特征的降噪结果（小波尺度 D_4^C 和 D_5^C）如图 5-40 所示。

图 5-40 中的小波尺度 D4（理论通带为［160，320］Hz）的降噪结果中出现了许多暂态冲击性特征，但幅值十分微弱，且没有一致的周期性间隔，因此不能作为诊断依据。而在小波尺度 D5（理论通带为［80，160］Hz）中则出现了平均间隔为 0.2129 s（对应的频率为 4.697 Hz）的冲击特征并且冲击幅值都较大，这一特征频率与减速齿轮箱输入轴（高速端）的工作频率接近。从这一诊断信息可以初步判断高速端上的大齿轮存在损伤。

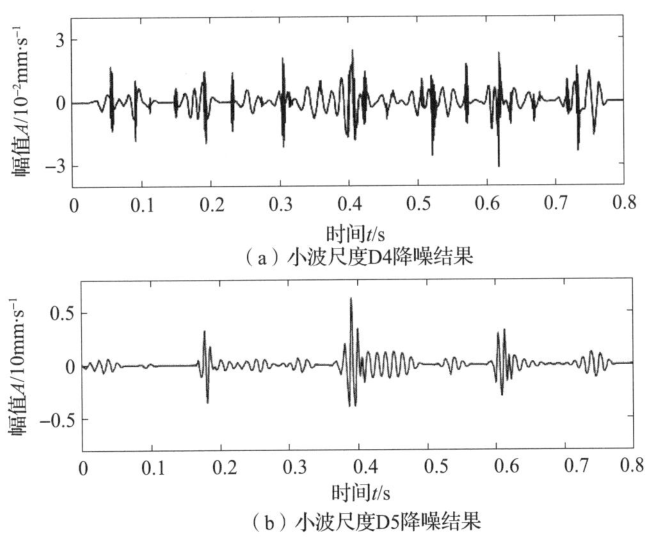

（a）小波尺度D4降噪结果

（b）小波尺度D5降噪结果

图 5-40　精轧机轴承座信号部分小波尺度降噪结果

由于基于 DTCWT 的多尺度邻域降噪方法的处理结果中冲击特征的数量较少，难以给出肯定的结论，因此采用双密度双树复小波变换（DDCWT）对信号进行分解和降噪。精轧机架轴承座信号的 5 层 DDCWT 分解结果如图 5-41 所示，其中在小波尺度 D_3^C 和 D_4^C 表现出一定的冲击特性成分。对信号进行整体 DDCWT 相邻系数降噪，结果如图 5-42 所示，其中出现了 6 个显著的冲击性单元（$I_1 \sim I_6$），但冲击单元之间的出现间隔并不一致。通过对其出现间隔进行计算可以发现 I_{2i-1} 与 I_{2i}（$d_{3,5}^{(\cdot)}$）的间隔相同，所有 I_{2i-1} 的间隔是一致的，另外 I_{2i-1} 的出现时刻与图 5-41 中三个冲击特征出现时刻高度吻合。

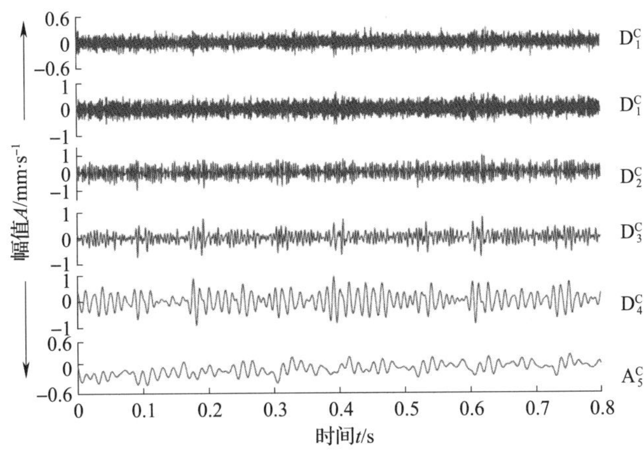

图 5-41　精轧机轴承座信号的 DDCWT 分解结果

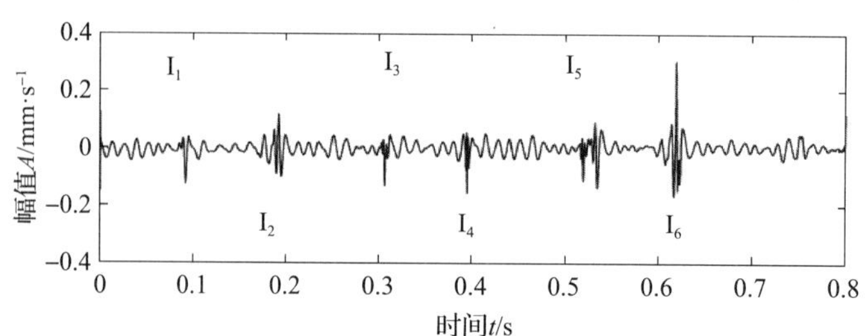

图 5-42　精轧机轴承座信号的 DDCWT 相邻系数降噪结果

由于图 5-41 中的 6 个冲击单元受到低频振动成分的干扰，所以对各小波尺度分别实施相邻系数降噪，结果如图 5-43 所示。如图 5-43（a）所示在小波尺度 f1 上可以清楚地观察到 7 个冲击单元，前 6 个冲击单元与图 5-42 中所示的降噪结果一一对应，另外还可以发现在 0. 735 4 s 的时刻出现了一个之前未被检测到的冲击单元。并且可以发现能量较弱的一组冲击单元的间隔为 0. 213 9 s；而另外一组能量较强冲击单元的间隔为 0. 213 3 s。从数值上判断，它们都十分接近减速器高速端的旋转频率。此外在图 5-43（b）中能够更为清晰地辨识出两组不同冲击单元之间的差异，即 G1 单元能量较小、衰减较快，而 G2 单元能量较大、衰减较慢。由于降噪方法对小波系数进行了收缩，难免导致特征发生变化，但对比图 5-43 中子图可以知道 G1 和 G2 中各单元的一一对应关系。

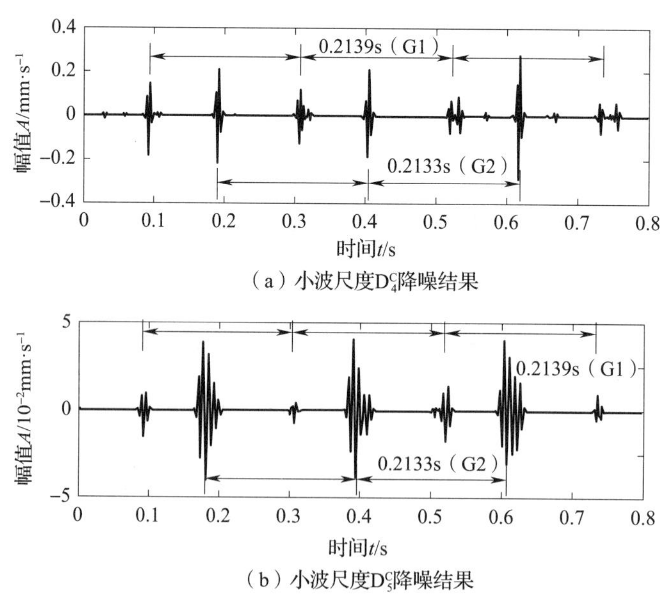

（a）小波尺度D_4^C降噪结果

（b）小波尺度D_5^C降噪结果

图 5-43　精轧机轴承座信号的 DDCWT 多尺度相邻系数降噪结果

基于以上降噪结果中得到的诊断信息，我们可以判断减速齿轮箱高速端齿轮出现了多处损伤故障。反馈诊断信息后，工作人员在一次例行的大修中对齿轮箱进行拆箱检查，果然发现高速端齿轮上的两个齿面发生了损伤，两齿面在节圆上相距 9 个齿距。齿轮损伤的现场照片如图 5-44 所示。检查结果验证了诊断信息的正确性。在本例中无论采用 DTCWT 或 DDCWT 都无法直接在小波尺度信号中识别出故障特征，而利用整体的相邻系数降噪法后却引入了无关成分的干扰，只有在采用多尺度相邻系数降噪后才提取出了显著的特征，并且由于 DDCWT 时频特性与故障特征吻合，准确地识别了其中的多故障特征。

图 5-44　精轧机齿轮箱损伤照片

二、案例 2：机床刀具磨损的健康监测

在现代加工技术中，刀具至关重要，直接影响加工质量。而智能运维系统将为刀具的可靠性评估提供可行路径，本节以机床刀具磨损振动分析为例，阐明基于智能运维实现健康评估的流程，即通过数据分析方法实现监测信号的指标统计及特征提取，并将其输入评估模型实现刀具的健康监测。

对于数控车床加工刀具，在 ISO 3685、ISO 8688、ANSI/ASME B94.55M、GB/T 16461 等标准中对其失效定义和寿命估计都是以磨损区域某点的值作为基准，最常用的指标是后刀面磨损量，这些数据都需要通过直接法（借助工具显微镜或 CCD 相机）测量。但是直接法存在价格昂贵、间断测量、干扰加工等缺点，因此以振动、声发射、切削力、扭矩信号等为研究对象估计刀具磨损状态的间接法得到了很大发展，并提取出很多与刀具磨损相关的敏感特征，下面具体分析。

（一）机床刀具可靠性测试实验

1. 刀具磨损形式及磨钝标准

刀具磨损主要与工件材料、刀具材料的机械物理性能和切削条件有关。刀具磨损按其发生的部位分为下面三种类型，磨损形态如图 5-45（a）所示。

（1）前刀面磨损（月牙洼磨损）。磨损开始发生在前刀面上距刀刃一定距离处，并逐渐向前、后扩展，形成月牙洼。随着磨损的加剧，主要是月牙洼逐渐加深，洼宽变化并不是很大。但当洼宽发展到棱边较窄时，会发生崩刃。磨损程度用洼深 *KT* 表示，如图 5-45（c）所示。

（2）后刀面磨损。后刀面磨损的特点是刀具后刀面上出现与加工表面基本平行的磨损带，如图 5-45（b）所示。磨损带可分为 C、B、N 三个区：C 区是刀尖区，由于散热差，强度低，磨损严重，最大值用 *VC* 表示；B 区处于磨损带中间，磨损均匀，最大磨损量用 *VB*max 表示；N 区处于切削刃与待加工表面的交汇处，磨损严重，此区域的磨损也叫边界磨损。

（3）破损。用脆性大的刀具材料制成的刀具进行断续切削，或者加工高硬度的材料时，刀具都容易产生破损。

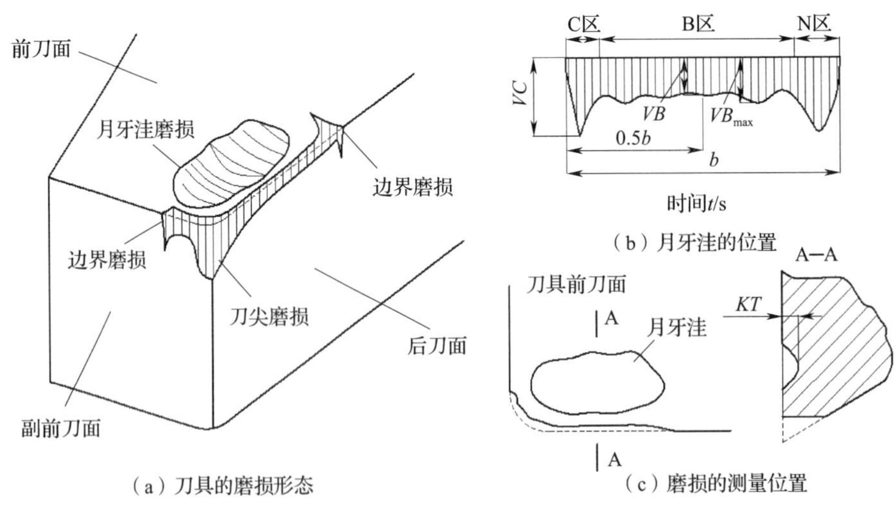

图 5-45　车刀的磨损

目前，国内外研究人员都将后刀面磨损量作为测量刀具磨损量的基准，国际标准ISO 3685—1977统一规定以1/2背吃刀量处测得的磨损宽度*VB*作为刀具的磨钝测量基准，如图5-45（b）中0.5*b*处所对应的磨损量。对照国际标准，在本次实验中，将*VB*设为0.6 mm作为外圆车刀加工碳钢的精车磨钝标准，即刀具的失效阈值为$V_t=0.6$ mm。

2. 实验过程

在线采集车刀的振动信号和声发射信号、主轴电机和Z向伺服电机电流信号，测量车刀后刀面的磨损量数据和工件表面粗糙度数据。通过对车刀加工过程中的各种状态信号的采集，为刀具系统可靠性评估提供数据基础。图5-46为实验测试系统框图。实验中采集的信号及仪器参数见表5-2。

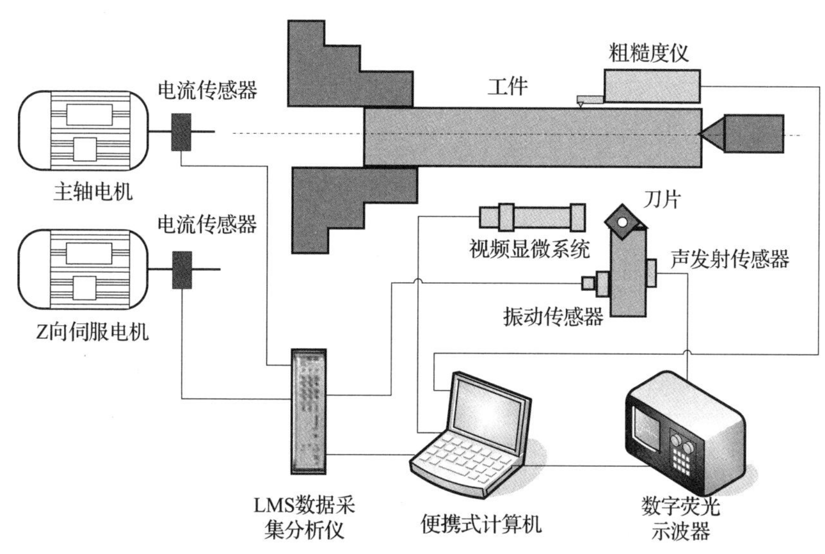

图5-46　刀具切削实验系统框图

表5-2　　实验采集的信号及仪器

信号类型	传感器及其参数
振动信号	加速度传感器：PCB ICP352C34，采样频率：32 768 Hz
声发射信号	声发射传感器：Kistler 8152B，耦合器：Kistler 5125
主轴、Z向伺服电机电流信号	霍尔夹钳式电流传感器：GAA-KY1，采样频率32 768 Hz
表面粗糙度	SJ-201型表面粗糙度测量仪
刀具磨损量	MZDH0670系列变倍单筒视频显微系统，分辨率：0.01 mm

图 5-47 为试验现场照片，试验采用的机床为台湾友嘉精机 FTC-20 型数控车床，机床行程 X 向 175 mm，Z 向 380 mm，主轴转速 45~4 500 r/min，主轴电机额定功率 11 kW，所用数控系统为西门子 SINUMERIK 840D 型。

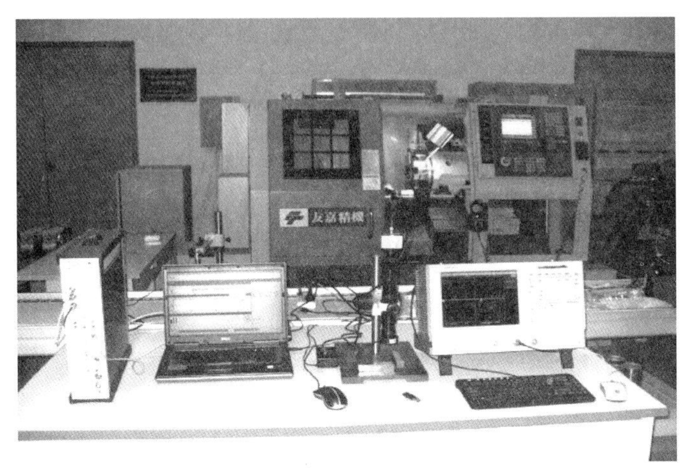

图 5-47　试验现场

图 5-48 为实际测试所用视频显微系统以及声发射传感器、振动传感器布置图。振动传感器和声发射传感器都配有磁座，可以自动与刀柄紧贴。数据采集设备主要有 TDS5032B 数字荧光示波器和 LMS 数据采集系统，如图 5-49 所示。电流传感器为环状结构，安装时只要将主轴电机的电源线穿过环中即可，如图 5-50 所示。工件表面粗糙度的测量主要采用 SJ-201 型表面粗糙度测量仪，如图 5-51 所示，其探头最大平移范围 12.5 mm，测量范围±150 μm。刀具磨损量采用直接法测量，先通过显微装置和 CCD 照相机将磨损表面的微观形貌记录下来，通过 USB 接口直接与计算机相连，将刀具的磨损区域的微观形貌传输到计算机上，通过安装在显微镜后端的测量标尺，在计算机屏幕上就可以对刀具的磨损情况进行读数和拍照。图 5-52 为显微系统观察到的第 12 把刀具的后刀面磨损量随加工时间的变化图。本次实验共采集了 13 把刀具的运行信号，其中振动信号，声发射信号和电流信号为实时在线采集方式，磨损量、表面粗糙度和寿命数据为间歇性的在线测量方式。由于刀具的个体差异，各把刀具的状态信号和寿命数据都有所不同。

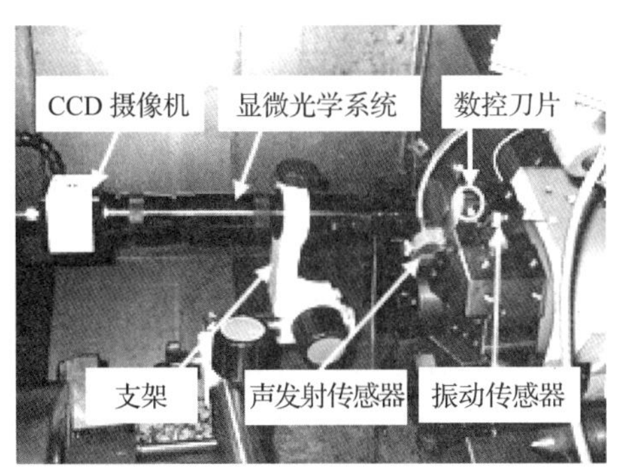

图 5-48　传感器布置图

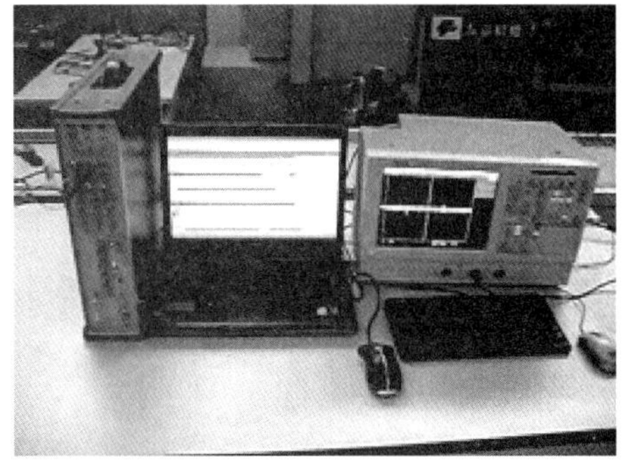

图 5-49　数字荧光示波器和 LMS 数采系统

图 5-50　霍尔夹钳式电流传感器安装位置

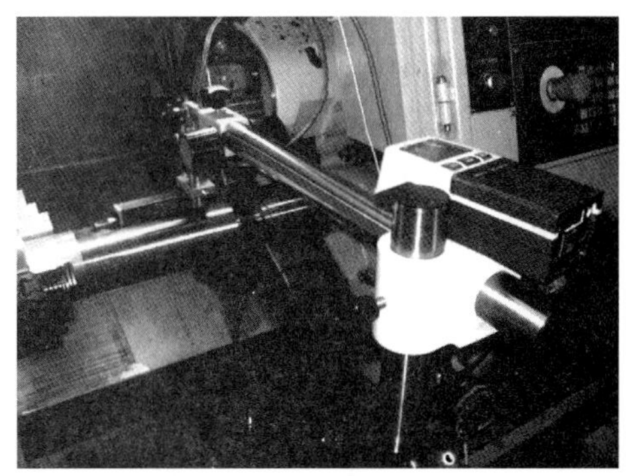

图 5-51　工件表面加工质量测量

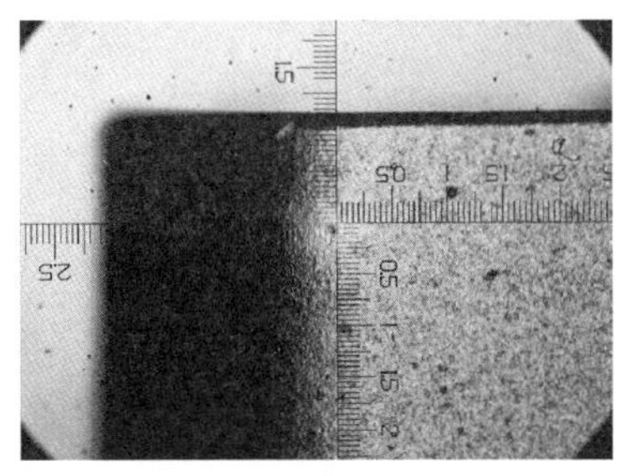

（a）新刀

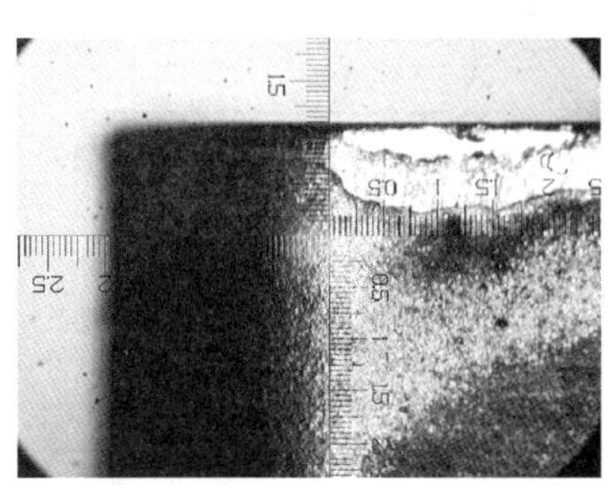

（b）加工69min，磨损量0.28mm

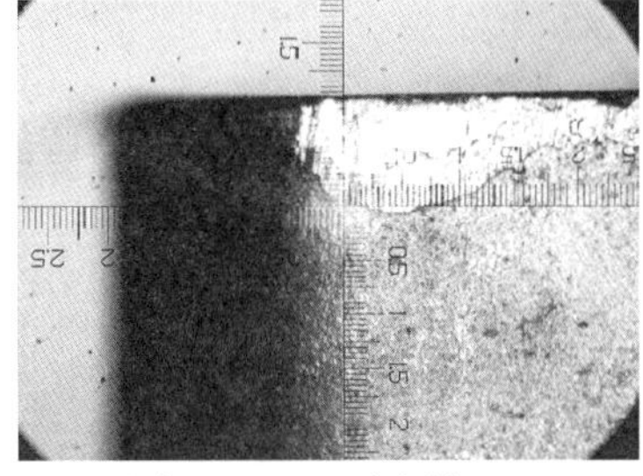

（c）加工83min，磨损量0.46mm

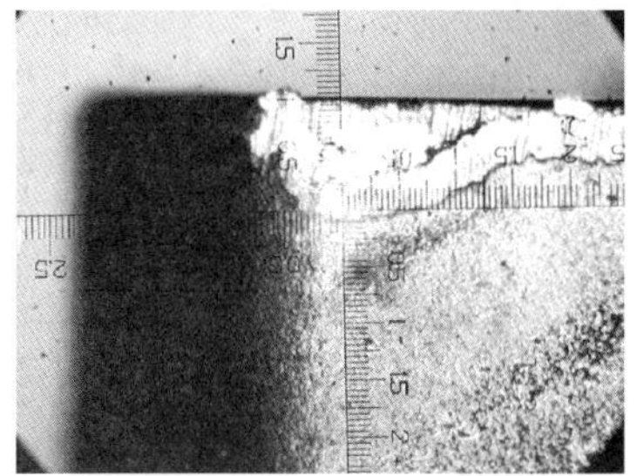

（d）加工99min，磨损量0.61mm

图 5-52　第 12 把刀具的后刀面磨损量随加工时间的变化图

（二）基于振动信号的刀具可靠性评估流程

振动测试作为一种刀具磨损量间接测试手段，由于费用低、操作简单、可在线连续测量等优点而被广泛应用。虽然数控车床在运行时主轴具有稳定的旋转频率，但是在切削加工过程中，刀具与工件始终是相互接触的，其振动信号没有类似旋转机械故障的调幅调频现象出现，所以不可能通过查找某些特征频率或其幅值变化的方法进行分析。研究发现，与刀具磨损相关的特征主要集中于某些特定频带上，随着磨损程度不同，频带特征也发生相应的变化。因此可以利用时频分析技术先对刀具振动信号进行分解，找出这些特定频带及频带上的显著特征，然后结合一些评估模型（此处以 Logistic 回归模型作示例，下一章节智能诊断中将对健康评估及智能诊断方法详细解读）进行可靠性评估。其中，针对刀具的特征提取是实现可靠性评估的重要基础，此节做主要介绍。可靠性评估主要步骤如图 5-53 所示，其具体步骤如下：

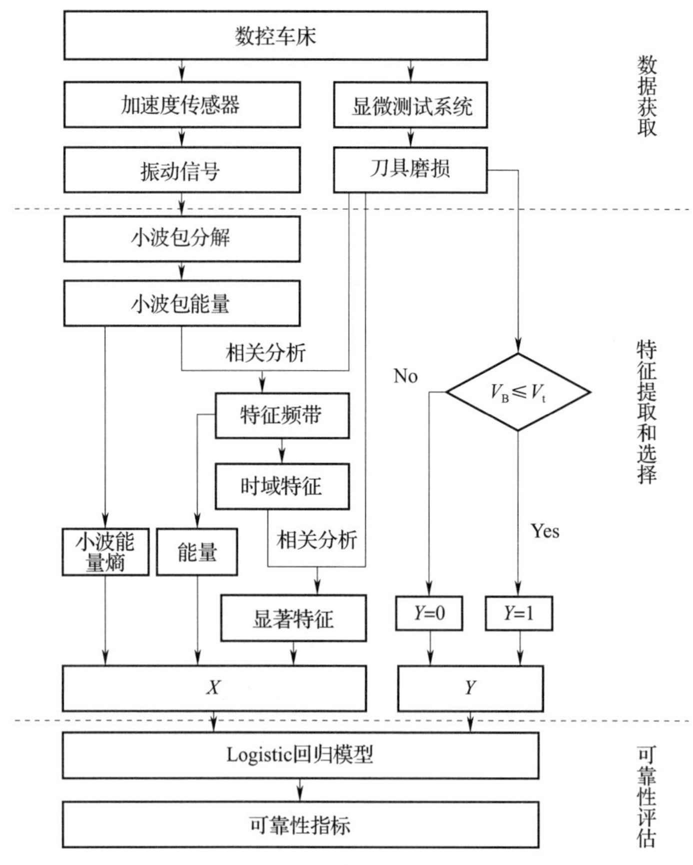

图 5-53　Logistic 回归模型可靠性评估过程

步骤 1：信号获取。通过试验获取车刀加工过程中的振动信号和相应磨损量数据。

步骤 2：信号分析和特征提取。利用正交小波基函数对振动信号进行小波包分解，对各频带能量变化与刀具磨损量进行相关分析，找出刀具磨损量特征频带；计算特征频带信号时域特征，与刀具磨损量进行相关分析，提取刀具磨损量显著指标；以相关系数大小为依据，选取合适的频带能量、能量熵、时域指标组成输入特征矢量；参照相应标准，确定刀具失效阈值和刀具状态。

步骤 3：基于步骤 2 所得到的特征数据利用某些方法实现可靠性评估及剩余寿命预测，指导生产维修决策。

（三）刀具振动信号分析与特征提取

1. 时域特征

车刀从锋利到磨钝的过程中，其振动信号的幅值和分布都会发生变化，这个过程可以通过某些时域指标反映出来，本章共提取了 11 个时域指标，分别为：均值 x_{m}、峰值 x_{p}、方根幅值 x_{ra}、方均根值 x_{rms}、标准差 x_{std}、偏斜度指标 x_{ske}、峭度指标 x_{k}、峰值指标 x_{c}、裕度指标 x_{ma}、波形指标 x_{sha} 和脉冲指标 x_{i}。前 4 个参数揭示振动信号的幅值和能量变化，后 7 个参数反映了信号的时间序列分布情况。

2. 相关分析

虽然以上特征从不同方面表征了刀具磨损状态，但表征的程度不同，选取其中的显著特征，剔除不相关或冗余特征，不仅可以提高评估的准确性，而且可以避免维数灾难，本章中所采用的特征选取方法为相关分析，分别求出不同特征与刀具磨损量变化间的相关系数，选择相关度较高的特征作为可靠度评估的显著特征。

两个同维矢量 $\boldsymbol{X}$ 和 $\boldsymbol{Y}$ 的相关系数 $C(\boldsymbol{X},\ \boldsymbol{Y})$ 可由式（5-63）计算求得：

$$C(\boldsymbol{X},\ \boldsymbol{Y})=\frac{(\boldsymbol{X}-\bar{\boldsymbol{X}})(\boldsymbol{Y}-\bar{\boldsymbol{Y}})}{\sqrt{(\boldsymbol{X}-\bar{\boldsymbol{X}})(\boldsymbol{X}-\bar{\boldsymbol{X}})'(\boldsymbol{Y}-\bar{\boldsymbol{Y}})(\boldsymbol{Y}-\bar{\boldsymbol{Y}})'}} \tag{5-63}$$

式中，$\bar{\boldsymbol{X}}$ 和 $\bar{\boldsymbol{Y}}$ 分别为 $\boldsymbol{X}$ 和 $\boldsymbol{Y}$ 的平均值。C 值的范围在 -1 到 $+1$ 之间，当 $C>0$ 表示正相关，$C<0$ 表示负相关，$C=0$ 表示不相关。C 的绝对值越大，表示相关程度越高。

3. 振动信号时频分析

实际加工过程中引起刀具振动的原因很多，如切削过程中的摩擦力变化、积屑瘤的时生时灭、金属材料内部的硬度不均匀、刀具磨损及其他因素，所以对振动信号分析的主要目的在于提取刀具磨损的显著特征。试验总共测取了 12 把刀具振动信号和磨损量变化数据。假设所有刀具的磨损机理相同且振动特性相同，不失一般性，以第 4 把刀具为例，对其振动信号进行分析。图 5-54 为刀具加工到 73 min 时刀具的振动信号频谱，信号采样频率为 32 768 Hz，由图中可以看出，信号的能量主要集中于 2 000~4 000 Hz、7 000~10 000 Hz 两个频带之间。

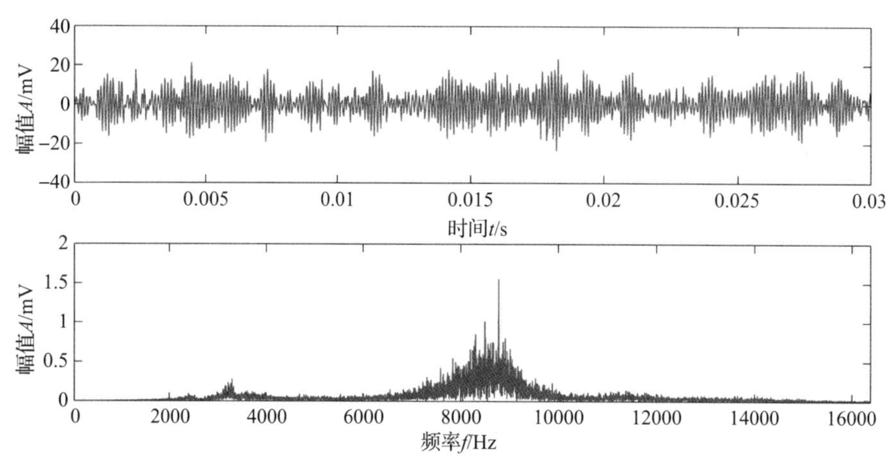

图 5-54　第 4 把刀具加工到 73 min 时刀具的振动信号频谱

按分析步骤，为了观察各频带信号特征的变化，利用 db10 小波对原始信号进行 4 层小波包分解，得到 16 个频带，图 5-55 中为振动信号小波包分解后所得到的前 8 个频带的时域波形和频谱图。

为了观察各频带能量随加工时间变化而变化的过程，按公式可计算出刀具 4 在不同采样时刻的归一化小波能量谱，如图 5-56 所示。从图中可以看出信号能量主要集中在频带 7~10 之间，且频带 9 上的能量最大，随着加工时间的增大，信号的能量逐渐从高频向低频转移，即从第 8~9 频带向 3~7 频带转移，而第 11 频带以上的信号能量变化不大。

图 5-57 所示为第 4 把刀具第 7 频带能量、第 9 频带能量、小波能量熵、刀具磨损量随时间变化过程，从时间 $t=69\sim93$ min，第 7 频带的能量比从 0.02 增加到 0.13，而第 9 频带能量比从 0.48 降到 0.30，由于能量趋向于均匀分布，也可以看出小波能量熵是逐渐变大的，三个特征的趋势都非常明显，且与刀具磨损量间有很强的相关性。

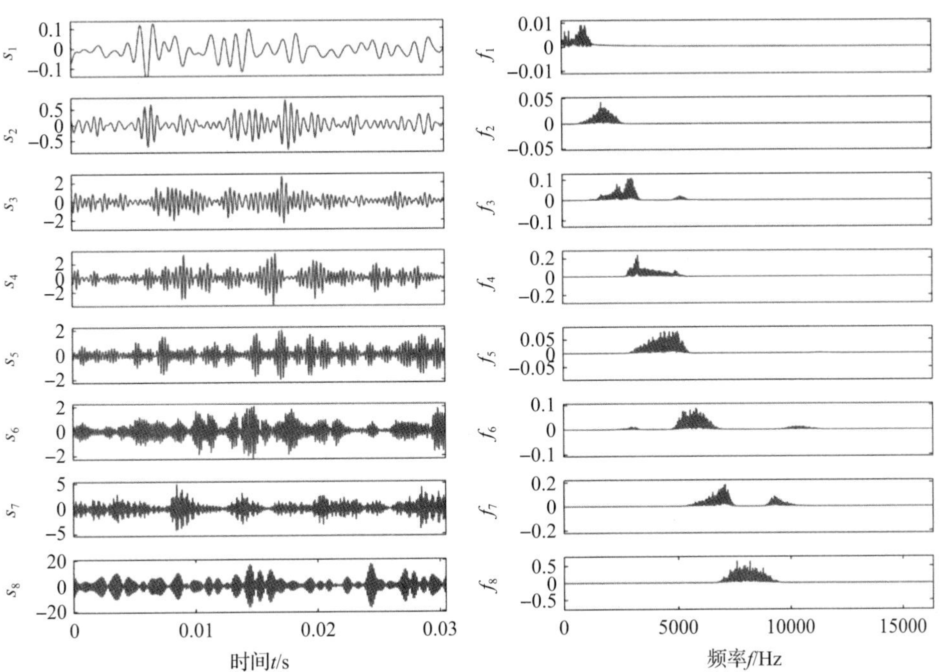

图 5-55 刀具振动信号小波包分解后所得到的前 8 个频带的时域波形和频谱图

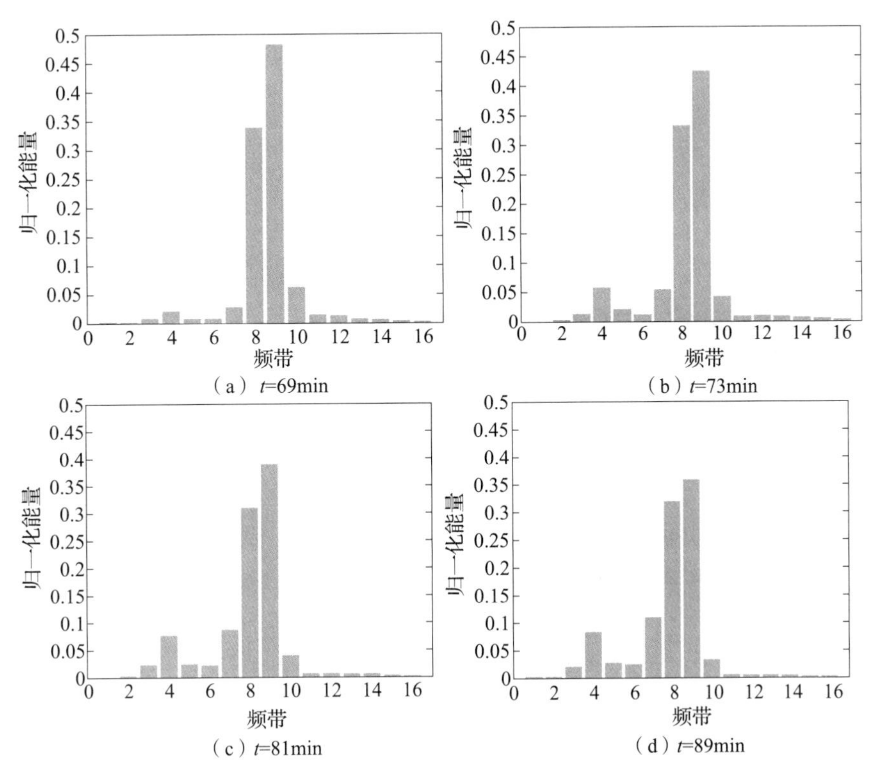

图 5-56 刀具 4 在不同采样时刻的归一化小波能量谱

对其他刀具也采用同样的分析步骤，可以得到类似的结论，这也证明了我们之前的假设。对各频带能量变化与刀具磨损量进行相关分析，并对所得到的相关系数进行平均，以消除单一刀具计算可能带来的随机性。结果如图 5-57 所示，发现第 7、9 频带能量及小波能量熵变化与磨损量变化的相关程度较高，都达到了 0.6 以上，其中第 7、9 频带相关系数达到了 0.7 以上。为了提取更多显著性特征，对小波包分解所得到的第 7、9 频带信号进行了时域特征参数计算，即有量纲指标及无量纲指标计算。同样，也可求出各特征参数的变化量与刀具磨损量变化间的平均相关系数，如图 5-58 所示。

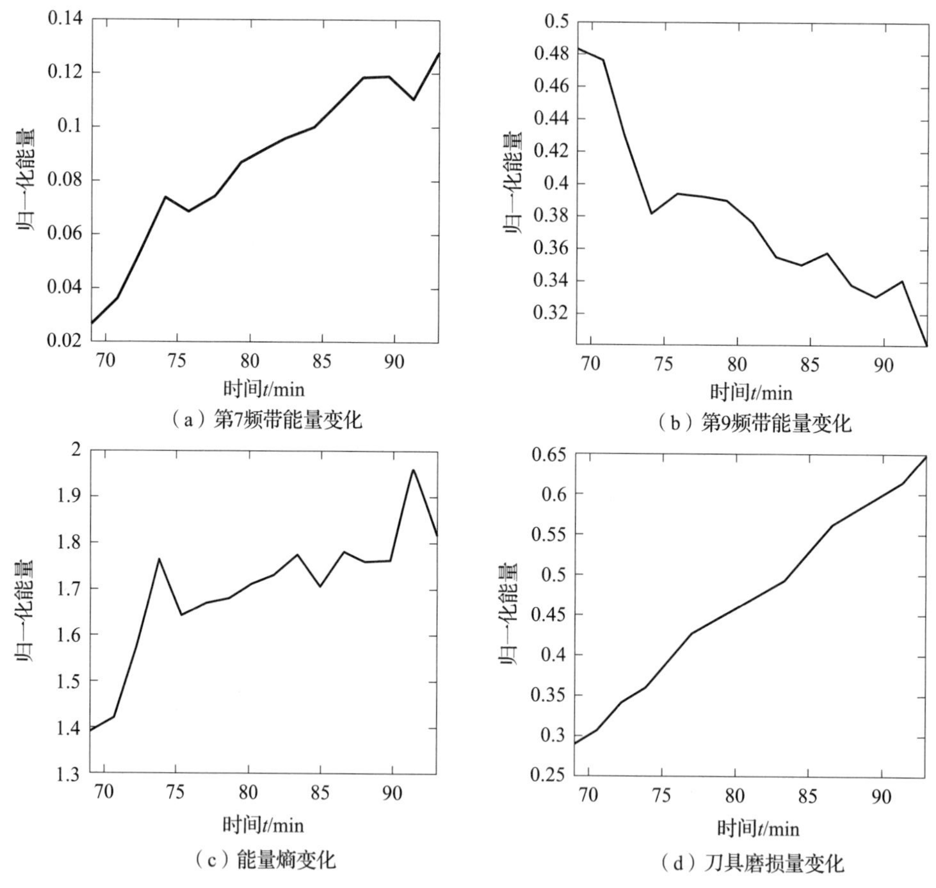

图 5-57　刀具 4 状态特征参量变化过程

图中，第 7 频带上的 4 个参数 x_{m7}，x_{ra7}，x_{rms7} 和 x_{std7} 的相关系数都大于 0.6。综合小波包能量、能量熵和时域指标分析结果，确定以相关系数大于 0.6 的 8 个指标作为

Logistic 可靠性模型输入矢量 $\boldsymbol{X}=(x_{m7}, x_{ra7}, x_{rms7}, x_{std7}, P_4, P_7, P_9, I)'$，完成可靠性评估，结果如图 5-59 所示。

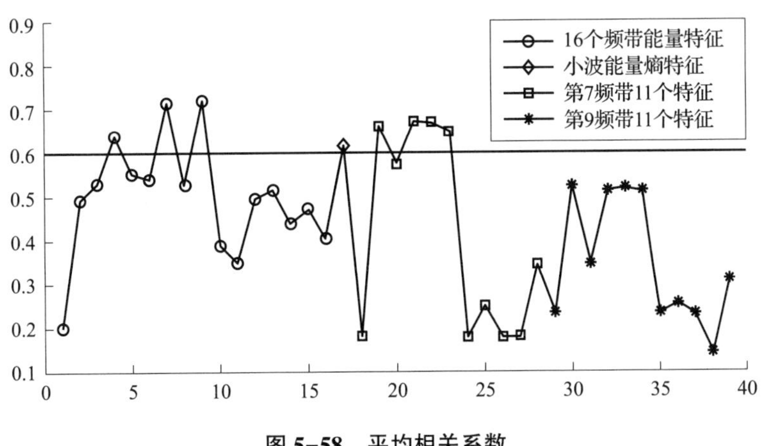

图 5-58　平均相关系数

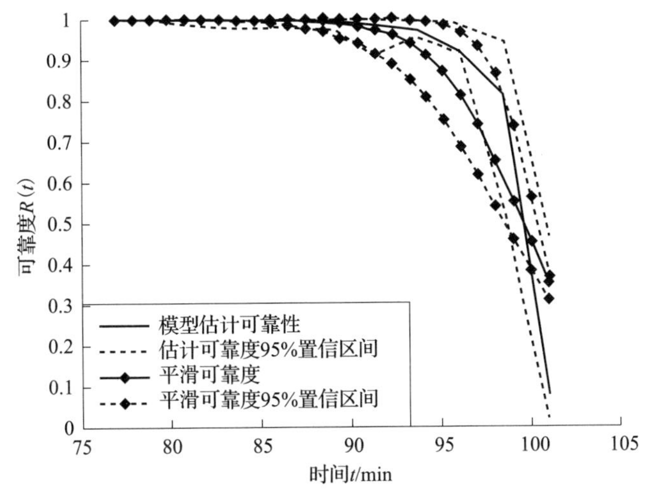

图 5-59　估计的可靠性指标（V_t=0.6 mm）

综上，以数控机床刀具的健康监测为背景，瞄准基于振动测试及刀具磨损的可靠性评估，开展了包含信号测试、数据分析、特征提取、健康评估等全流程在内的智能运维系统示例。其中，数据分析技术是智能运维的关键支撑技术，通过小波分析及统计指标计算，提取构建了特征参数变化量同刀具磨损量的映射关系，为刀具的可靠性评估及智能运维系统架构提供了关键支撑。

实验——面向机械装备滚动轴承故障诊断的数据分析

（一）实验目标

1. 理解机械故障诊断数据采集—获取—分析的全流程；

2. 熟悉基本时域、频域、时频域分析的算法实现；

3. 掌握基于时/频域数据分析方法开展故障诊断的基本流程和操作。

（二）实验环境

1. 硬件：PC 电脑一台；

2. 软件：Matlab 或 Python。

（三）实验内容及主要步骤

实验内容：

用 Matlab 或 Python 编程实现时域统计指标、频谱分析、小波分析的子程序代码，并编程实现采集数据的分析处理，计算振动趋势，提取故障特征，并实现故障诊断。通过基于时/频域方法开展数据分析、特征提取、故障识别全流程操作，掌握机械故障诊断的方法与策略。最终撰写实验报告，总结数据分析过程、中间分析结果及故障诊断结论，并附实验中用到的程序代码及其功能说明。

实验步骤：

1. 选择西安交通大学共享的“XJTU-SY 滚动轴承加速寿命试验数据集”（数据来源：https://www.mediafire.com/folder/m3sij67rizpb4/XJTU）作为数据分析对象，仔细阅读共享数据配套的数据说明“XJTU-SY 滚动轴承加速寿命试验数据集解读”，详细解读数据集特征（包括数据类型、实验工况、采样频率、轴承失效类型等），并选择一组或几组待分析数据。

2. 通过书籍及文献资料查询，获取滚动轴承故障特征频率的计算方法，并结合实验工况及轴承参数，计算轴承各故障类型（内圈、外圈、滚动体、保持架）的故障特征频率。

3. 时域指标分析：通过编写的时域统计指标（有量纲和无量纲指标）程序代码，

对选取的数据进行统计指标计算，并画出全寿命期的指标变化趋势。分析振动信号演变规律及各统计指标对轴承振动的显示效果，并对轴承失效阶段进行判别。

4. 故障特征分析：分别选择一组正常阶段及失效阶段的数据，利用编写的程序代码对数据进行频谱分析、包络谱分析及小波分析处理，提取并分析信号中的特征频率，结合步骤 2 中的滚动轴承故障特征频率计算结果，诊断轴承故障类型，并与共享数据集对应的失效结果比对。

5. 撰写实验报告：基于实验数据解读、故障特征频率计算、信号分析、故障诊断全操作流程，形成实验报告，详细总结数据分析过程、中间分析结果及故障诊断结论，并附实验中用到的程序代码及其功能说明。

练习题

1. 结合实际信号分析，对比各常用时域统计指标的优缺点和适用场合，总结装备故障诊断中常用的敏感指标。

2. 阐明信号频谱的含义及其计算方式，并对比周期和非周期信号的频谱异同。

3. 阐明信号包络谱的计算方式，并分析包络谱分析的适用场合。

4. 阐明短时傅立叶变换的原理及其计算方式，并依据示例解读时频图。

5. 阐明经验模式分解的含义，并描述经验模式分解的原理。

6. 描述小波变换的原理及其操作方式，分析小波分解的适用信号，并对比小波及小波包分解的异同。

7. 针对某一机械故障信号，以时域、频域及时频域方法对其进行分析，总结不同方法获得的有效信息，并尝试给出一般信号分析的通用流程。

第六章 智能诊断

智能诊断有别于模型驱动的传统数据分析方法，它从数据驱动的角度下提出了崭新的数据分析方法，在大数据时代的智能运维工程实践中扮演着日益重要的角色。常见的智能诊断方法有神经网络、支持向量机等。本章主要介绍神经网络、支持向量机以及其工程实例。

- **职业功能：**装备与产线智能运维。
- **工作内容：**实施装备与产线的监测与运维。
- **专业能力要求：**能进行装备与产线单元模块的维护作业；能进行装备与产线单元模块的故障告警安全操作。
- **相关知识要求：**神经网络的基本原理；支持向量机的分类和预测算法；神经网络和支持向量机的基本流程。

第一节 神经网络

考核知识点及能力要求：

- 了解常见的神经网络结构。
- 熟悉神经网络的基本原理。

神经网络（neutral network，NN）是一种非线性动力学网络系统，具有高度的并行分布式处理、联想记忆、自组织、自学习和极强的非线性映射能力，在智能控制、模式识别、信号处理、故障诊断等众多领域都有广泛的应用。NN 两个主要的特性（即学习和泛化的能力）使其成为一个能解决预测问题的有力工具。学习的过程依赖于提供的训练数据，用学习算法来调整网络权重。在训练结束后，网络将对通过输入层输入的新数据进行识别，给出合适的输出结果，这就是泛化的结果。找到合适的 NN 权重，使得 NN 输出的结果和预期结果的差别最小是学习算法的一个主要工作。其中 BP（back propagation）网络是一种前馈多层网络，利用误差反向传播算法对网络进行训练，具有结构简单、可调参数多、训练方法多、可控性好等优点。BPNN 可从数据中自动总结规律，把具有复杂因果关系的物理量在经过适当数量的训练之后比较准确地反映出来，并可用总结出的规律来预测未知的信息。据统计，在人工 NN 的实际应用中，80%~90%的人工 NN 模型采用 BPNN 或它的变化形式，体现了人工 NN 最精华、最完美的部分。

一、网络模型结构

BP 网络结构如图 6-1 所示。这种模型的特点是：一个典型的多层网络由一个输入层、一个输出层以及一个或若干中间层（即隐含层）组成。它是带监督学习的前向网络，网络中的每个单元从前层所有单元接收到信号，经加权处理后输出到下一层的单元。网络输出由各连接处的连接权值和阈值完全确定，按照减小目标输出与实际输出之间误差的方向，从输出层反向经过各中间层回到输入层，从而修正各连接权值和阈值。这种算法称为“误差反向传播算法”，即 BP 算法。一旦网络学习训练完毕，就可以用来预测此类问题的其他情形的输出。

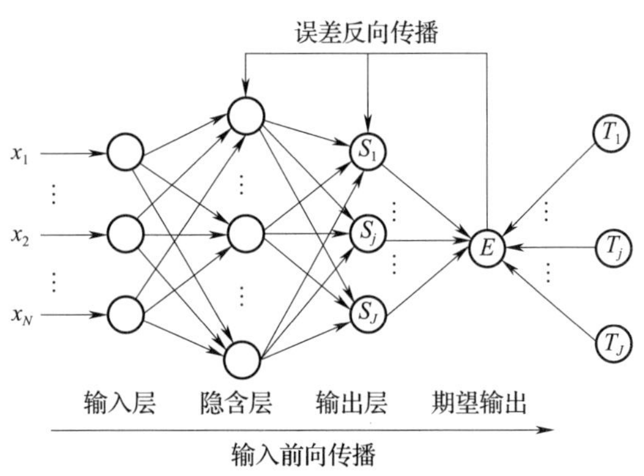

图 6-1　BP 神经网络模型结构

理论上证明，多层前向网络能够以任意精度逼近任意有限维的非线性映射，这就为可靠性分析的数据驱动方法提供了解决途径。

人工神经网络是目前最为常用的人工智能方法。对于最基础的人工神经网络，其包含了三个部分：输入层、隐藏层和输出层。因为无法计算对应的值，隐藏层内的神经元称为隐单元。人工神经网络是一种基于多个简单处理器或神经元的智能技术，如图 6-2 所示。其中标有“+1”的圆圈为截距项，被称为偏差单元。图 6-2（a）是一个人类生物学的神经元，图 6-2（b）是一个人工神经网络的简单模型，其中 a_{ij} 代表第 i 层的第 j 个神经元。

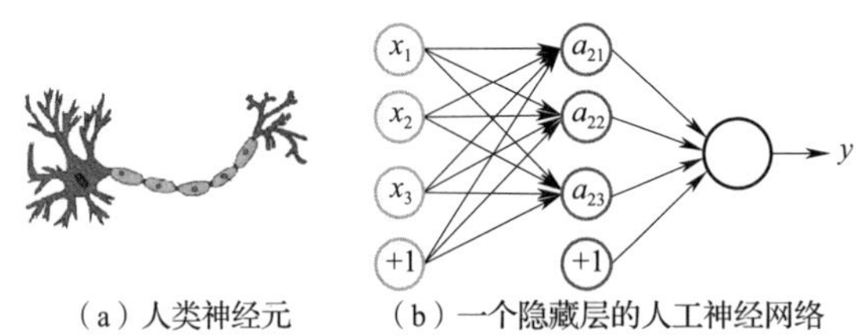

图 6-2　人类神经元与具有一个隐藏层的人工神经网络

人工神经网络中的神经元是一个以 x_1，x_2，x_3 和一个偏差项为输入的计算单元，其输出 y 可以通过下式计算得到：

$$y = f(W^{\mathrm{T}}x) = f\left(\sum_{i=1}^{3} W_i x_i + b\right) \tag{6-1}$$

其中 f 是激活函数，通常选用 sigmoid 函数；W 是人工神经网络的参数（或称为权

重)；b 是一个标量。神经网络将许多个神经元相互联系起来，其中一个神经元的输出可以是另一个神经元的输入。基于一个已知的“输入-输出模式”，参数 W 可以通过迭代过程训练得到。

人工神经网络是一个试图成为神经相关表现的算法，例如从经验中学习或根据类似情况进行概括等。

二、BP 网络学习规则

BP 网络学习规则由两阶段过程组成：信息的正向传递输出与误差的反向传播调整。在正向传播阶段，输入信号从输入层经隐含层逐层处理，并传向输出层，每一层神经元的状态只影响下一层神经元的状态，最后计算期望输出 $T_j(j=1, K, \cdots, J)$（J 表示输出层神经元个数）和实际输出 S_j 之间的误差，均方差 E 表示为：

$$E = \frac{1}{2}\sum_{j}(T_j - S_j)^2 \tag{6-2}$$

在误差反向传播阶段，如果在输出层得不到期望的输出，则计算输出层的误差变化值，通过网络将输出信号的误差沿原来的连接通路反向传播，直到输入层；通过沿途修改各层神经元间的连接权值和阈值，使得期望输出与实际输出的总体误差逐步达到最小。修正量可以表示为：

$$\Delta W_{ji}^{k}(m+1) = -\eta\partial E/\partial W_{ij} \quad k=1, \cdots, K, \quad i=1, \cdots, I \tag{6-3}$$

为了减少学习时间，防止振荡，可增加一个惯性项，上式变为：

$$\Delta W_{ji}^{k}(m+1) = -\eta\partial E/\partial W_{ij} + \alpha\Delta W_{ji}^{k}(m) \tag{6-4}$$

式中，K 为输入模式的个数；I 为隐含层神经元个数；α 为动量因子；η 为学习率；m 为迭代次数。

通过以上两个过程，可以调节初始的权值以减少误差，当误差缩小到事先指定的范围或迭代次数达到设定值时，训练结束。NN 的学习过程实际上是一个误差的优化过程，学习结束后，得到的一组权值就可以在误差范围内反映出输入输出的关系，即建立一种输入输出之间的映射。

BP 网络的不足之处也在于其训练过程的不确定，即训练时间较长，或不能训练，或陷入局部极小值。当标准梯度下降法不能克服这些问题时，产生了很多改进方法，以加快训练速度，避免陷入局部极小值和改善其他能力。这些性能改进方法有基于一阶梯度的用于简单问题的方法，如附加动量法、自适应学习速率法、弹性 BP 法，也有基于数值优化的用于复杂问题的方法，如拟牛顿法、共轭梯度法、Levenberg-Marquardt 法。此外，还可以采用其他全局优化算法，如模拟退火法、遗传算法等。对于不同的问题，很难比较算法的优劣，在解决实际问题时，应当尝试采用多种不同类型的训练算法，以期获得满意的结果。

三、BP 网络的可靠性预测过程

在建立 BPNN 可靠性预测模型前，建立合适的训练样本是基本的前提条件。首先通过信号处理技术提取出反映设备运行状态的特征参量，如第二章中所提到的时域、频率统计量等，将其作为网络输入向量 $\boldsymbol{X}=[x_1, x_2, \cdots, x_N]'$，输出 $\boldsymbol{S}=[S_1, S_2, \cdots, S_J]'$，表示预测出的设备未来 J 个时间间隔的可靠度，其计算方法参考第五章第二节基本时频域分析方法；然后设定合适的网络参数，对其进行训练，将网络模型所需知识记忆在网络的权值中；最后利用训练好的网络模型进行实际的可靠性预测。

在进行实际的 BP 网络设计时，要从网络的层数、输入特征参量的数目、预测的步数、学习速率以及期望误差等几个方面综合考虑。

第二节　支持向量机

考核知识点及能力要求：

- 了解支持向量机的基本原理。

• 熟悉支持向量机的分类和预测算法。

现有的机器学习方法如贝叶斯网络、人工神经网络等，均是基于传统统计学理论。该理论以样本数目趋于无穷大为前提，研究大样本条件下数据统计特征。而在现实生活中，所获取的样本总是十分有限的，甚至是相当少的。传统的机器学习方法由于样本数目的原因在实际应用中受到限制。支持向量机是美国 AT&T 贝尔实验室的 Vapnik 等人在统计学习理论的基础上，经过 30 多年的风雨历程提出的专门处理小样本条件下分类与预测问题的新型机器学习方法。与建立在经验风险最小化原则上的传统统计学不同，统计学习理论是建立在结构风险最小化原则的基础上，运用 VC 维描述学习机器的复杂程度，并由此推出机器学习推广能力的界。它不仅考虑了对渐进性能的要求，还致力于寻找小样本条件下学习的最优解。由于统计学习理论较系统地考虑了小样本情况，且比传统的统计学更具有实用性，所以支持向量机一经提出，便受到机器学习界的广泛认同。下面将介绍统计学习理论的基本概念及其实现方法——支持向量机。

一、统计学习理论简介

机器学习的基本模型如图 6-3 所示，其一般规律为：给定训练样本，建立待识别系统的估计模型，并利用模型估算系统输入、输出之间的依赖关系，使之尽可能准确地预测未来的输出。利用数学描述这一过程如下：对于所研究的系统，假定输入 $\boldsymbol{x}$ 和输出 $\boldsymbol{y}$ 满足一个未知联合概率分布 $F(\boldsymbol{x}, \boldsymbol{y})$，机器学习就是根据 n 个独立同分布样本：

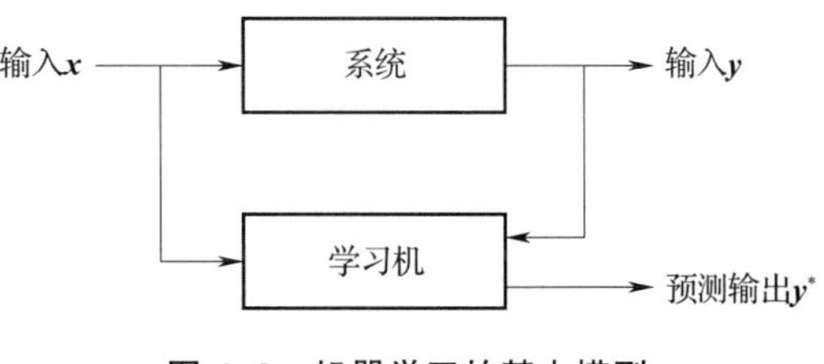

图 6-3 机器学习的基本模型

$$(\boldsymbol{x}_1, y_1), (\boldsymbol{x}_2, y_2), \cdots, (\boldsymbol{x}_n, y_n) \tag{6-5}$$

在一组函数 $\{f(\boldsymbol{x}, \boldsymbol{w})\}$ 中求一个最优的函数 $\{f(\boldsymbol{x}, \boldsymbol{w}_0)\}$，使预测的期望风险最小：

$$R(\omega) = \int L(\boldsymbol{y}, f(\boldsymbol{x}, \boldsymbol{w}))\mathrm{d}F(\boldsymbol{x}, \boldsymbol{y}) \tag{6-6}$$

其中，$\{f(\boldsymbol{x}, \boldsymbol{w})\}$ 称为预测函数集，$\boldsymbol{w} \in \Omega$ 为函数的广义参数，故 $\{f(\boldsymbol{x}, \boldsymbol{w})\}$ 可以

表示任何函数集；$L(\boldsymbol{y}, f(\boldsymbol{x}, \boldsymbol{w}))$ 为利用 $f(\boldsymbol{x}, \boldsymbol{w})$ 对 $\boldsymbol{y}$ 进行估计时造成的损失，称为损失函数。不同类型的学习问题有不同形式的损失函数。$\boldsymbol{x} \in R^n$ 为 n 维输入向量，$\boldsymbol{y}$ 为与 $\boldsymbol{x}$ 对应的系统输出。

机器学习的目标是使期望风险最小，这就必须依赖联合概率分布 $F(\boldsymbol{x}, \boldsymbol{y})$ 的信息，然而实际问题中联合概率分布 $F(\boldsymbol{x}, \boldsymbol{y})$ 未知，且所掌握的样本信息仅为 n 个。因此期望风险无法直接计算，更无法对其进行最小化处理。根据概率论中的大数定律，可以利用 n 个学习样本上损失的平均值来近似替代式（6-6）中的期望风险。

$$R_{emp}(\boldsymbol{w}) = \frac{1}{n}\sum_{i=1}^{n} L(\boldsymbol{y}, f(\boldsymbol{x}, \boldsymbol{w})) \tag{6-7}$$

由于 $R_{emp}(\boldsymbol{w})$ 是用已知的训练样本（即经验数据）计算的，通常被称为经验风险。利用经验风险 $R_{emp}(\boldsymbol{w})$ 最小值代替期望风险 $R(\boldsymbol{w})$ 最小值的方法被称为经验风险最小化原则。传统的统计学大多都是基于这一原则建立的。这一理论的前提是样本数目趋于无穷大，而现实问题中恰恰无法满足这一假设。

统计学习理论是研究小样本条件下分类和预测问题的理论方法。它系统地研究了经验风险最小化原则成立的条件、有限样本条件下经验风险与期望风险的关系及如何利用这些关系找到新的学习原则和方法等问题。其内容主要包括以下三个层次的理论：学习过程一致性理论；学习过程收敛速度的非渐进理论和控制学习过程的推广能力理论。

二、学习过程一致性理论

学习过程一致性理论的目的在于给出学习过程中渐进模型的完整描述，并找出学习过程一致性的充分必要条件。该理论的核心问题是：基于经验风险最小化的学习过程在什么时候能够取得小的真实风险（即能够推广），而什么情况下不能。

给定独立同分布的观测样本 z_1，z_2，…，z_n，其预期风险和经验风险依概率收敛于同一极限，即：

$$R(\boldsymbol{w}_n) \xrightarrow[n\to\infty]{} \inf_{\boldsymbol{w}\in\Omega} R(\boldsymbol{w}) \tag{6-8}$$

$$R_{emp}(\boldsymbol{w}_n) \xrightarrow[n\to\infty]{} \inf_{\boldsymbol{w}\in\Omega} R(\boldsymbol{w}) \tag{6-9}$$

经验风险最小化原则对损失函数 $L(\boldsymbol{y}, f(\boldsymbol{z}, \boldsymbol{w}))$ 和概率分布函数 $F(\boldsymbol{z}, \boldsymbol{y})$ 是一致的，如图 6-4 所示。然而对于这种一致性的传统定义，其基本条件是不很难实现的，因为该定义中包含了平凡一致性的情况。

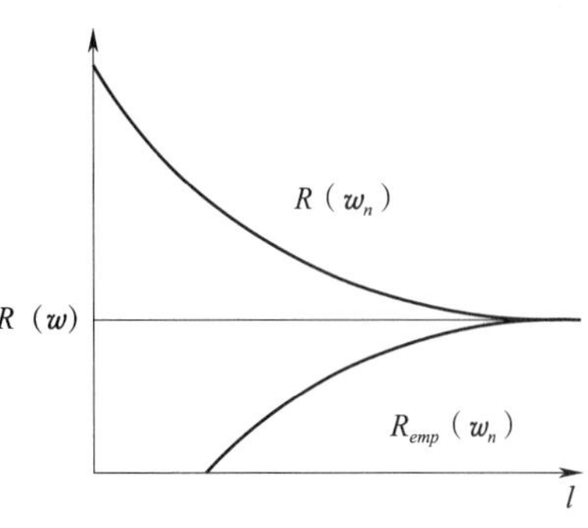

图 6-4　学习过程一致性条件

定义 Ω 的子集 $\Omega(c)$ 为：

$$\Omega(c) = \left\{\omega : \int L(\boldsymbol{y}, f(\boldsymbol{z}, \boldsymbol{w}))\mathrm{d}F(\boldsymbol{z}, \boldsymbol{y}) > c, \boldsymbol{w} \in \Omega\right\} \tag{6-10}$$

对于任意的非空子集 $\Omega(c)$，$c \in (-\infty, +\infty)$ 都有式（6-10）成立。满足这一条件的经验风险最小化原则对损失函数 $L(\boldsymbol{y}, f(\boldsymbol{z}, \boldsymbol{w}))$ 和概率分布函数 $F(\boldsymbol{z}, \boldsymbol{y})$ 是非平凡一致的。统计学习理论主要研究学习过程的非平凡一致性理论，以此提出并证明了学习理论的关键定理、不可证伪性理论、一致双边收敛的充分必要条件及一致单边收敛的充分必要条件等重要的定义定理。

三、学习速度过程的非线性理论

学习过程收敛速度的界主要讨论取得较快收敛速度的条件及其极限值。函数集容量的一个新特性——函数集的 VC 维，描述函数集被打散的能力。适合学习的任何函数集均具有这一特性。在 VC 维概念的基础上可得到构造性的与分布无关的界。利用等价的方式重写这些界，就可以找到学习机器风险的界（即估计出学习机器的推广能力）。

考虑有限 VC 维 h 的函数集，可构造下面表达式：

$$\xi = \frac{4[h(\mathrm{In}(2n/h) + 1) - \mathrm{In}(\eta/4)]}{n} \tag{6-11}$$

这样就有下面的构造性的与分布无关的界成立，在 VC 维有限情况下使用式（6-11）的 ξ。

情况 1：完全有界函数集

设 $A \leqslant L(\boldsymbol{y}, f(\boldsymbol{z}, \boldsymbol{w})) \leqslant B$，$\boldsymbol{w} \in \Omega$ 是完全有界函数的集合，下面的不等式以至

少 1-η 的概率同时对 $L(\boldsymbol{y}, f(\boldsymbol{z}, \boldsymbol{w}))$ 的所有函数（包括使经验风险最小的函数）成立：

$$R_{emp}(\boldsymbol{w}) - \frac{(B-A)\sqrt{\xi}}{2} \leqslant R(\boldsymbol{w}) \leqslant R_{emp}(\boldsymbol{w}) + \frac{(B-A)\sqrt{\xi}}{2} \tag{6-12}$$

情况 2：完全有界非负函数集

设 $A \leqslant L(\boldsymbol{y}, f(\boldsymbol{z}, \boldsymbol{w})) \leqslant B$，$\boldsymbol{w} \in \Omega$ 是完全有界非负函数的集合，下面的不等式以至少 1-η 的概率同时对 $L(\boldsymbol{y}, f(\boldsymbol{z}, \boldsymbol{w}))$ 的所有函数（包括使经验风险最小的函数）成立：

$$R(\boldsymbol{w}) \leqslant R_{emp}(\boldsymbol{w}) + \frac{B\xi}{2}\left(1 + \sqrt{\frac{B\xi + 4R_{emp}(\boldsymbol{w})}{B\xi}}\right) \tag{6-13}$$

情况 3：无界非负函数集

设 $L(\boldsymbol{y}, f(\boldsymbol{z}, \boldsymbol{w})) \geqslant 0$，$\boldsymbol{w} \in \Omega$ 是无界非负函数的集合，下面的不等式以至少 1-η 的概率同时对 $L(\boldsymbol{y}, f(\boldsymbol{z}, \boldsymbol{w}))$ 的所有函数（包括使经验风险最小的函数）成立：

$$R(\boldsymbol{w}) \leqslant \frac{R_{emp}(\boldsymbol{w})}{(1 - a(p)\tau\sqrt{\xi})_+} \tag{6-14}$$

式中，对于给定的 u，$(u)_+ = \max(u, 0)$，$a(p) = \sqrt[p]{\frac{1}{2}\left(\frac{p-1}{p-2}\right)^{p-1}}$。

四、控制学习过程的推广能力理论

控制学习过程的推广能力理论的目的是构造一个利用小样本训练实例来最小化风险函数的归纳原则。对数目为 n 的样本，如果比值 n/h（训练模式数目 n 与学习机器函数的 VC 维 h 的比值）较小，如 $n/h<20$，可认为样本数量是较少的，属于小样本情况。

统计学习理论研究的重要内容之一为研究经验风险最小化的统计学习一致性的条件，即当训练样本数目趋于无穷大时，经验风险的最优解收敛于真实风险最优解的条件。然而在实践中这一条件往往无法满足，为此统计学习理论从 VC 维的概念出发，提出了推广性的界的概念，即统计学习理论中关于经验风险和真实风险之间关系的重要

结论。推广性的界比较直观地反映了经验风险与真实风险之间的关系，以及真实风险逼近经验风险的条件。同时，它也是分析学习机器性能和发展新学习算法的重要基础。

经验风险最小化原则主要是针对大样本问题提出的，可以从不等式（6-13）和（6-14）中看出。当 n/h 较大时，ξ 就较小，此时式（6-13）右边的第二项就变得很小，于是真实风险 $R(\boldsymbol{w})$ 就接近经验风险 $R_{emp}(\boldsymbol{w})$ 的取值，则较小的经验风险值 $R_{emp}(\boldsymbol{w})$ 就能保证真实风险的值 $R(\boldsymbol{w})$ 也较小。然而如果 n/h 较小时，那么一个较小的经验风险 $R_{emp}(\boldsymbol{w})$ 未必能保证小的真实风险值 $R(\boldsymbol{w})$。这时要想得到最小的真实风险 $R(\boldsymbol{w})$ 就必须对不等式（6-13）和（6-14）右边的两项同时最小化。

下面运用公式说明能使经验风险和置信范围同时最小化的风险泛函——结构风险最小化归纳原则：

首先将函数集 $S=\{f(\boldsymbol{x},\boldsymbol{w}),\ \boldsymbol{w}\in\Omega\}$ 分解为一个函数子集序列：

$$S_1 \subset S_2 \subset \cdots \subset S_k \subset \cdots \subset S \tag{6-15}$$

使各个子集能够按照对应的 VC 维大小排列，即满足：

$$h_1 \leqslant h_2 \leqslant \cdots \leqslant h_k \leqslant h \tag{6-16}$$

同一个子集中置信范围相同，可在每个子集中分别寻找最小经验风险。通常最小经验风险随子集复杂度增加而减小。在子集间综合考虑经验风险和置信范围，取真实风险的最小，如图 6-5 所示。从图中不难看出，当真实风险最小时，经验风险和置信范围均处于一个合理的水平，而不是二者中的某一项处于最小。

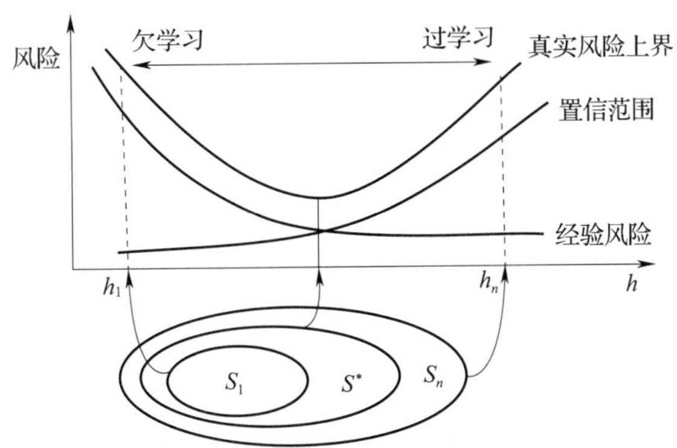

图 6-5　结构风险最小化示意图

实现结构风险最小化原则有以下两种思路：第一种是在每一个子集中求最小经验

风险，然后选择使最小经验风险和置信范围之和最小的子集，显然这种方法比较费时；第二种是设计函数集的某种结构使每个子集中都能取得最小的经验风险（如使经验风险为0），然后只需选择适当的子集使置信范围最小，则这个子集中使经验风险最小的函数就是最优函数。支持向量机方法就是后一种方法的具体实现。

五、支持向量机的分类算法

支持向量机是从线性可分情况下的最优分类面发展而来的，基本思想可用图 6-6 所示的二维平面来说明。实心圆点和五星分别代表两类样本，H 为最优分类超平面，H_1、H_2 分别为过各类中离最优分类超平面最近的样本且与最优分类超平面平行的直线，它们之间的距离就是分类间隔。位于 H_1 或 H_2 上的数据点（圆圈内实心圆点和五星）被称为支持向量。所谓最优分类线就是要求分类线不但能将两类样本正确分开，而且使分类间隔最大。

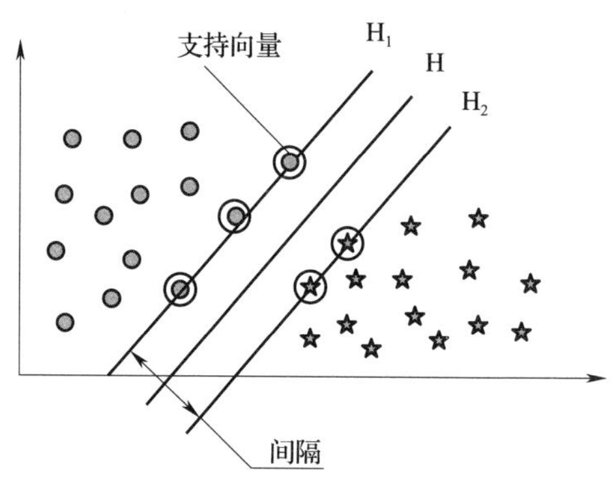

图 6-6　最优分类面示意图

给定样本集 $S=\{(\boldsymbol{x}_i, y_i)_{i=1}^n \mid \boldsymbol{x}_i \in R^d, y_i \in \{+1, -1\}, i=1, 2, \cdots, n\}$，其中 y_i 表示样本 $\boldsymbol{x}_i$ 所属类别。超平面方程 $\boldsymbol{w} \cdot \boldsymbol{x}+b=0$ 可将两类样本正确区分，并使分类间隔最大。求解超平面的问题可用下式中目标函数和约束条件来表示：

$$
\begin{aligned}
&\min \frac{1}{2}\|\boldsymbol{w}\|^2 \\
&\text{s.t. } y_i(\boldsymbol{w} \cdot \boldsymbol{x}_i + b) \geqslant 1, \; i=1, 2, \cdots, n
\end{aligned}
\tag{6-17}
$$

其中 $\boldsymbol{w}$ 为权重向量，b 为偏置。考虑到可能存在一些样本不能被正确分类，为了保证分类的准确性，引入松弛因子 $\xi_i \geqslant 0$，$i=1, \cdots, n$。此时优化问题表示为：

$$
\begin{aligned}
&\min \frac{1}{2}\|\boldsymbol{w}\|^2 + C\sum_{i=1}^{n}\xi_i \\
&\text{s.t.} \begin{cases} y_i(\boldsymbol{w} \cdot \boldsymbol{x}_i + b) \geqslant 1 - \xi_i \\ C \geqslant 0, \; \xi_i \geqslant 0 \end{cases}, \; i=1, 2, \cdots, n
\end{aligned}
\tag{6-18}
$$

其中 C 为惩罚因子，实现在错分样本的比例和算法复杂程度之间的折中。这是一个二次规划问题，其最优解为下面拉格朗日函数的鞍点：

$$L(\boldsymbol{w},\ \alpha,\ \beta)=\frac{1}{2}\|\boldsymbol{w}\|^2+C\sum_{i=1}^{n}\xi_i-\sum_{i=1}^{n}\alpha_i[y_i(\boldsymbol{w}\cdot\boldsymbol{x}_i+b)+\xi_i-1]-\sum_{i=1}^{n}\beta_i\xi_i \tag{6-19}$$

其中 α_i，$\beta_i\geqslant 0$ 为拉格朗日算子。拉格朗日函数在鞍点处 $\boldsymbol{w}$、b 和 ξ 的梯度为零，因此：

$$\begin{cases}\dfrac{\partial L}{\partial \boldsymbol{w}}=\boldsymbol{w}-\sum\limits_{i=1}^{n}\alpha_i y_i\boldsymbol{x}_i=0\Rightarrow\boldsymbol{w}=\sum\limits_{i=1}^{n}\alpha_i y_i\boldsymbol{x}_i\\ \dfrac{\partial L}{\partial b}=\sum\limits_{i=1}^{n}\alpha_i y_i=0\Rightarrow\sum\limits_{i=1}^{n}\alpha_i y_i=0\\ \dfrac{\partial L}{\partial \xi_i}=C-\alpha_i-\beta_i=0\Rightarrow C-\alpha_i-\beta_i=0\end{cases} \tag{6-20}$$

根据 Kuhn-Tucker-Tucker（KTT）定理，最优解还应该满足：

$$\alpha_i[y_i(\boldsymbol{w}\cdot\boldsymbol{x}_i+b)+\xi_i-1]=0 \tag{6-21}$$

构造超平面问题转化为下面的对偶二次规划问题：

$$\begin{cases}\max Q(\alpha)=-\dfrac{1}{2}\sum\limits_{i,\ j=1}^{n}\alpha_i\alpha_i y_i y_j(\boldsymbol{x}_i\cdot\boldsymbol{x}_j)+\sum\limits_{i=1}^{n}\alpha_i\\ \text{s. t. }\sum\limits_{i=1}^{n}\alpha_i y_i=0,\ 0\leqslant\alpha_i\leqslant C,\ i=1,\ 2,\ \cdots,\ n\end{cases} \tag{6-22}$$

求解公式（6-22）可以得到拉格朗日算子 α_i，多数 $\alpha_i=0$。少数 $\alpha_i>0$ 对应的样本即为支持向量。利用任一支持向量 $\boldsymbol{x}_k$ 及对应的 α_k 便可计算偏置 b。对于给定的未知样本 $\boldsymbol{x}$，只需计算：

$$f(x)=\text{sign}[(\boldsymbol{w}\cdot\boldsymbol{x})+b] \tag{6-23}$$

就可以判断 $\boldsymbol{x}$ 所属的类别。

上述讨论是对线性问题的解决方法。对于非线性问题，需要通过非线性变换将其转化为某个高维空间中的线性问题，在变换空间中求最优分类面。具体做法利用非线性函数 $\phi(\boldsymbol{x})$ 把原始样本映射至高维空间中，利用满足 Mercer 条件的核函数 $K(\boldsymbol{x}_i,\boldsymbol{x}_j)$ 代替原始样本的内积变换，如图 6-7 所示。其中图 6-7（a）表示原始空间样本线性不可分，图 6-7（b）表示可将样本分离的高维空间，从 A 角度看高维空间得到图 6-7（c）。此时对偶二次规划问题和判别函数分别变为：

$$\begin{cases} \max Q(\alpha) = -\dfrac{1}{2}\sum_{i,j=1}^{n}\alpha_i\alpha_i y_i y_j K(\boldsymbol{x}_i \cdot \boldsymbol{x}_j) + \sum_{i=1}^{n}\alpha_i \\ \text{s. t. } \sum_{i=1}^{n}\alpha_i y_i = 0,\ 0 \leqslant \alpha_i \leqslant C,\ i = 1,\ 2,\ \cdots,\ n \end{cases} \tag{6-24}$$

$$f(x) = \text{sign}\left[\sum_{i=1}^{n} y_i\alpha_i K(\boldsymbol{x}_i \cdot \boldsymbol{x}) + b\right] \tag{6-25}$$

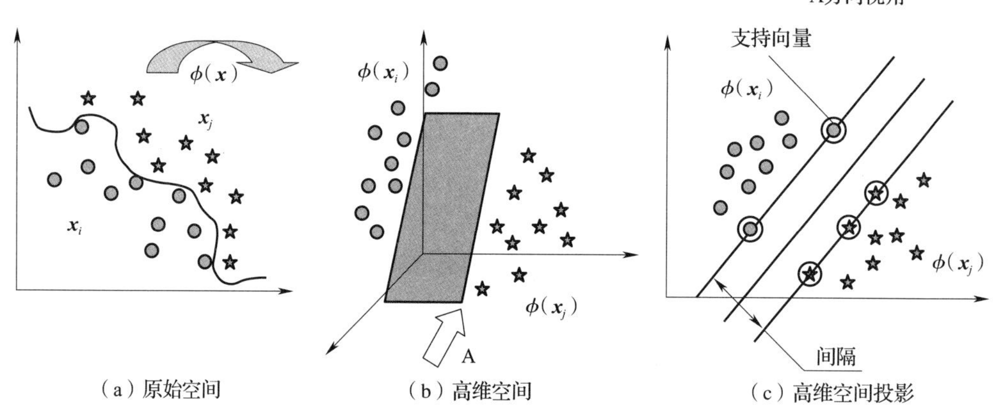

图 6-7　支持向量机非线性分类映射

选择不同的核函数就可以得到不同的支持向量机。

六、支持向量机的预测方法

支持向量机也可用于解决回归问题，仍保留最大间隔算法的所有主要特征。给定样本集 $S=\{(\boldsymbol{x}_i,\ y_i)_{i=1}^{n} \mid \boldsymbol{x}_i \in R^d,\ y_i \in R,\ i=1,\ 2,\ \cdots,\ n\}$，此时 y_i 不再是 $\boldsymbol{x}_i$ 的归属类别，而是期望输出。线性回归的目标函数和约束条件为：

$$\begin{gathered} \min \frac{1}{2}\|\boldsymbol{w}\|^2 \\ \text{s. t. } \begin{cases} y_i - (\boldsymbol{w} \cdot \boldsymbol{x}_i + b) \leqslant \varepsilon, \\ (\boldsymbol{w} \cdot \boldsymbol{x}_i + b) - y_i \leqslant \varepsilon \end{cases} \quad i = 1,\ 2,\ \cdots,\ n \end{gathered} \tag{6-26}$$

其中，ε 为不敏感损失因子。考虑到条件 $|y_i-(\boldsymbol{w} \cdot \boldsymbol{x}_i)-b| \leqslant \varepsilon\ (i=1,\ 2,\ \cdots,\ n)$

并不能充分满足所有样本，即并非所有点均落在由 $f(\boldsymbol{x})+\varepsilon$ 和 $f(\boldsymbol{x})-\varepsilon$ 组成的带状区域内，存在回归误差 ξ，引入松弛变量 $\xi_i \geqslant 0$ 和 $\xi_i^* \geqslant 0$（ξ_i、ξ_i^* 分别为正负两个方向上的松弛变量），则上述优化问题式（6-26）变为：

$$\min \frac{1}{2}\|\boldsymbol{w}\|^2 + C\sum_{i=1}^{n}(\xi_i + \xi_i^*)$$

$$\text{s.t.}\begin{cases} y_i - (\boldsymbol{w}\cdot\boldsymbol{x}_i + b) \leqslant \varepsilon + \xi_i \\ (\boldsymbol{w}\cdot\boldsymbol{x}_i + b) - y_i \leqslant \varepsilon + \xi_i^* \\ \xi_i,\ \xi_i^* \geqslant 0 \end{cases} \tag{6-27}$$

引入核函数和拉格朗日乘子后，将优化问题转化为对偶二次规划问题：

$$\max Q(\alpha,\ \alpha^*) = -\varepsilon\sum_{i=1}^{n}(\alpha_i^* + \alpha_i) + \sum_{i=1}^{n}y_i(\alpha_i^* - \alpha_i) - \frac{1}{2}\sum_{i,\ j=1}^{n}(\alpha_i^* - \alpha_i)(\alpha_j^* - \alpha_j)(x_i \cdot x_j)$$

$$\text{s.t.}\begin{cases} \sum_{i=1}^{n}(\alpha_i^* - \alpha_i) = 0 \\ 0 \leqslant \alpha_i^* \leqslant C,\ 0 \leqslant \alpha_i \leqslant C \end{cases},\ i = 1,\ 2,\ \cdots,\ n$$

（6-28）

求解出上述各系数 α_i、α_i^* 和 b 后，就可得到如下对未来样本 $\boldsymbol{x}$ 的预测函数：

$$f(\boldsymbol{x},\ \alpha_i,\ \alpha_i^*) = \sum_{i=1}^{n}(\alpha_i - \alpha_i^*)(\boldsymbol{x}_i \cdot \boldsymbol{x}) + b \tag{6-29}$$

对非线性问题，也可以利用核函数 $K(\boldsymbol{x}_i,\ \boldsymbol{x}_j)$ 代替内积运算（$\boldsymbol{x}_i,\ \boldsymbol{x}_j$），实现由低维空间到高位空间的映射，从而使低维空间的非线性问题转化为高维空间的线性问题，如图 6-8 所示。

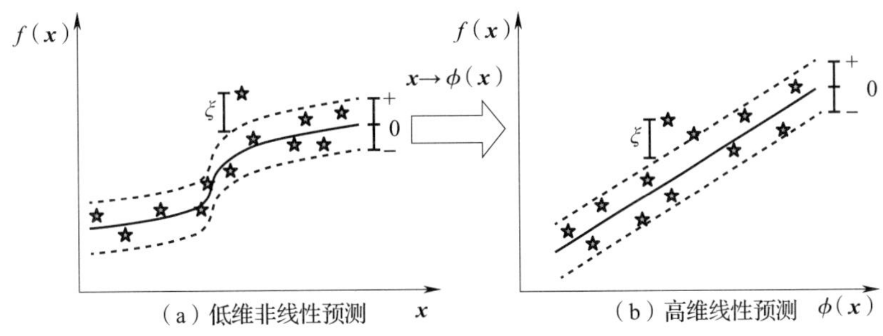

图 6-8 支持向量机非线性回归映射

第三节　工程案例

考核知识点及能力要求：

- 了解神经网络和支持向量机的智能运维实例。
- 熟悉神经网络和支持向量机的基本流程。

一、数控机床刀具可靠性预测实例

利用第五章的案例 2 实验数据，分别开展基于 BPNN 的刀具可靠性预测和基于 SVM 的刀具可靠性预测。

（一）基于 BPNN 的刀具可靠性预测

在确定了状态特征指标和可靠度后，就可以建立 BPNN 预测模型以实现预测功能。以前 11 把刀具的磨损时变数据建立训练样本，将刀具当前磨损量及其前 6 个时间间隔的磨损量作为输入，刀具下一步的可靠度作为输出，即输入神经元个数为 7，输出神经元个数为 1，共得到 54 个训练样本。为了比较不同算法和不同隐含层神经元数目对 BP 网络的影响，在训练步数同为 1 000 时，对各自的均方差（MSE）进行了比较，如表 6-1 所示，可看出当隐含层神经元为 12，采用 Levenberg-Marquardt 算法时所取得的 MSE 最小，因此将其选为网络的训练参数。

表 6-1 不同 BPNN 均方差对比表

算法类型	函数	隐含层神经元数		
		9	12	15
标准梯度下降法	traingd	0.045 6	0.095 1	0.034 9
BFGs 拟牛顿法	trainbfg	0.009 3	0.007 5	0.006 2
Fletcher-Powell 共扼梯度法	traincgf	0.007 2	0.006 5	0.007 3
弹性 BP 算法	trainrp	0.009 1	0.009 6	0.009 3
Levenberg-Marquardt 法	trainlm	0.033 1	0.002 5	0.003 7

将第 12 把刀具作为待检样本，由其磨损量可形成 10 个输入特征向量。为了检验网络的预测能力，利用前 11 把刀具数据（共 54 个有效样本）训练好的网络对其进行可靠性预测，结果如图 6-9 所示。如果将式（6-4）计算出来的可靠度（简称为 KM-R）作为待检刀具的实际可靠度，可以看出通过 BPNN 预测出的可靠度与刀具实际可靠度差别很小，刀具实际失效时刻为 99 min，对应磨损量为 0.61 mm，由 KM-R 算法求得的可靠度为 0，由 BPNN 预测出的可靠度为 0.063，接近于 0。BPNN 所预测的可靠度与实际可靠度的绝对平均误差（E_{MAE}）、均方根误差（E_{RMSE}）、归一化均方误差（E_{NMSE}）如表 6-2 第一行所示，可以看出三个误差指标都很小，可见大样本条件下 BPNN 学习较充分，对待检刀具的可靠度预测准确度较高。同时，为了检验小样本条件下 BPNN 的预测效果，只将前 5 把刀具数据作为输入（共 28 个有效样本），以相同的参数对网络进行训练，利用训练好的网络对第 12 把刀具进行可靠性预测，预测结果如图 6-10 所示。可以看出

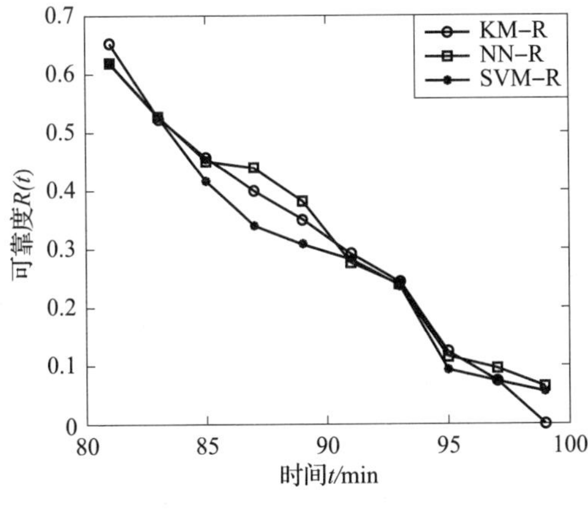

图 6-9 大样本条件下的预测结果

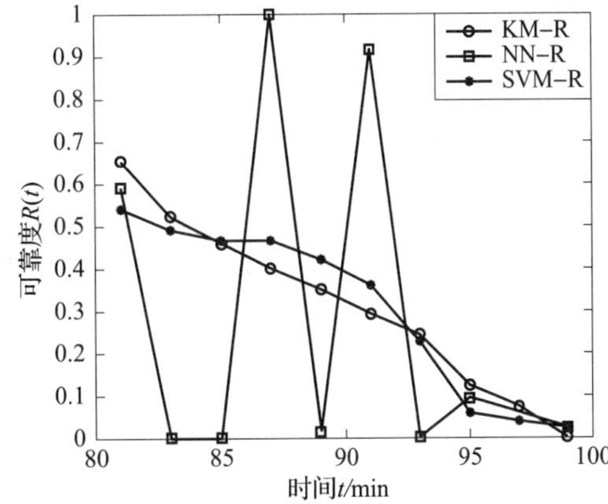

图 6-10 小样本条件下的预测结果

在训练样本变小的情况下，BPNN 的预测的可靠度与实际可靠度差别非常大，已经达不到准确预测的功能，其预测误差指标也如表 6-2 第二行所示。由于训练样本的减少，网络得不到充分的学习，其预测误差指标显著增大。

表 6-2　BPNN 模型预测误差

训练样本	E_{MAE}	E_{RMSE}	E_{NMSE}
刀具 1~11（54 个样本）	0.023 1	0.036 9	0.006 6
刀具 1~5（28 个样本）	0.291 8	0.064 3	0.012 0

（二）基于 SVM 的刀具可靠性预测

在确定了状态特征指标和可靠度后，就可以建立 SVM 预测模型以实现预测功能。同样，以前 11 把刀具的磨损时变数据建立 SVM 的训练样本，参照式（6-18），将刀具当前磨损量及其前 6 个时间间隔的磨损量作为输入，刀具下一步的可靠度作为输出，根据不同样本的对应关系，可形成一个由 54×7 的输入矩阵、54×1 的输出矩阵组成的学习样本。SVM 的核函数选用最常用的高斯径向基核函数，训练方法选用速度较快的 ISMO 算法。在 SVM 预测模型中，参数的优化选择比较重要，直接影响到预测的性能。确定参数 p、C 和 ε 的最大取值范围如下：$p\in[2, 8]$，$C\in[100, 10\ 000]$，$\varepsilon\in[0.000\ 1, 0.01]$。根据这个范围，构成三维网络空间，对三个参数分别选取 3 个数值（均匀选取），构成 3×3×3 的网络空间和 27 个参数向量 $[p, C, \varepsilon]'$。需要说明的是，当进行参数选取时，可以均匀选取，也可根据学习样本特征和经验确定参数向量的值。将参数向量代入 SVM，采用学习样本进行训练。通过比较发现当参数向量 $[p, C, \varepsilon]'=[5, 100, 0.000\ 1]'$时，SVM 输出值与期望输出值间的误差最小，因此将其作为预测模型的 SVM 参数。利用训练好的 SVM 对第 12 把刀具进行可靠性预测，结果可以看出通过 SVM 预测出的可靠度与刀具实际可靠度差别也很小，其所预测的可靠度与实际可靠度的误差如表 6-3 所示。在大样本条件下，SVM 预测精度同 BPNN 差别不大，有些指标比 BPNN 还要大一些。

为了检验 SVM 在小样本下的预测能力，同 BPNN 一样，只将以前 5 把刀具数据作为输入，共有 28 个有效训练样本，并以相同的参数对网络进行训练，利用训练好的网

络对第 12 把刀具进行可靠性预测，预测结果如图 6-10 所示。由图中可看出，相对于大样本条件下的 SVM，模型预测的精度有所下降，这个也可以由表 6-3 中的误差值反映出来，但是相对于同条件下的 BPNN，其预测精度要高得多。该结果充分说明，在小样本条件下，SVM 在可靠性预测方面具有明显的优势。

表 6-3　　SVM 模型预测误差

SVM 参数	MAE	RMSE	NMSE
σ=5，C=100，ε=0.000 1（54 个样本）	0.028 3	0.035 0	0.005 9
σ=5，C=100，ε=0.000 1（28 个样本）	0.049 8	0.058 5	0.016 5

为了对比 BPNN 和 SVM 的预测效果，本章应用实例当中，状态特征指标只用了刀具磨损量数据进行单步预测，但是文中的预测模型都是以多变量形式给出的，表示模型是可以实现多状态特征参量的多步可靠性预测功能的。进行多变量预测时可以参照第四章的特征提取方法，对模型结构和参数进行适当处理，以实现多步预测功能。

二、轴承疲劳寿命预测

滚动轴承是旋转机械的三大核心部件之一，不仅承受载荷，而且传递运动。因而滚动轴承也是旋转机械中极易损坏的零部件之一。在旋转过程中，各种原因如装配误差、过载、腐蚀等均有可能导致轴承过早损坏。即使安装、润滑及使用维护正常，达到使用寿命后，轴承也会出现疲劳剥落。通过分析振动信号发现轴承的潜在故障信息，并预示故障的发展趋势，从而实现对轴承的寿命预测。本节将运用支持向量机模型对轴承疲劳寿命进行预测。

利用振动监测数据预测轴承剩余寿命需要分两步进行：首先，构造指标准确地评估轴承性能退化；其次，建立合适的模型预测轴承剩余寿命。性能退化评估的目的是揭示轴承运行状态变化的规律，确定初始损伤时间和失效临界时间，为下一步的寿命预测做好准备。在初始损伤确定之前，可重点开展对轴承故障诊断的研究。基于 SVM 的轴承寿命预测框架图如图 6-11 所示。其基本流程为：首先，采集振动信号，提取信号的时域特征；随后，对时域特征进行规范化和滑移平均处理，并利用处理后的相对均方根值（relative root mean square，RRMS）对轴承退化性能进行评估；然后，构造支持向量机预测模型，同时选择退化趋势良好的敏感特征。最后，将敏感特征输入 SVM 模型中进行训练，并预测不同时刻的轴承剩余寿命值。

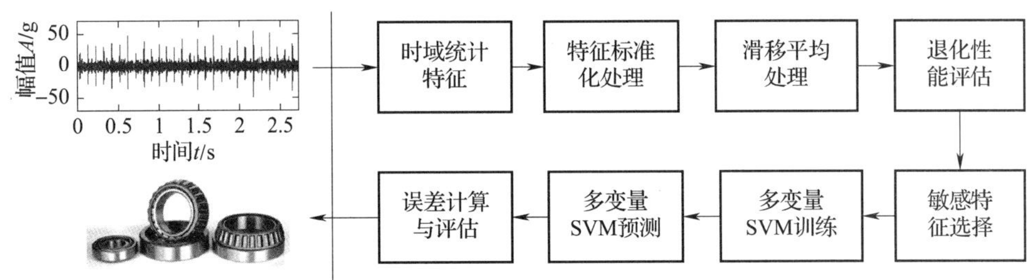

图 6-11　基于 SVM 的轴承寿命预测框架图

（一）轴承全寿命疲劳试验

轴承全寿命试验在 T20-60nF 试验机上进行，如图 6-12 所示。该试验机主要由轴承试验头工装、试验机主体部分、传动部分、加载系统、润滑系统、电气控制系统、控制计算机等部分组成。试验台通过计算机对主轴电机转速、试验载荷等进行控制。试验头工装为简支梁结构，如图 6-13 所示。中间的支撑轴承（2#轴承和 3#轴承）为 N312 圆柱滚子轴承，两端的实验轴承（1#轴承和 4#轴承）为 30311 圆锥滚子轴承。轴承尺寸等相关参数如表 6-4 所示。轴向载荷 F_a 直接施加在 4#轴承上，通过轴传递至 1#轴承上。径向载荷 F_r 直接施加在衬套上，通过支撑轴承传递至轴上，最终作用在 1#和 4#实验轴承上。试验机通过电机驱动，由同步带传递至试验轴上。

试验转速为 1 500 r/min，轴向载荷为 15 kN，径向载荷为 27 kN，轴承全寿命试验按照行业标准 JB/T 50013—2000 的要求进行。振动传感器选用朗斯的高灵敏度加速度传感器 LC0401，如图 6-14 所示。振动信号通过与轴承外圈连接的螺杆导出，一个弹簧施加预紧力保证螺杆与轴承外圈时刻相连。加速度传感器被固定在螺杆上，并通过一个绝缘垫片来隔离电磁干扰。四个轴承的温度通过热电偶温度传感器监测。振动信号利用江苏联能的 YE6267 动态数字采集器记录，采样频率为 10 kHz，每隔 5 分钟存储一组含 32 768 个点的数据。

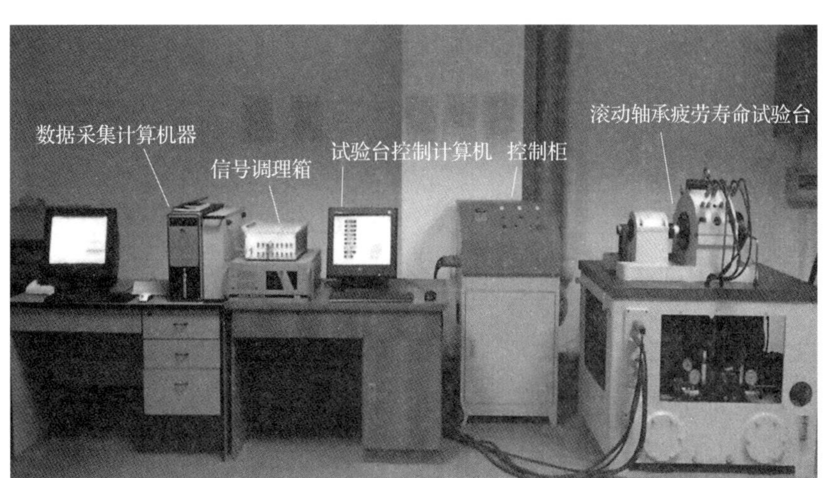

图 6-12 轴承全寿命疲劳试验台

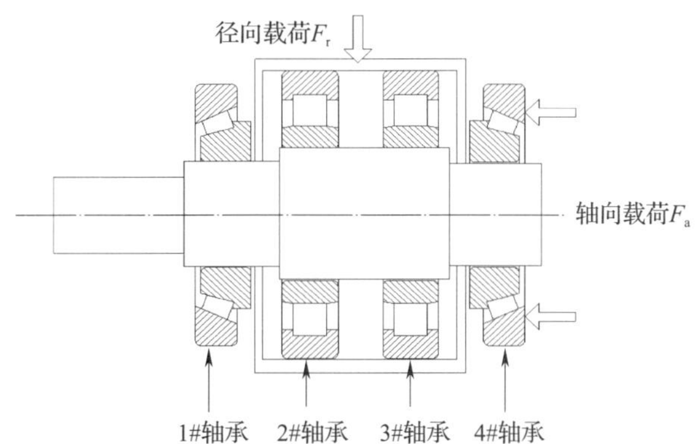

图 6-13 试验头工装示意图

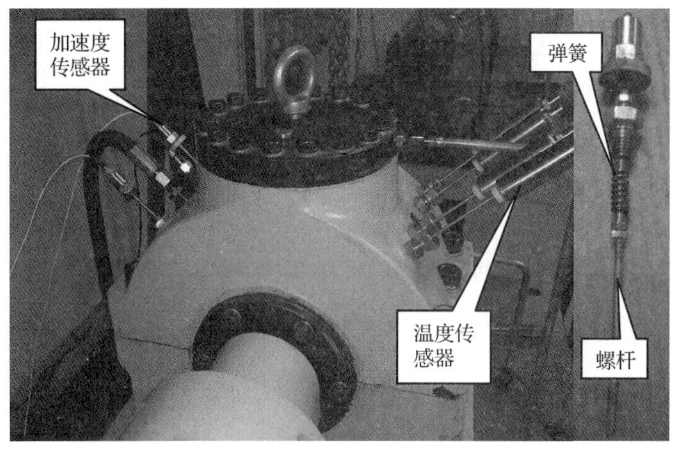

图 6-14 传感器布置

表 6-4　　支撑轴承和实验轴承参数

轴承型号	内圈尺寸/mm	外圈尺寸/mm	滚动体尺寸/mm	滚动体个数	计算系数		额定动载荷/kN
					e	Y	
30311	55	120	16.25	16	0.35	1.7	152
N312	60	130	19.1	16	—	—	212

轴承全寿命试验成功进行 3 次，每次只损坏一个实验轴承。实验过程中，损坏轴承的振动值明显高于其他三个轴承。这可能与轴承自身的个体差异有关。实验 1 的失效轴承出现外圈剥落，实验 2 和 3 的失效轴承出现滚动体剥落。本节将利用实验 2 失效轴承进行训练，运用 SVM 模型对实验 1 和 3 的失效轴承进行寿命预测。

（二）基于相对均方根值的轴承性能退化评估

轴承的性能退化是一个逐渐发展的过程。新轴承开始工作，首先经过一个很短的磨合期；然后进入长期的稳定正常工作期；随后轻微损伤出现，进入衰退期；随着故障发展，最终轴承失效。根据轴承的运行状态，轴承寿命可分为三段：正常期、衰退期、失效期。磨合期因时间较短，包含在正常期之中。

均方根值（root mean square，RMS）具有较好的稳定性，随着故障发展稳定增长，其公式如下所示：

$$x_{rms} = \sqrt{\frac{1}{n}\sum_{i=1}^{n} x(i)^2} \tag{6-30}$$

其中，$x(i)$ 为信号序列，$i=1$，2，…，n 是点数。但是轴承个体差异对原始 RMS 的影响太大。如图 6-15 所示，正常工作时实验 2 失效轴承的 RMS 明显大于实验 1 失效轴承。利用原始的 RMS 无法准确地对轴承寿命进行分段，因此需要对 RMS 进行标准化处理。具体流程如下：首先选取正常期内一段趋势平稳 RMS，将该段 RMS 平均数定为标准值。随后计算原始 RMS 与标准值之比，得到相对均方根值（relative root mean square，RRMS）。最后为减少振动特征随机性的影响，利用 7 点滑移平均处理 RRMS，得到平滑的 RRMS，结果如图 6-16 所示。7 点滑移平均按照公式（6-31）进行。

$$y_k^{MA}=\frac{1}{k+3}\sum_{i=1}^{k+3}y_i,\ k\leqslant 3$$

$$y_k^{MA}=\frac{1}{7}\sum_{i=k-3}^{k+3}y_i,\ 4\leqslant k\leqslant N-3 \tag{6-31}$$

$$y_k^{MA}=\frac{1}{N-k+4}\sum_{i=k-3}^{N}y_i,\ N-2\leqslant k\leqslant N$$

其中，y 是原始序列；y^{MA} 为滑移平均后的新序列；$k=1, 2, \cdots, N$ 为序列编号。从图 6-16 中可看出，正常期内两个失效轴承的 RRMS 非常平稳，且差异很小。当初始损伤出现后 RRMS 会迅速升高。定义 RRMS 值 1.1 和 3 为轴承衰退期起始门限和最终失效门限。当 RRMS 处于二者之间时，轴承处于衰退期。

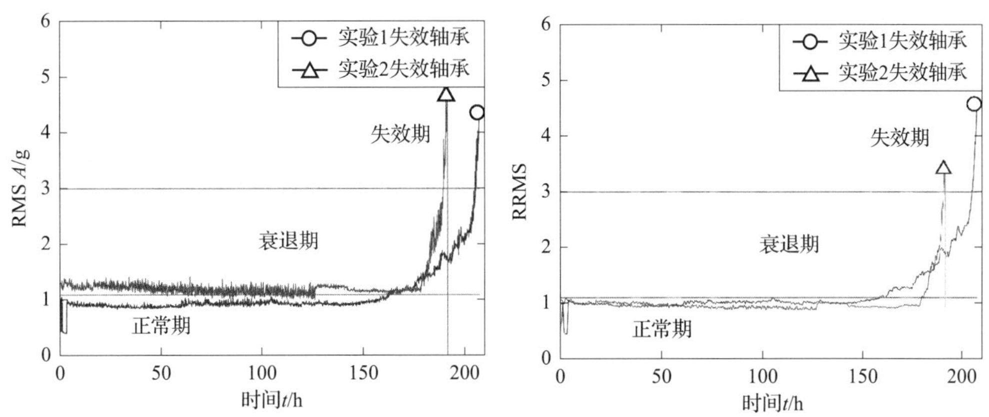

图 6-15　实验 1 和 2 失效轴承 RMS 对比　　　**图 6-16　实验 1 和 2 失效轴承 RRMS 对比**

RRMS 作为轴承性能退化评估指标具有以下优点：RRMS 对初始损伤敏感，且随着损伤发展，呈明显上升趋势；与综合指标相比，RRMS 易于计算；RRMS 消除了轴承个体差异的影响，通用性较好。

（三）基于支持向量机的轴承剩余寿命预测

衰退期是轴承开始出现损伤并随着损伤发展各特征持续增长的阶段。因而在衰退期内非常适合开展寿命预测的研究。预测流程如下：

首先，选取敏感特征。从表 6-5 可知，常用的时域统计特征除 RMS 外，还有 15 个。每个原始的时域特征均可通过标准化处理和滑移平均处理得到其相对指标。以

RRMS 为基准，通过相关分析法选取趋势和 RRMS 相似的特征作为敏感特征。这些特征随故障发展持续增长，均能较好地反映故障程度。最终，另外四个敏感指标被选出，分别为相对均方根值、相对绝对平均值、相对峭度和相对方差。

表 6-5　　常见时域统计特征计算公式

$tp_1 = \frac{1}{N}\sum_{i=1}^{N} x(i)$	$tp_2 = \sqrt{\frac{1}{N}\sum_{i=1}^{N}(x(i))^2}$	$tp_3 = \left(\frac{1}{N}\sum_{i=1}^{N}\sqrt{\lvert x(i)\rvert}\right)^2$	$tp_4 = \frac{1}{N}\sum_{i=1}^{N}\lvert x(i)\rvert$
$tp_5 = \frac{1}{N}\sum_{i=1}^{N}(x(i)-tp_1)^3$	$tp_6 = \frac{1}{N}\sum_{i=1}^{N}(x(i)-tp_1)^4$	$tp_7 = \frac{1}{N-1}\sum_{i=1}^{N}(x(i)-tp_1)^2$	$tp_8 = \max(x(i))$
$tp_9 = \min(x(i))$	$tp_{10} = tp_7 - tp_8$	$tp_{11} = tp_2/tp_4$	$tp_{12} = tp_8/tp_2$
$tp_{13} = tp_8/tp_4$	$tp_{14} = tp_8/tp_3$	$tp_{15} = tp_5/(tp_7)^{3/2}$	$tp_{16} = tp_6/(tp_7)^2$

其中 $x(i)$ 是信号序列，$i=1$，2，…，N 是信号点数。

其次，构造训练样本对和测试样本集输入矩阵。以实验 2 失效轴承衰退期敏感特征和对应的剩余寿命组成训练样本对；实验 1 和 3 失效轴承衰退起始点及 5%、10%…95%等 20 处的敏感相对特征分别构成两个测试样本集输入矩阵。

最后，训练 SVM，并预测实验 1 和 3 失效轴承的剩余寿命。预测结果如图 6-17 所示。横坐标为当前时刻，纵坐标为对应的剩余寿命。计算两次寿命预测的四类平均误差，评估预测结果，如表 6-6 所示。

表 6-6　　SVM 的剩余寿命预测误差

失效轴承	绝对平均误差（MAE）	均方根误差（RMSE）	归一化均方误差（NMSE）	平均相对误差（MAPE）
实验 1	2. 090 0	2. 476 3	0. 499 5	0. 115 3
实验 3	1. 133 4	1. 904 2	0. 310 1	0. 145 0

从图 6-17 中可看出，两个失效轴承 40 个预测点的计算结果能较好地逼近真实剩余寿命值。表 6-6 数据表明两次预测的四类平均误差较小，其中实验 1 失效轴承预测的平均相对误差（MAPE）为 11. 53%，实验 3 失效轴承预测的平均相对误差（MAPE）为 14. 50%。SVM 预测的整体效果良好，但是其剩余寿命预测值并非单调递减，而是伴随着波动下降。这是由输入向量（相对均方根值、相对绝对平均值、相对峭度和相对方差）中残留的随机性导致的。

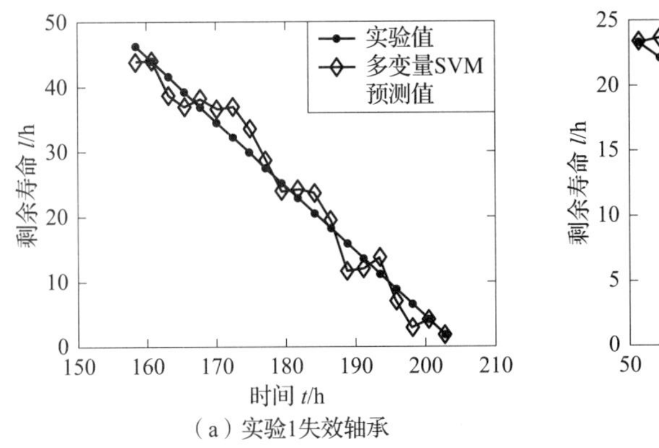

（a）实验1失效轴承

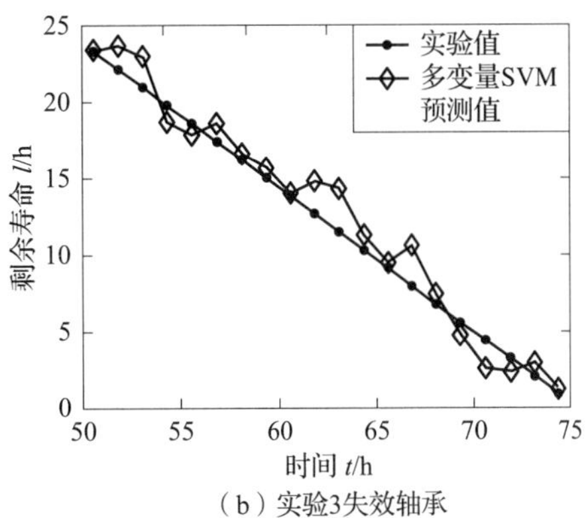

（b）实验3失效轴承

图 6-17　剩余寿命预测结果

实验——齿轮轴承故障数据分析

（一）实验目标

1. 理解人工神经网络的基本原理；

2. 理解支持向量机的基本原理；

3. 掌握人工神经网络和支持向量机的基本算法流程。

（二）实验环境

1. 硬件：PC 电脑一台；

2. 软件：Python 环境。

（三）实验内容及主要步骤

实验内容：

用 Python 编程工具编写人工神经网络、支持向量机的程序代码，通过两种分析方法分别实现轴承故障数据分类，体会两种方法各自的特点。最后在实验报告中写出主要的分析过程、分析结果以及各主要程序片段的功能和作用。

实验步骤：

1. 以西储大学轴承故障数据为对象（数据来源：http://csegroups. case. edu/bearingdatacenter/pages/download-data file），仔细研究和审查数据，进行初步的数据预处理

工作。

2. 用 Python 编程计算故障信号和正常信号的时域和频域特征，观察不同类型信号的时域和频域特征。

3. 自主设计人工神经网络结构，分别将信号的时域特征、信号的频域特征以及信号的时频特征作为输入送入网络进行训练测试，并对比不同处理对分类结果的影响。

4. 挑选合适的时域频域统计量作为支持向量机的输入，编写支持向量机代码完成故障分类，并与之前的人工神经网络结果进行比较。

练习题

1. 阐述神经网络的典型结构并分析其作用。
2. 如果将一维振动信号输入神经网络，可以有哪些预处理手段和形式？
3. 支持向量机主要用于解决哪些类型的智能运维问题？请举例说明。
4. 支持向量机解决线性问题与非线性问题时有哪些区别和联系？
5. 阐述神经网络和支持向量机的区别与联系。

第七章 智能运维系统

随着近年来物联网平台许多支撑关键技术日趋成熟，构建智能运维系统成为可能，主要表现在如下三方面。

一是具有较强边缘计算能力的智能数据采集设备、无线物联网节点日趋成熟，能够承担物联网网关的角色。传统的数据采集设备仅仅完成将模拟信号转换为数字信号（A/D 转换）并进行转发，较为复杂的计算往往交给上层服务器计算平台，在计算资源紧张情况下复杂的智能运算无法实现。随着数字信号处理器（digital signal processor，DSP）和现场可编程门阵列（field programmable gate array，FPGA）技术的进步，中央处理器（central processing unit，CPU）和图形处理器（graphics processing unit，GPU）性能的大幅度提升，新一代智能数据采集设备不仅能够完成数据采集，还能够进行高速 FFT 算法、复杂智能算法等运算，将数据直接转换为报警、诊断等信息进行上传。具有基本计算能力的无线物联网节点，如测振测温一体化无线传感器等也日趋成熟，能够在感知设备振动的同时，直接将振动信号转换为数字量以无线方式上传到网关。这在大幅提升监测和预警的及时性、准确性的同时，又大幅降低了构建物联网平台的硬件成本。

二是 4G/5G 通信技术、无线 Wi-Fi 技术的进步使得数据传输带宽不再成为瓶颈，能够承担物联网数据管道的角色。传统的装备远程在线监测技术在处理以振动波形为代表的海量数据时，往往受到网络传输带宽的制约，甚至不得不采取“频谱压缩”等有损压缩技术对振动波形进行压缩。而近年来随着 4G 通信、无线 Wi-Fi 技术的迅速进步，通信光纤、交换机等基础硬件性能的提升和成本的大幅降低，使得物联网平台数据管道的建立成为可能。

三是云计算技术与大数据分析技术的进步使得基于物联网平台的智能决策成为可能。传统的装备远程在线监测和故障诊断系统存在如下问题：不同设备或不同生产区域的系统所使用的服务器、计算机等互相独立，资源不能或难以共享，且计算能力几乎不能满足智能决策计算的需求。随着云计算技术（包括分布式计算技术、计算资源虚拟化技术等）、大数据分析技术的发展，大型企业有能力建立自身的私有云平台，即建立 IaaS 平台。基于这些条件，一方面复杂的智能决策计算具有了较好的技术基础和其他行业成功案例，另一方面所需的计算资源也不再成为制约。

智能运维分别从业务用户、过程环节和业务目标 3 个维度去提高运维业务目标，如图 7-1 所示。

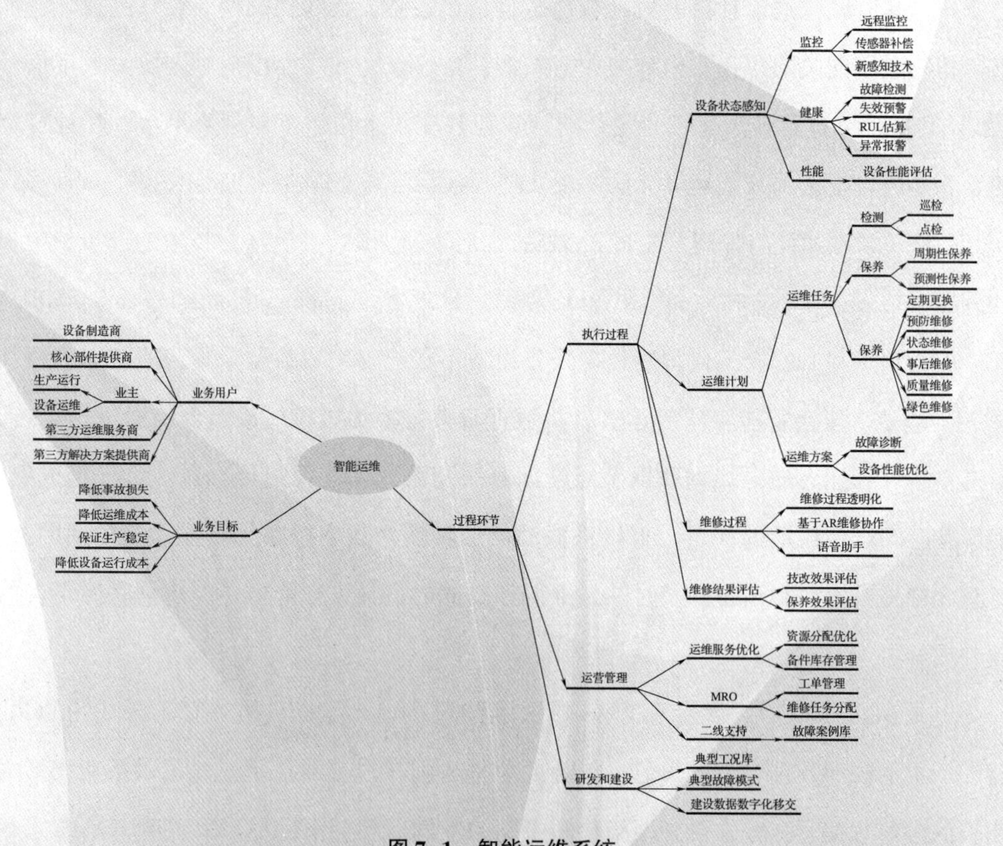

图 7-1　智能运维系统

下面以风电装备智能运维系统为例[71] 来介绍。

- **职业功能：** 装备与产线智能运维。
- **工作内容：** 配置、集成智能运维系统的单元模块；实施装备与产线的监测与运维。
- **专业能力要求：** 能进行智能运维系统单元模块的配置与集成；能进行智能运维系统单元模块与装备及产线的集成；能进行装备与产线单元模块的维护作业；能进行装备与产线单元模块的故障告警安全操作。
- **相关知识要求：** 风电智能运维系统的系统组成和工作模式；在线监测诊断参数设置；远程监测诊断；传感器的选型；监测点的位置选取；传感器的安装方式；监测诊断系统的现场实施；1.5 MW 齿轮箱高速端轴承故障诊断。

第一节　系统设计方案

考核知识点及能力要求：

- 了解风电智能运维系统的要求。
- 熟悉风电智能运维系统的系统组成。
- 掌握风电智能运维系统的工作模式。

风电智能运维系统的主要目的是利用各种监测方法从采集到的信息中判断被测对象的运行状态，在关键零部件出现严重故障之前给出警告、报警处理，从而保证风电机组的安全正常运行，提高运行的可靠性。风电智能运维系统可以实现对风力机组各个部件的实时观测，掌握运行过程中的状态信息，及时发现故障隐患，采取有效措施避免重大事故的发生。同时，改定期维护和事后维护为预测维护，可以有效降低运行维护成本，提高风电的经济效益。

一、风电智能运维系统的要求

通过对风电智能运维系统的目的和任务的分析和研究，风电装备振动状态监测与诊断系统需要完成的工作主要有以下几个方面。

（一）信息的有效获取

为实现风电机组传动系统运行状态的有效监测，既要尽可能获取每个零部件的状态信息，尤其是关键部件如传动系统的主轴、齿轮箱和发电机前后端等，又要保证状

态信息的有效性。这些信息以传感器获取的振动信号为主，要求数据采集系统能够在高低温等恶劣环境中正常工作，保证信息获取的有效性。

（二）振动监测的连续性

要求风电智能运维系统能够实时有效地对监测对象进行连续监测，以获取监测对象的连续信息。因而要求采集系统及信号传输系统具有实时数据采集、传输、存储和管理等功能。数据的采集存储需要采用数据库进行管理和维护，数据库必须存储量大，安全性好，访问方便。

（三）信息处理的实时性

要求风电智能运维系统能够尽快地对采集的信息进行处理，对监测对象的工作状态进行判断，给出正确的评估结果，且提高运算效率，尽可能缩短处理过程。因此，各个通道振动信号时域统计指标的计算主要靠硬件实现。

（四）友好的人机交互界面

风电智能运维系统软件要求界面友好，人机交互方便，操作简洁，数据处理结果能够直观地在屏幕上显示，以便于用户分析和判断，并且具有将相关分析结果和报表打印等输出功能。

（五）便捷的存储管理

系统默认的存储方式是在风电机组正常运行过程中，连续保存监测对象振动数据的时域统计指标到数据库，而当监测对象出现异常产生报警信息时，则对异常监测点的实时振动数据进行连续20~30分钟的存储，以用于后续的精密诊断分析。

此外，也可以人为地设定数据存储方式，对各个通道的振动数据进行定时连续存储。这样是考虑到风场中多台风电机组多通道数据实时传输性能、数据量等因素的限制而设定的。当然，如果有特别需要，如对某一台风电机组需要重点关注，则也设置其振动数据的存储方式为连续存储，以便于后续的分析诊断。而且，数据存储格式通用性要好，数据存储文件命名采用时间和通道相结合的方式，便于以后查询。

二、风电智能运维系统概述

风电智能运维系统采用在线式连续监测和离线式振动分析诊断相结合的方法，主要由自行研发的数据采集设备、数据服务器、状态监测与诊断分析系统组成，如图 7-2 所示。

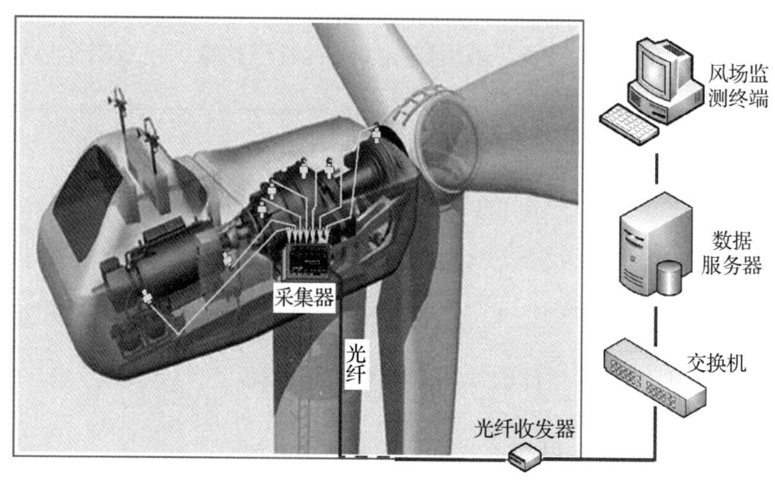

图 7-2　风电智能运维系统示意图

三、风电智能运维系统的工作模式

该系统借鉴系统集成的思想和方法，建立了初级诊断—精密诊断—远程诊断于一体的风电机组传动系统振动故障分析模式，如图 7-3 所示。

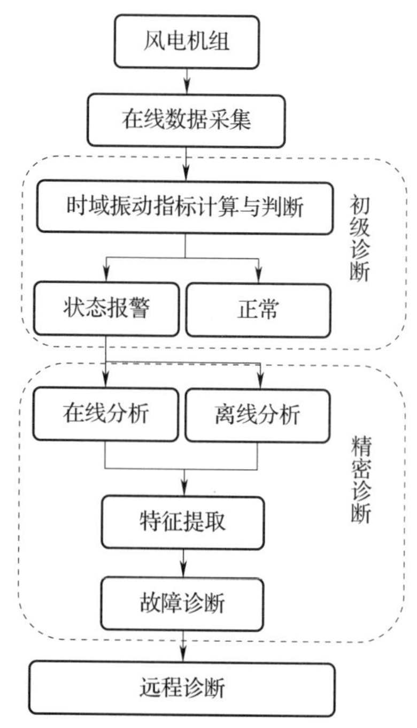

图 7-3　风电智能运维系统工作流程

从图 7-3 可以看出，该系统是采用初级诊断—精密诊断—远程诊断相结合的工作模式，首先是基于时域判断标准，通过实时计算机对各个监测对象的振动信号时域统计指标，并与预先设置的报警阈值进行比对，从而对机组的运行状态进行初步判断；然后，对于振动异常的监测点进行精密诊断，采用频域分析、小波分析等手段进行特征提取和故

障识别，对异常状态进行判定；最后，对诊断难点或疑点由远程诊断专家或小组进行详细分析，并给出具体的诊断报告和处理方案，为风电机组的维修提供指导。可见，从信息获取到信号处理直至最终获得诊断结论，各种环节构成的系统为风电机组的安全运行提供了可靠保障，从而避免重大事故发生，防患于未然。

第二节　风电智能运维系统

考核知识点及能力要求：

- 了解振动数据的在线分析、离线分析。
- 熟悉在线监测诊断参数设置、远程监测诊断。
- 掌握传感器的选型、监测点的位置选取、传感器的安装方式、监测诊断系统的现场实施。

一、风电振动数据采集硬件

对于风电机组的状态监测而言，有效获取状态监测信息是正确判断设备运行状态的前提条件。基于自行研发的数据采集器和自行开发的风电机组振动状态监测与故障分析系统，再通过合理的筹划安排，即可实现风电机组运行状态的实际监测。数据采集器见本章第一节的图 7-2。监测点振动信号的正确与否取决于传感器的合理选型、安装和监测点的位置选取等因素。

（一）传感器的选型

1. 测量参量的选择

在选择传感器之前，我们首先要确定测量的信号类型。

振动的描述方式有位移、速度和加速度。根据物理含义可以看出，振动位移反映了振幅大小；振动速度反映振动能量，象征振动的破坏能力；而振动加速度反映冲击力的大小。本书第七章引言部分也提到过，风电机组的工况特点决定了各个部分受到复杂多变的冲击载荷的作用，外部载荷对其运行状态有较大的影响，所以测量参量的选择应能更好地反映外部冲击的水平、状态及变化。同时，ISO 13373—1，即《机器的状态监测和故障诊断——机器的振动监测》指出，通常用于状态监测的振动传感器是振动加速度计。加速度、速度与位移之间理论上可以互相转换，但对于实际的工程数据不论时域积分还是频域积分都存在问题。时域积分除直流项和趋势项外，因使用逐步差值法达到积分目的，累计误差严重；频域积分算法核心是傅立叶变换和傅立叶逆变换，所以实时性相对不高，且对非平稳信号也不理想。因此，考虑到风电装备运行的特殊性导致测量幅值的短时变化及上述几条限制，本书介绍的系统采用振动加速度为测量评估参量，满足高度敏感性、高度可靠性和实用性。

2. 传感器类型

正如上面提到的，考虑到实际应用中风电机组的运行特点和工作环境，选用加速度传感器对机组的振动信息进行采集。而风电机组主轴和齿轮箱的输入轴在正常运行时的转速均低于 28 r/min，因此对于主轴轴承和齿轮箱输入轴的振动测量，建议采用低频加速度传感器，而对于其余监测点的振动测量，可以采用标准的加速度传感器。

3. 传感器的量程、灵敏度和频响范围

传感器的量程、灵敏度、频响范围要合适，否则不仅会导致测量的振动信息中含有较多冗余干扰分量，而且甚至会导致传感器的损坏。

4. 传感器的工作稳定性

风电机组的工作环境非常恶劣，长期在高温、低温、风沙等条件下工作，而且机舱内充满电磁干扰。所以，传感器及其数据线要具备一定的抗干扰能力，屏蔽外界电磁的

影响，而且要能够在高低温环境中正常工作，这样才能保证测量到的振动信息准确有效。

（二）监测点的位置选取

测点位置及数量的选择直接关系到测量结果的可靠性，是振动状态正确评估的基础。因此，监测点的选取要考虑诸多因素，合理选取监测点。

（三）传感器的安装方式

在选取了合适的传感器和测点位置后，就需考虑传感器的安装问题。振动加速度传感器的安装也应根据风电机组传动链的具体结构而定，不同的安装形式会影响传感器的频率响应特性。

1. 螺栓连接

螺栓连接是最理想的安装方式，它可将传感器和被测部件视为一体，拥有良好的频率响应特性和温度范围，但是却存在需要破坏部件完整性的缺点。

2. 粘接剂连接和绝缘磁座吸合

粘接剂连接和绝缘磁座吸合两种方式相结合可以保护风电机组，避免破坏部件保修条件。而且这种方法的许用最高温度比单纯粘接剂连接要高，匹配响应范围又比单纯绝缘磁座吸合要广，能够有效避免对部件表面所造成的结构性损伤。

二、在线监测诊断

此系统分析软件基于 LabView7.0 语言编写，界面友好，操作方便。该系统可以同时监测风场中多台风电机组实时运行状态，通过指示灯红绿颜色的变化可以清晰直观地表示出各台风电机组的实时运行状态。在进入主界面查看实时运行状态之前，要进行一系列的设置工作。

（一）参数设置

图 7-4 给出了该系统的参数设置界面，包括监测风电机组的参数设置。

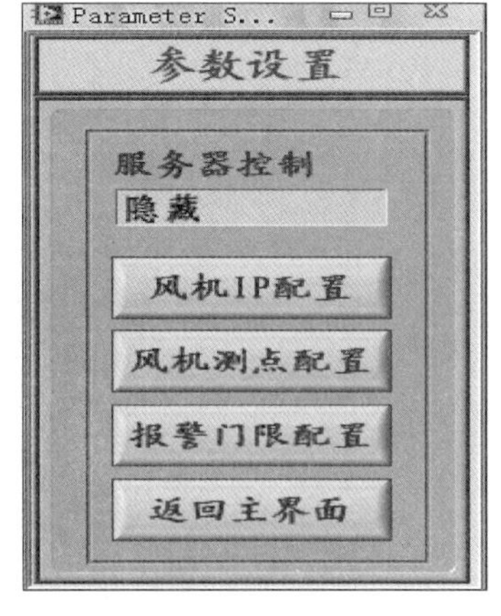

图 7-4　系统参数设置界面

（二）IP 设置

如图 7-5 所示，通过设置每台风电机组的 IP 地址实现实时监测数据的网络传输。

图 7-5　风机 IP 配置界面

（三）风电测点设置

前面已经介绍了测点选择的一般原则，根据风电机组的实际运行情况，其传动链中的发电机、齿轮箱、主轴及其轴承受到交变载荷的作用，容易出现故障。由于轴承承载着机组负荷，通过监测轴承的振动，可较早发现潜在故障。在监测轴承振动时，测量点应尽量靠近轴承的承载区；由于机组传动链中部件较多，低频信号被高频信号调制，高频信号对方向不敏感，只测垂直或水平一个方向即可。综合考虑风电机组的实际特点和测点布置基本原则，同时根据测试经验，可确定风电机组的测点位置（对不同结构风机，测点位置略有不同）。图 7-6 给出风电机组传动链监测点的选择界面，其中图中给出了不同的监测点供人为选取。

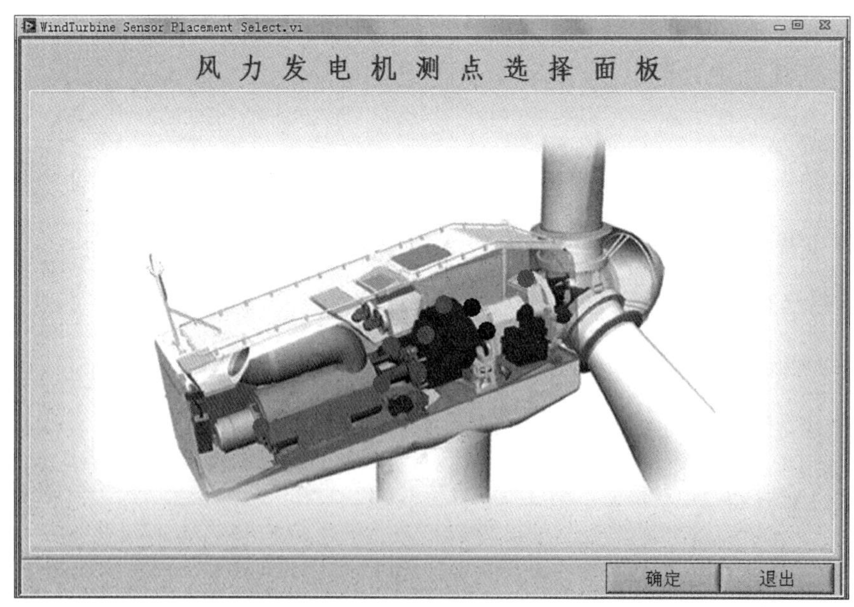

图 7-6　风电机组监测点选取界面

（四）报警门限设置

目前，风电机组还没有建立行之有效的振动标准。德国工程师协会发布的《陆上风电装备振动评估准则》（VDI3834）规定的状态判定阈值是基于欧洲范围内运行的风电机组，考虑到机械制造水平的差异以及风电装备运行环境的不同，该准则不适用于我国范围内运行的机组。

本书基于大量机组的振动测试数据和数据挖掘算法，初步确定了风电装备传动链状态等级及其相应阈值，虽然尚不完善，但仍具有重要的实际意义和指导作用。因此，本系统在对各个测点的振动状态进行初步判断时，以本书第二章的振动阈值的选取为主，并结合德国工程师协会标准 VDI3834、ISO 相关标准和大量测试数据研究提出的振动阈值。在实际运行过程中，考虑到气候条件以及风电机组类型的不同，结合同测点、同方向和同工况下正常运行的振动统计值对相应的振动阈值初值进行调整，并最终确定为两级阈值标准值。

其中第一级称为“预警值（黄色阈值）”，第二级称为“报警值（红色阈值）”。此外，为避免单一振动指标带来的偶然因素的影响和局限性，选用三个振动指标同时判断各个测点的振动状态，而且当其中的两个或三个振动指标同时超过阈值才能判决生效。当监测点的振动阈值超过黄色阈值时，系统发出黄色预警，预示着监测点可能存在故障，但故障程度不大，尚可继续运行；当振动阈值超过红色阈值时，系统发出红色警告，预示着监测点振动剧烈，需要严密关注，对测点的振动进行具体分析，甚至停机待检。（注：本章图中给出的振动阈值均不是实际值，而是仿真所用，如无特别说明，后续图中的振动指标以及振动信号均为仿真信号。）

（五）系统主界面

完成上述的基本设置之后，我们就可以通过图 7-7 所示的主界面实时观察风场中多台风电机组的运行状态。

如图 7-8 所示，某指定机组 2#的指示灯变红，意味着该机组的某一个或多个监测对象的振动幅值超标，需要重点关注。而当机组的各个监测点振动正常时，相应的指示灯闪烁绿色。

Threshold Seting.vi

振动通道报警门限设置

测点名称	测试通道	峰值预警	有效值预警	峭度指标预警	峰值报警	有效值报警	峭度指标报警
主轴轴承	1#通道	0.8	0.05	4.5	1	0.07	6
齿轮箱齿圈	2#通道	1	0.06	4.5	1.5	0.08	6
齿轮箱低速轴	3#通道	1.6	0.2	4.5	2	0.4	6
齿轮箱中间轴	4#通道	1.8	0.6	4.5	2.3	1	6
齿轮箱高速轴	5#通道	3	0.8	4.5	4.5	1.4	6
发电机前轴承	6#通道	3.4	0.8	4.6	5.6	1.5	6
发电机后轴承	7#通道	4	1	4.6	6	1.8	6

应用　取消

图 7-7　风电机组各个监测点振动阈值设置界面

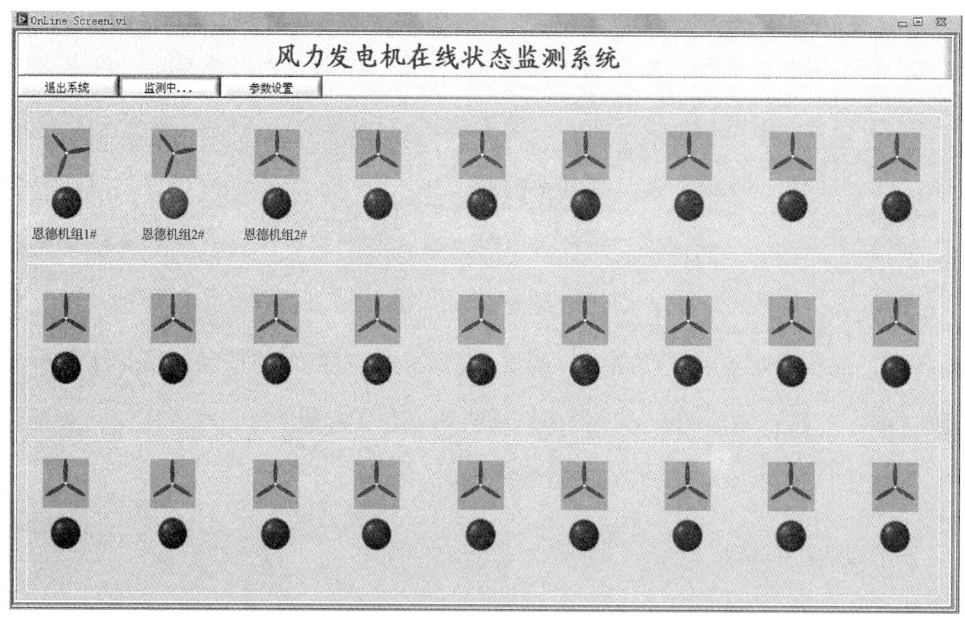

图 7-8　风电装备振动状态监测与故障分析系统主界面

（六）监测点的实时振动指标界面

对于出现异常振动，显示红色预警的重点风电机组，可以通过点击风机图片，在屏幕中显示机组各个监测点的实时振动指标，如图 7-9 所示。

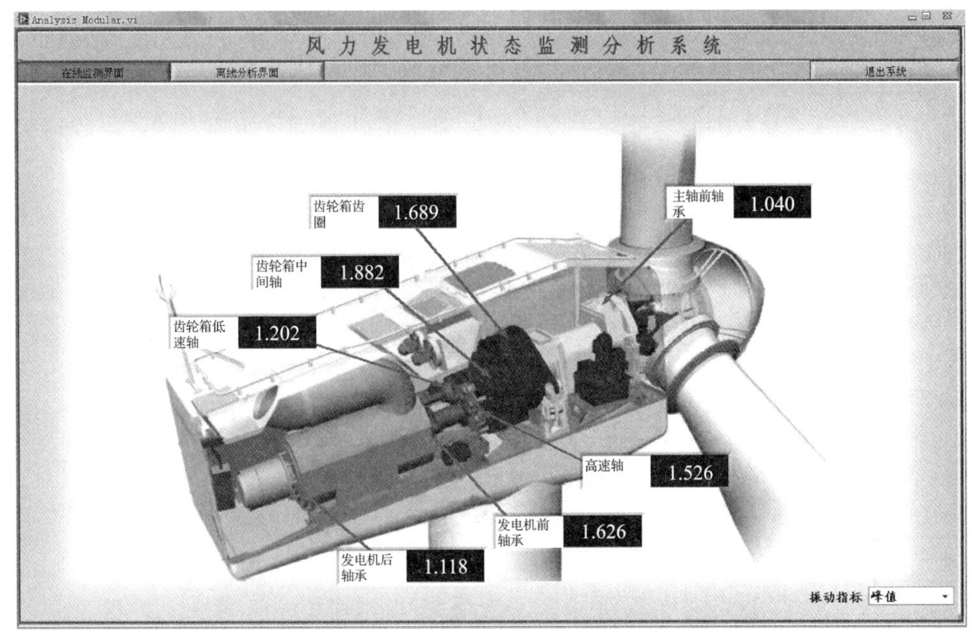

图 7-9　单台风电机组各监测点的时域统计指标显示界面

图 7-9 直观地展示出哪些监测点的振动异常，是“预警阶段”还是需要严密关注的“报警阶段”。从图 7-9 中可以看出，主轴前轴承和齿轮箱齿圈的振动剧烈，振动幅度较大，处于“报警阶段”，需要对其进行深入分析，严密关注；而齿轮箱中间轴的振动较为剧烈，处于“预警阶段”，虽然仍可继续运行，但也要重点关注；除此之外，其余测点的振动均在正常幅值范围内。

该系统通过计算各个通道振动信号的时域统计指标，并与储存的振动阈值进行比较，当系统正常时，只对时域统计指标进行连续存储；而当时域统计指标超过预先设定的阈值时，系统发出警告信号；当系统连续 3 次发出警告信号时，系统将自动保存该机组报警时刻前后 30 分钟所有通道的振动数据，用于后续的详细分析。

（七）振动数据的在线分析界面

通过图 7-9 可以清楚地看出风电机组中哪些监测点的振动异常，对于振动超标的监测点，可以借助一些成熟的信号处理手段，对其实时的振动数据进行在线分析处理，从而及时发现这些异常振动是由外界干扰造成，如阵风冲击、机组偏航或数据采集失真，还是由零部件本身的损伤造成的。

在图 7-9 中，通过人为选取相应的监测点，可以得到如图 7-10 所示的振动数据的分析界面。从图中可以看出，该界面包括了相应的风电机组信息、测点名称、数据长度、采样频率以及各种信号处理手段。通过选择相应的信号处理方法，可以得到相应的分析处理结果。

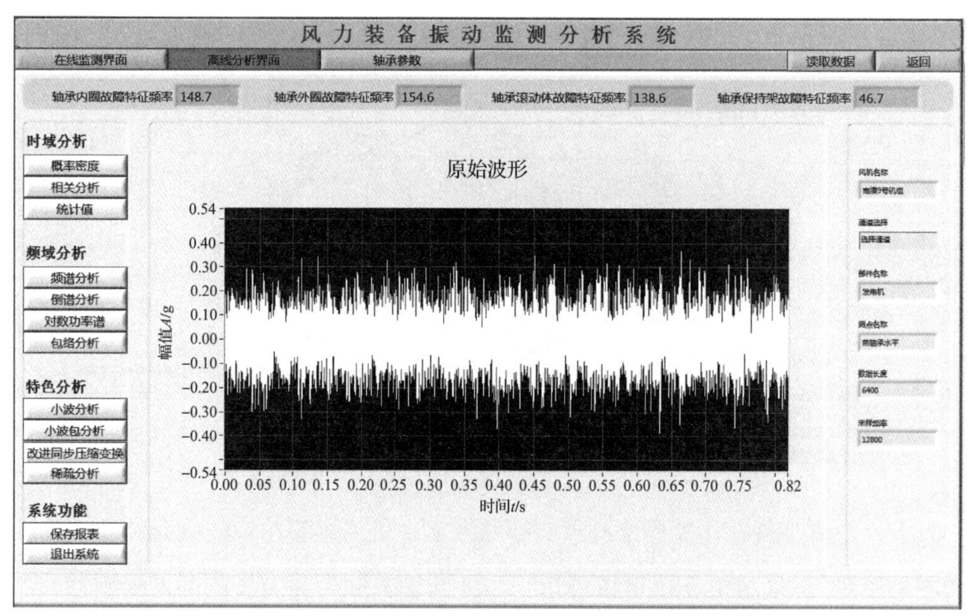

图 7-10　风电机组单一监测点振动数据在线分析界面

（八）离线分析模块

此外，本系统还具有离线分析功能，即具有对连续存储的振动数据进行离线分析的能力。该功能模块通过读取振动数据，选择相应的待分析通道，即可实现对振动数据的离线分析，而具体的分析方法则与在线分析功能相同，此处不再赘述。另外，该系统之所以添加离线分析模块，是为了便于现场操作人员对以往风电机组的振动情况进行查询和核对，为后续风电机组的诊断分析工作提供“纵向/横向参考”，利于现场人员对风电机组的振动情况进行准确判断。

三、远程监测诊断

虽然借助离线点检诊断方式和连续在线诊断方式可以在一定程度上实现对风电机

组运行状态的有效监控，避免重大事故的发生，但对于现场操作人员的技术要求较高。为了降低分析软件的使用门槛，减少因专业知识不足带来的误诊或漏诊情况的发生以及分析软件自身不足带来的诸多问题，需要借助强大的分析团队来保证故障诊断结论的准确性。当然，不可能每个企业都拥有自己的分析团队，但是一个强大的分析团队可以拥有多个客户，为其提供技术支持。因此，在这种情况下，远程监测诊断技术应运而生。

现代远程监测诊断技术是随着通信、计算机和网络技术发展而产生的，其显著特点是现场的采样设备将各种传感器获取的设备状态信息通过网络传输给远程诊断工程师，远程诊断工程师再利用计算机和现代数字信号处理技术对收到的信息进行处理，对设备的运行状态进行评估，给出诊断结论并将结果返回给现场人员，用于指导后续的维修工作。

基于风电装备的振动状态监测与故障分析系统和 Web 技术开发，利用 Internet 网络将一个或多个风场采集的振动数据传送到远程监测诊断中心，不仅可以实现多种振动数据的分类存储和实时监测，为后续风电机组振动阈值的建立储备大量监测数据，而且可以在故障诊断专家团队的协助下，对风场中机组振动出现的疑难问题进行远程技术支持，并为其提供诊断报告，做到多方信息的有效融合，提高故障诊断精度，保障风电机组的安全正常运行。图 7-11 给出了远程监测诊断服务网络示意图。从图中可

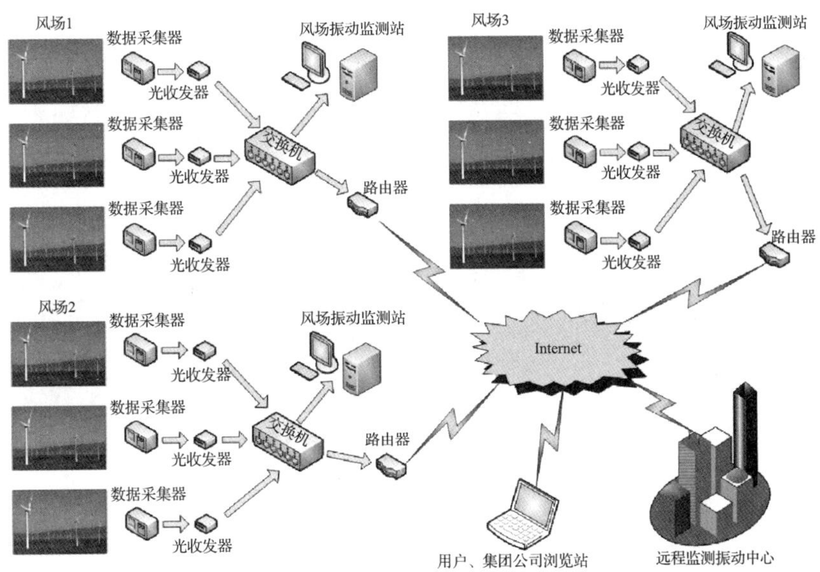

图 7-11　远程监测服务网络示意图

以看出，利用风电装备的振动状态监测与故障分析系统可以实现单一风场多台风电机组的振动状态监测，而借助 Internet 网络，可以将多个风场的多种风电机组的振动数据汇总到统一的数据服务器中，这样既积累了大量不同类型风电机组的振动状态信息，为后续振动标准的建立提供依据，又通过多方信息的参考和有效融合，丰富了诊断专家团队对风电机组振动故障的诊断识别经验，利于提高风电机组的故障诊断精度。

四、监测诊断系统的现场实施

借助自行研发的数据采集器和自行开发的风电机组振动状态监测与故障分析系统，再通过合理的筹划安排，即可实现风电机组运行状态的实际监测。然而，监测诊断系统的现场实施有很多需要注意的地方。下面对现场实施过程中的几个重要事项进行说明。

（一）传感器的安装

传感器的安装顺序为：

- 首先清理被测部件表面，包括去污和去漆。
- 然后将表面打磨平整，保证传感器表面与被测部件能够完全紧密接触，不产生松动，并确保传感器远离高压线路。
- 最后利用粘接剂和磁座将传感器固定到被测物体上。

按照上述步骤，可以确定 1 号至 7 号振动加速度传感器的实际安装位置，图 7-12 给出部分传感器的现场安装位置。

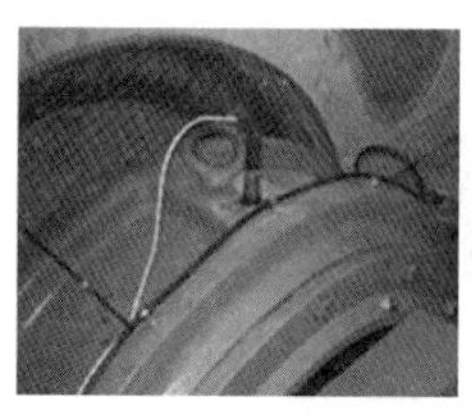
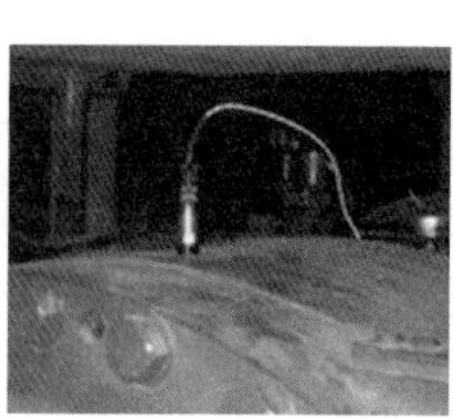
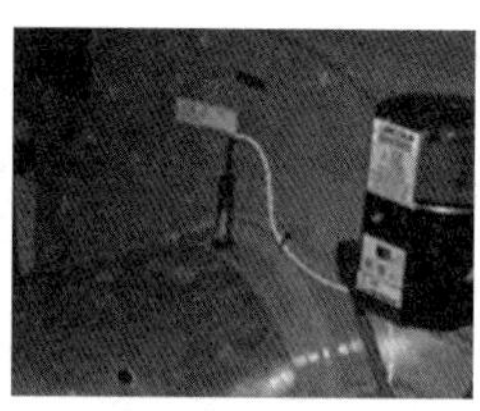
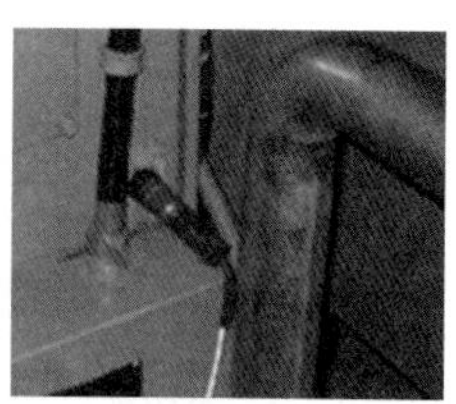

图 7-12　部分监测点传感器安装位置

（二）数据采集器的安装与布线

数据采集器是由合作公司自行研发，集数据采集、滤波/放大和预处理于一体的具

有简单信号处理能力的集成处理器。它具有体积小，结构紧凑，易于安装的特点。因此，容易在机舱中为其选择到合适的安装位置。此外，传感器数据线的布置也要安排合理，既要避开高温、高压的影响，又要走线合理，不能影响机组以后的检修工作，尽量使传感器数据线按照机舱中原有总体线路的走势布局。图 7-13 给出了某现场数据采集器的安装位置和部分传感器数据线的布局。

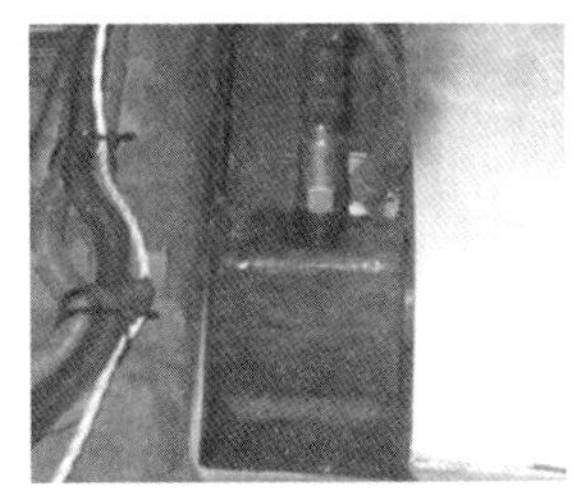

图 7-13　数据采集器的安装位置及传感器布线

（三）软件的安装与调试

通过上述操作实现了现场传感器和采集器的安装，然后借助网络光纤将机舱中数据采集器获得的振动信息传输到风场主控室中的服务器，以便于振动状态监测与故障分析系统的监测和诊断。考虑到风电机组距离风场主控室的距离较远，因此要对数据采集器和网络光纤的信号传输能力进行校验，保证数据传输的完整性和连续性，避免数据丢失现象的发生。最后，实现状态监测系统与数据服务器的顺利连接，保证监测系统能够从数据库中实时得到振动数据，以实现对监测对象的连续监测。图 7-14 所示是软件安装调试的现场。

图 7-14　系统软件调试现场

第三节　工程应用

考核知识点及能力要求：

- 了解 750 kW 高速端联轴器故障诊断。
- 熟悉 1.5 MW 齿轮箱高速端轴承故障诊断。

本章前两节对风电智能运维系统及其现场实施等情况进行了详细的介绍，该系统通过初级诊断-精密诊断-远程诊断相结合的分析模式，为风场风电机组的安全运行提供保障和技术支持。在这一节中，主要列举在风电现场的工程应用实例。

本次数据采集采用 HET-P 型离线式风电装备状态监测与故障诊断系统。该系统充分考虑了风电装备传动链中零部件的结构、变速运行的工况、特殊使用环境等因素，是专门针对风电装备状态监测与故障诊断研发的高科技产品。主要采集传动链 6 路轴承振动信号、1 路行星增速齿轮箱齿圈振动信号和 1 路发电机输入端转速信号，包括 7 个振动加速度传感器以及 1 个用以测量转速的接近开关：齿轮箱输入端轴承、齿轮箱行星级外齿圈、齿轮箱平行轴级输入端轴承、齿轮箱平行级中间轴轴承、齿轮箱输出端轴承、发电机前轴承、发电机后轴承、高速轴，测点分布如图 7-15 所示。振动信号通过安装在轴承座上的加速度传感器测得，传感器采用磁座固定于轴承座上；转速信号的测量是通过安装在发电机轴头法兰上的信号反射盘测得。

风电装备长期在交变载荷的作用下运行，主轴端所受的低速重载荷需要经过传动系统的增速传递，才能实现风能向电能转换。风载的轻微波动，通过传动系统放

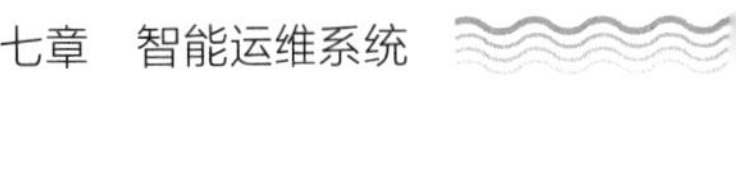

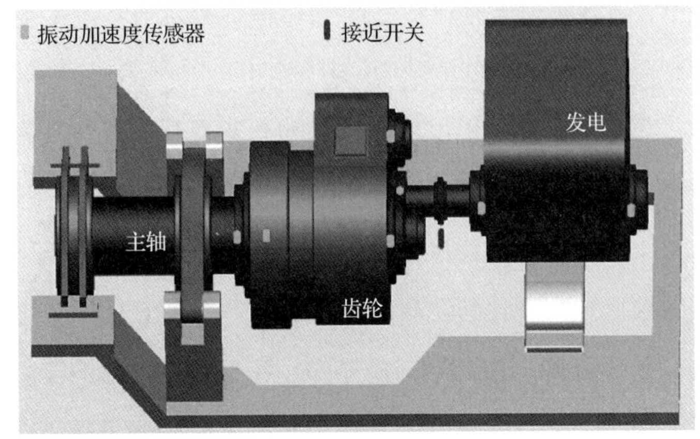

图 7-15　风电机组结构示意图及相应测点分布

大之后给系统末端的结构带来大的波动甚至冲击，加速了高速端的零部件的磨损，极易发生故障。风电装备高速端作为传动链的终端，既要承受前端传递放大之后的载荷冲击以及转速波动，又要承受后端发电机电压并网带来的冲击，并且其工作环境存在强烈的电磁干扰。所以，在各方面的作用下，高速端轴承极易出现损伤，影响风电装备的正常运行。一方面由于载荷波动导致获得的高速端振动信号非平稳信号较多，常规谱分析方法确定故障特征；另一方面由于嘈杂的外部环境以及电磁干扰等导致获得的信号有较多的噪声和干扰分量，信噪比较低，难以及时发现轴承的故障征兆。因此，将高时频分辨率的基于自适应短时傅立叶变换的同步压缩变换方法和基于逐级正交匹配追踪的稀疏分解算法，引入非平稳、低信噪比的风力发电机轴承信号故障特征提取。

一、750 kW 高速端联轴器故障诊断

南澳某风场 2008 年并网运行的 33 台 750 kW 某制造商提供的定桨距风电装备 2010 年计划出质保，风场要求对全部 33 台机组进行振动监测，以提早发现机组是否存在潜在问题，并为机组出质保后的运行维护工作提供一定的支持与指导。

在进行风电装备故障诊断时，故障的原因和故障结果有时很难分清，它们经常是互为因果、相互转换的。例如，轴系的不对中，可能是支撑系统联接松动产生的，此时故障原因是联接松动，故障结果是轴系不对中；但联接松动引起系统刚性变化，结

果又会使轴系不对中。又如轴承磨损，可能因轴系不对中而引发，但轴承磨损也可能会使轴系不对中，很难分清孰先孰后。为防范未然，避免故障之间的相互加剧，必须加强早期隐患的检测效果。风电装备齿轮箱与发电机的联轴器对中是维护工作的难点和重点。联轴器连接不对中的主要因素包括安装误差、零部件变形或松动、环境和工况变化等。存在联轴器连接不对中故障的传动链，在其运转过程中将产生与转速相关、随风速波动而变化的动载荷，并造成一系列有害于风电装备的动态效应，如引起机器联轴器偏转、轴承早期损坏等，甚至发生轴弯曲变形、联轴器飞车等严重故障，危害极大。柔性联轴器经常被用来改善联轴器承受不对中的能力，柔性联轴器只能有限减小不对中产生的动载荷。此风电装备联轴器采用中间体连接发电机与齿轮箱，中间体两端分别与发电机与齿轮箱输入或输出端法兰盘连接，详见图 7-16 和图 7-17。发电机轴承型号为 SKF6324/C3，其参数见表 7-1。信号采样频率 $f_s = 12\ 800$ Hz，频率分辨率 $\Delta f = 1$。

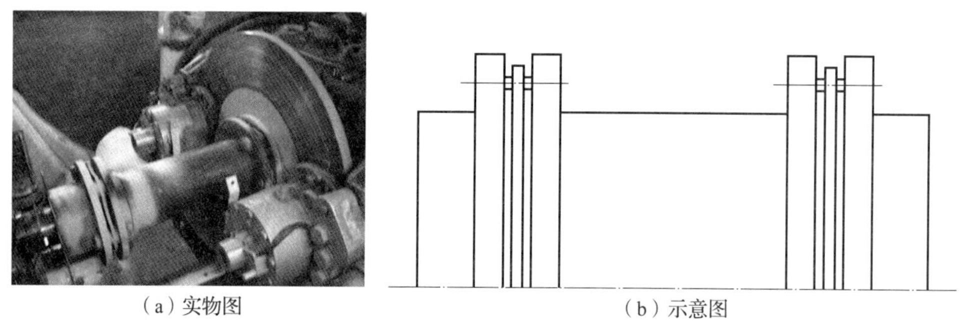
（a）实物图　　（b）示意图

图 7-16　风电装备联轴器

表 7-1　发电机轴承 SKF6324/C3 相关参数

项目	值	项目	值
轴承节径	190 mm	外圈故障频率	79 Hz
滚子平均直径	42 mm	内圈故障频率	121 Hz
接触角	0°	滚动体故障频率	55&110 Hz
滚子数	8 个	转频	25 Hz

所测数据中，其中一组发电机振动状态有异，对其前轴承所测振动加速度信号进行计算。其中，故障检测的评估时间 T_0 取并网后正常运行时的 180 s，单位计算时间

T_i 为 1 s。首先计算出一组单位计算时间 T_i 内的均方根值 a_{rmse}、单位计算时间 T_i 内的峭度指标 KF_e 各 180 个数；然后，计算出测量数据的评估结果 a_{rms} 和 KF，其中 a_{rms} = 1.78 g，KF = 4.4。该机组发电机前轴承振动状态异常，需定期监测。

为确认故障类型、定位故障源，需要进一步分析振动信号。

（a）联轴器实物图

（b）现场传感器安装位置

图 7-17　风电机组联轴器及其传感器安装

图 7-18 给出了发电机前轴承（测点 6）的时域波形及其频谱和包络谱。可见，在频谱和包络谱中并没有明显的轴承故障特征信息，而是主要以转频信息为主，甚至出现了不太明显的转频谐波分量。结合信号的初步分析结果和松动故障特征以及现场技术人员的相关介绍，初步排除了轴承故障的可能性，判断有可能是联轴器故障导致发电机振动幅度增大。因此，又对齿轮箱高速轴的振动信号进行了初步分析，结果如图 7-19 所示。可见，其频谱和包络谱中也主要是以转频信息为主，而且转频的谐波分量相对于图 7-18 更为明显。因此，结合齿轮箱高速轴振动信号的初步分析结果，进一步加强了前面初步断定结果的可信度。

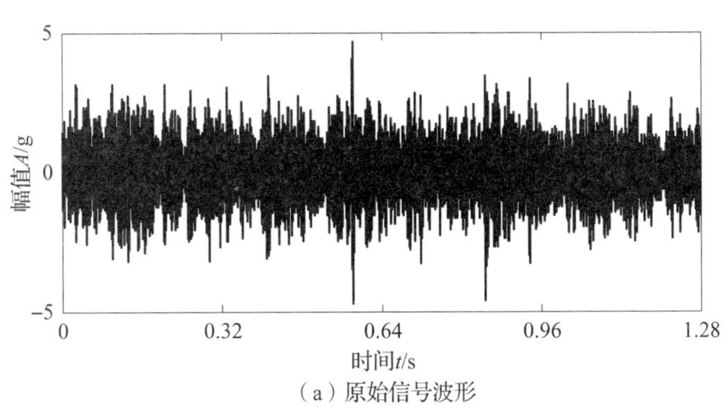

（a）原始信号波形

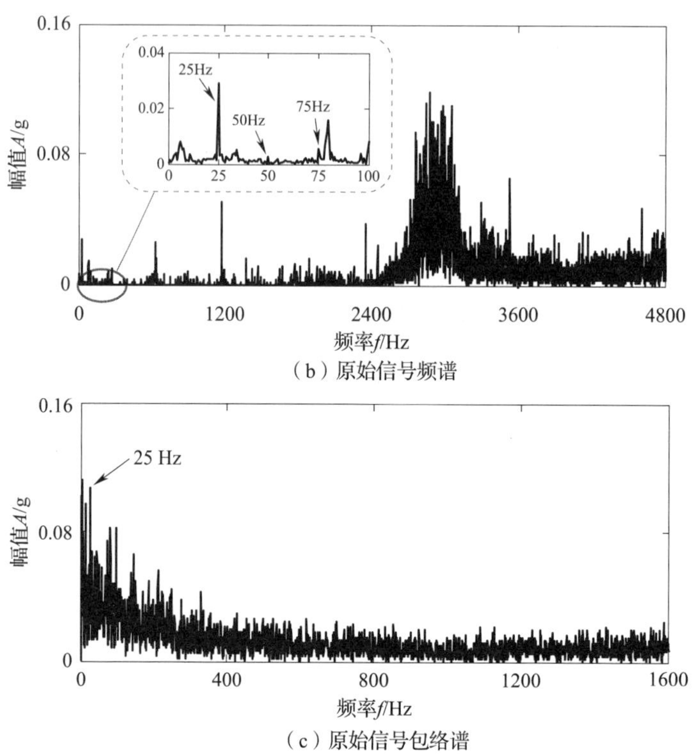

（b）原始信号频谱

（c）原始信号包络谱

图 7-18　发电机前轴承振动信号

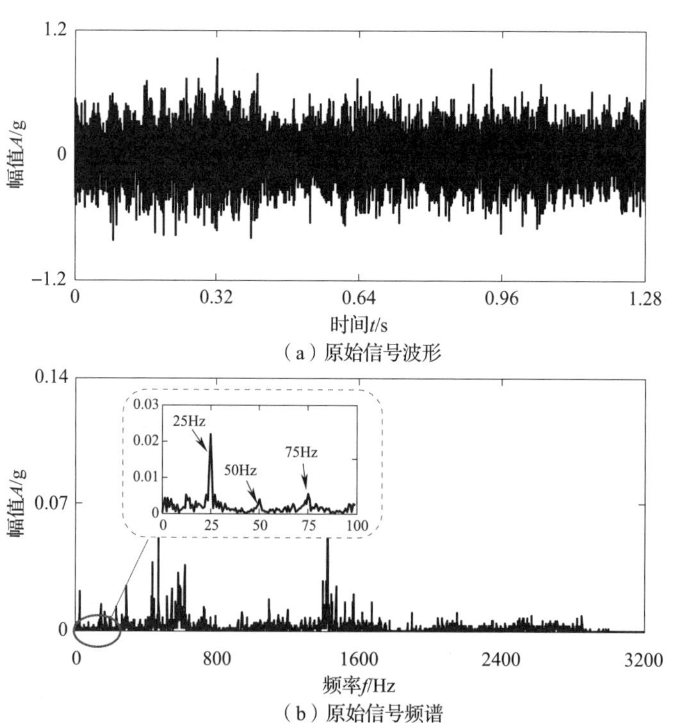

（a）原始信号波形

（b）原始信号频谱

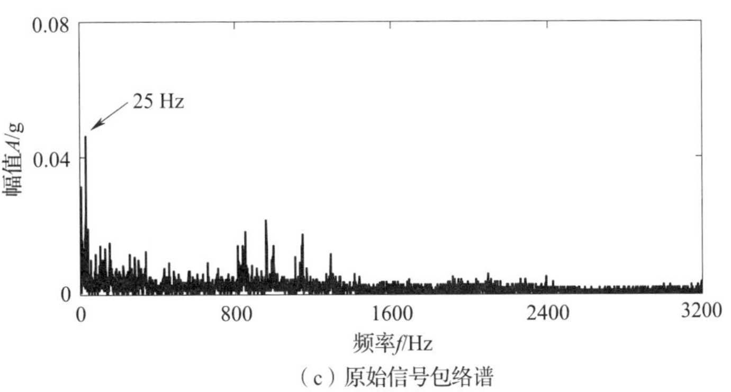

（c）原始信号包络谱

图 7-19　齿轮箱高速轴振动信号

为进一步提取振动信号中微弱的转频谐波分量，分别用二阶增强随机共振方法和一阶随机共振方法处理发电机前轴承和齿轮箱高速轴的振动信号。图 7-20 给出了二阶增强随机共振对发电机前轴承振动信号的处理结果。可见，转频的 2 倍和 3 倍谐波分量被有效提取出来，相应的最优参数值分别为 24. 6 和 30. 3，系统响应信噪比分别为-13. 02 dB 和-12. 82 dB。一阶随机共振方法对发电机前轴承振动信号的处理结果如图 7-21 所示，可见，转频的 2 倍分量可以被有效提取出来，相应的信噪比为-14. 14 dB，而对于转频的

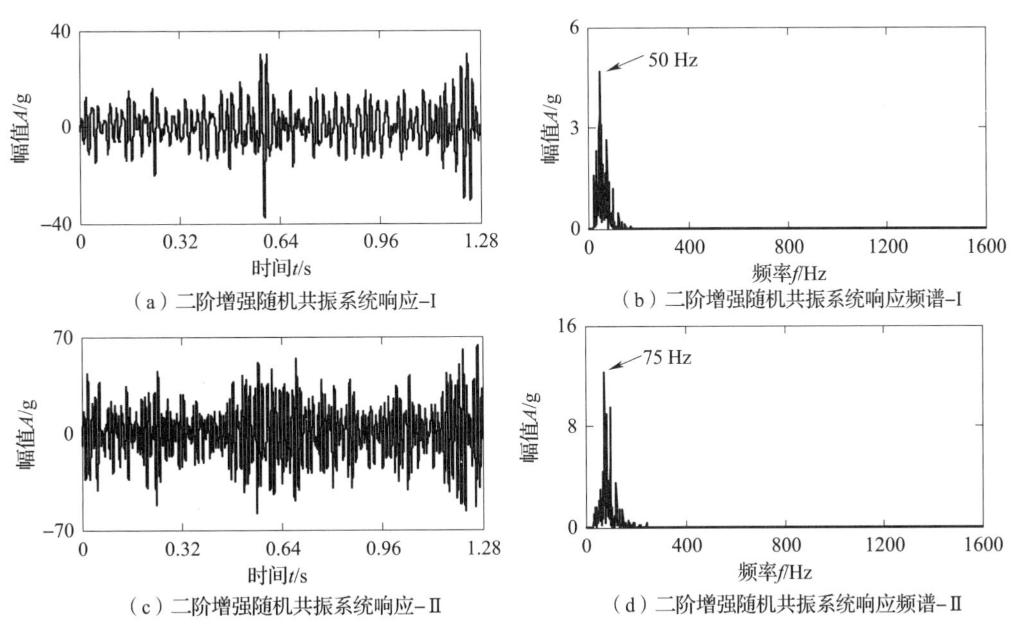

（a）二阶增强随机共振系统响应-I　（b）二阶增强随机共振系统响应频谱-I
（c）二阶增强随机共振系统响应-Ⅱ　（d）二阶增强随机共振系统响应频谱-Ⅱ

图 7-20　发电机前轴承振动信号二阶增强随机共振处理结果

3 倍谐波分量虽然在系统响应频谱中被适当增强，但效果不理想，并不是系统响应频谱中的最高谱峰，相应的信噪比为-14.54 dB。因此，通过上述两种方法的对比分析结果可以看出，二阶增强随机共振方法对微弱信号具有更强的处理能力。

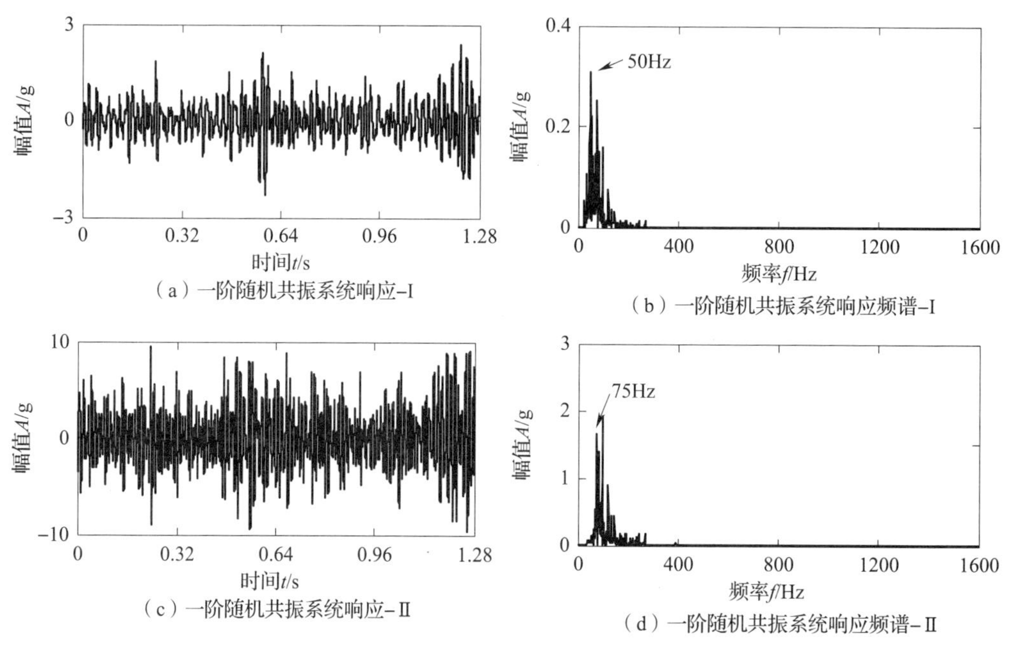

图 7-21　发电机前轴承振动信号一阶随机共振处理结果

基于同样的处理方法，图 7-22 和图 7-23 分别给出了二阶增强随机共振和一阶随机共振对齿轮箱高速轴振动信号的处理结果。可见，这两种方法均可以有效提取出振动信号中不太明显的转频谐波分量，但二阶增强随机共振方法的检测效果更好，其相应的最优参数值为 21 和 28，系统响应信噪比分别为-11.66 dB 和-13.04 dB，而一阶随机共振方法的最优参数值为 0.8 和 0.1，系统响应信噪比分别为-13.06 dB 和-14.41 dB。

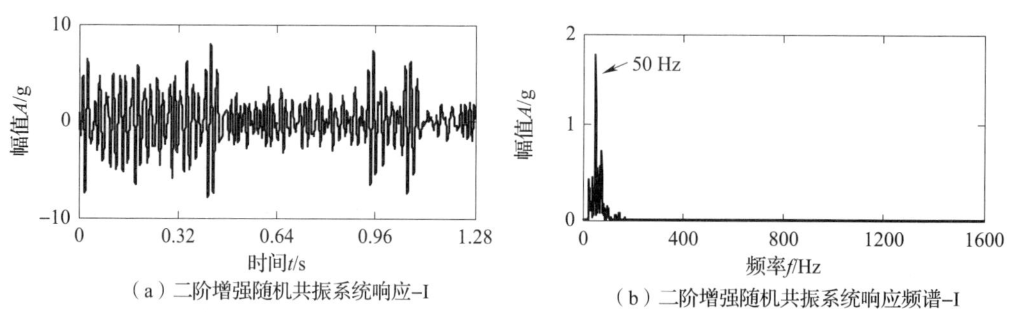

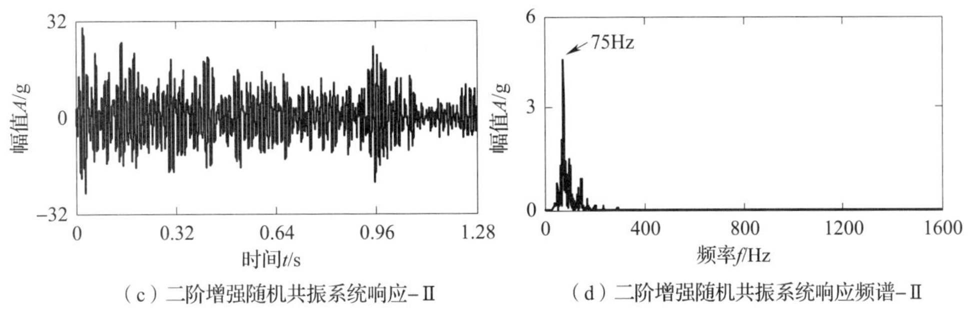

（c）二阶增强随机共振系统响应-Ⅱ　　（d）二阶增强随机共振系统响应频谱-Ⅱ

图 7-22　齿轮箱高速轴振动信号二阶增强随机共振处理结果

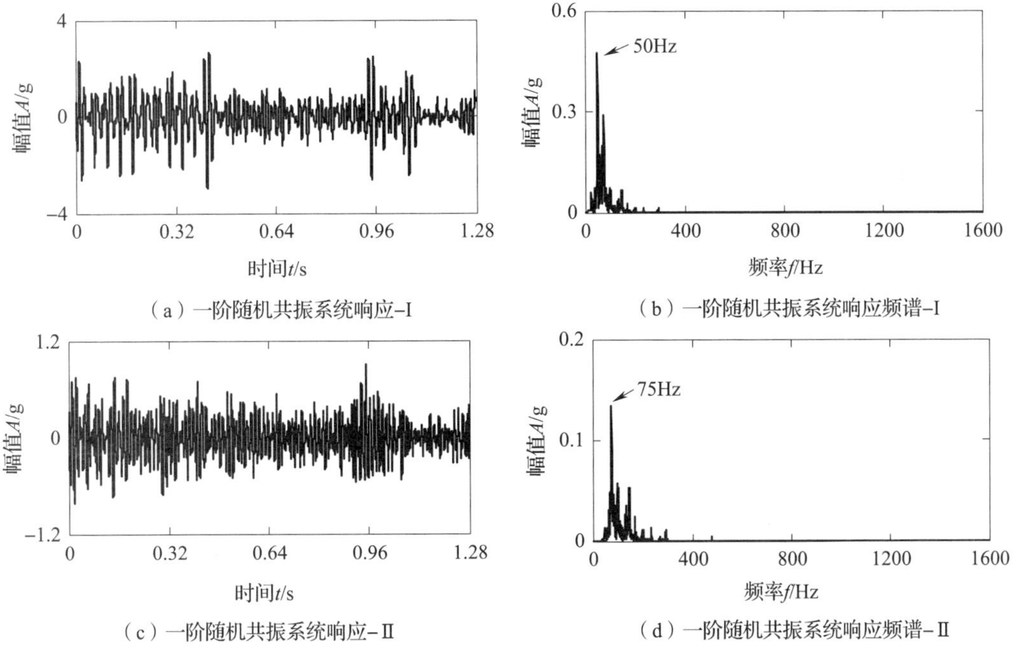

（a）一阶随机共振系统响应-I　　（b）一阶随机共振系统响应频谱-I

（c）一阶随机共振系统响应-Ⅱ　　（d）一阶随机共振系统响应频谱-Ⅱ

图 7-23　齿轮箱高速轴振动信号一阶随机共振处理结果

通过上述分析结果发现，发电机前轴承和齿轮箱高速轴的振动信号中均含有相应的转频及其谐波分量，与松动故障特征相符，最后在机组停机检查中通过维修，发电机前轴承振动恢复正常。此外，通过二阶随机共振和一阶随机共振方法的对比分析结果可见，二阶增强随机共振方法对微弱信号具有更强的处理能力，不仅可以改善随机共振的检测效果，提高系统响应信噪比，而且对低信噪比信号具有较强的处理能力，为微弱故障特征的有效提取提供解决途径。

二、1.5 MW 齿轮箱高速端轴承故障诊断

通过对某风场风电机组进行振动检测时发现某机组的齿轮箱高速端振动信号的峰峰值波动剧烈，有效值远高于其他测点并且接近预警值，预示着齿轮箱高速端轴承异常，为确保风电机组安全运行，需要进一步进行分析确定其状态。

高速端后轴承型号为 FAG6326C3，该轴承的故障频率如表 7-2 所示，表中 f 为轴承内外圈转频差。

表 7-2　　FAG6326C3 轴承故障频率

外圈故障频率	内圈故障频率	滚子故障频率	保持架故障频率
3.133f	4.867f	2.197f	0.392f

图 7-24 是风力发电机齿轮箱输出端在某降速过程中的转速变化图；图 7-25 至图 7-28 给出了齿轮箱高速端轴承（测点 5）在该降速过程中的一段振动信号的时域波形及其频谱和包络谱。从信号的频谱图中看出振动能量主要集中在高频段，但并看不出明显的调制；从包络谱图中可以看出有明显的谱峰群，但由于速度波动，无法确定故障所在。

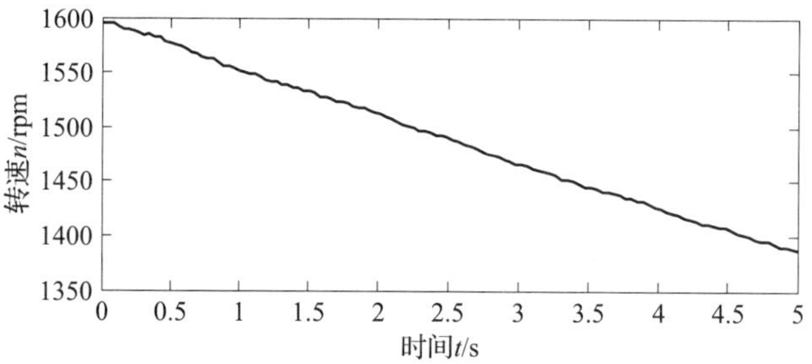

图 7-24　风力发电机高速端某降速过程的转速变化

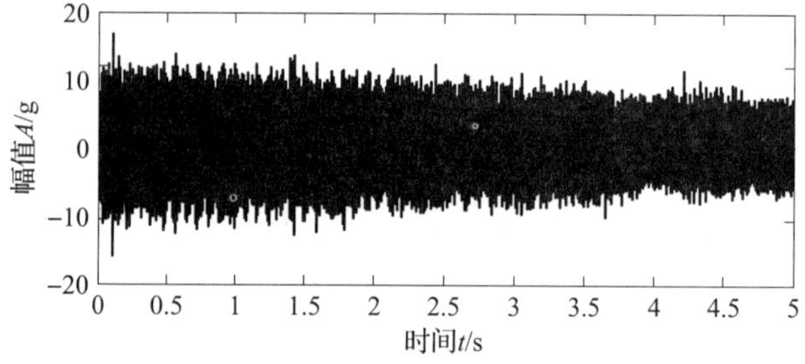

图 7-25　风力发电机高速端后轴承振动信号时域波形

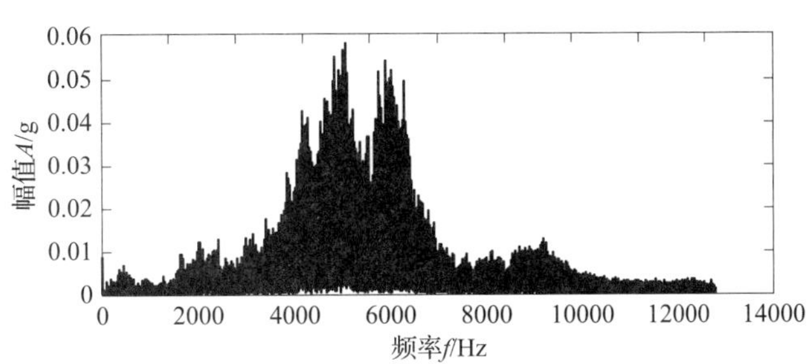

图 7-26　风力发电机高速端后轴承振动信号频谱

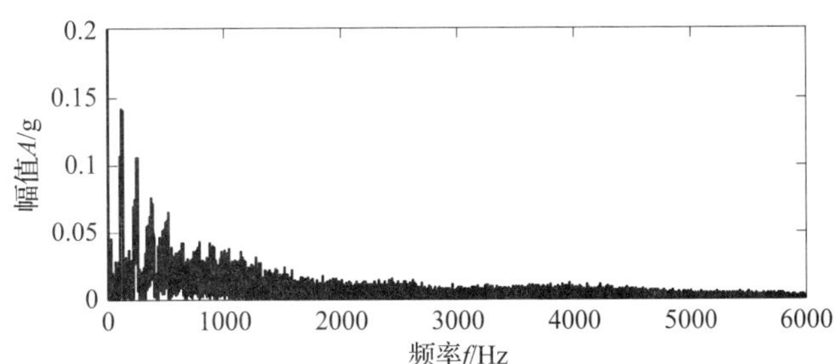

图 7-27　风力发电机高速端后轴承振动信号包络谱

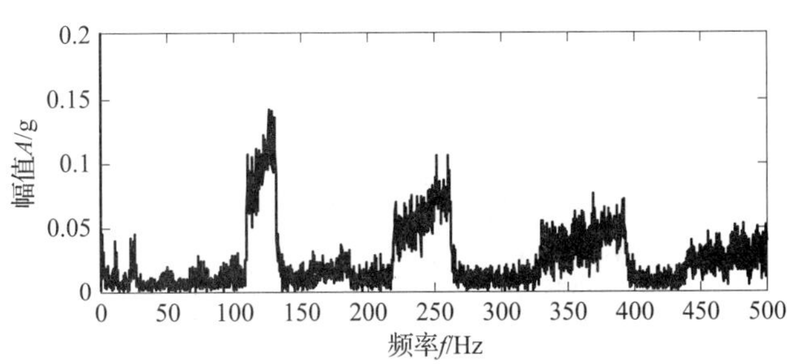

图 7-28　风力发电机高速端后轴承振动信号包络谱低频段

根据图 7-24 的转速变化，可以看出转速是由 1 600 r/min 线性减速至 1 390 r/min，那么可以计算出齿轮箱高速端轴承的故障频率变化范围如表 7-3 所示。

表 7-3　　FAG6326C3 轴承降速过程故障频率变化

外圈故障频率（Hz）	内圈故障频率（Hz）	滚子故障频率（Hz）	保持架故障频率（Hz）
83. 5~72. 6	129. 8~112. 8	58. 6~50. 9	10. 4~9. 1

鉴于采样频率过高而计算机内存较小，采用时频分析方法处理起来有难度，而调制频率不高，所以将原信号进包络解调之后进行 64 倍降采样，获得采样率较低的信

号，而后再采用时频分析方法处理，结果如图 7-29 所示。从图中可以看出，从 130 Hz 到 114 Hz 有明显的时频线，与内圈故障频率对应，这预示着该齿轮箱高速端轴承内圈出现损伤。工作人员采用软管式内窥镜伸入齿轮箱内部对轴承进行检查时发现，该齿轮箱高速端轴承内圈划伤严重，如图 7-30 所示，检测结果证实了基于自适应短时傅立叶变换的同步压缩变换处理结果的有效性。

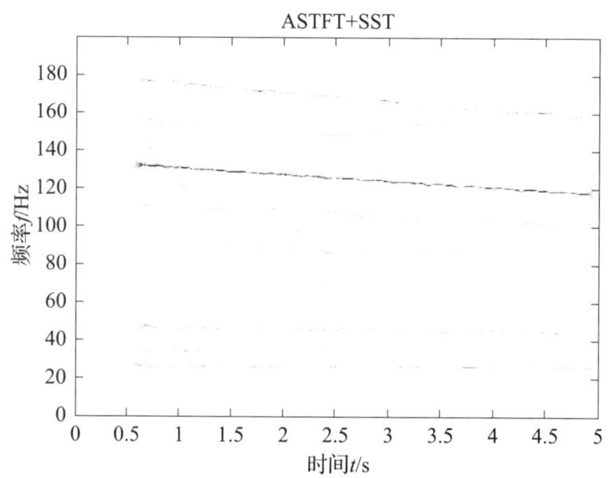

图 7-29　风力发电机齿轮箱高速端轴承振动信号时频处理效果

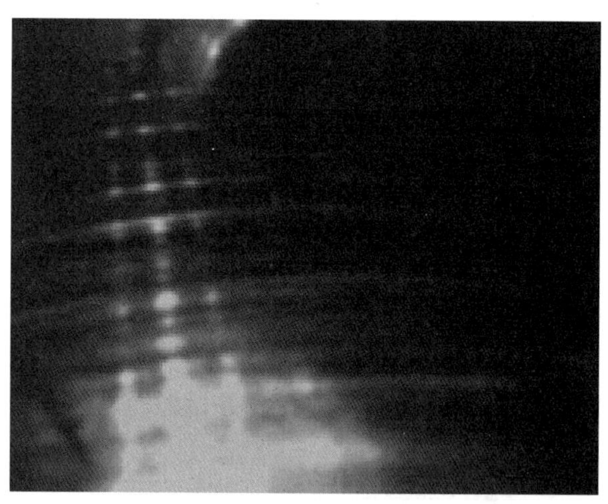

图 7-30　机组齿轮箱高速端轴承内圈划伤

而在巡检过程中同时发现另一机组齿轮箱高速端轴承振动峰峰值波动剧烈，并且均方根值远大于其他各个测点的，并且进入 VDI3834 规定的报警范围，预示着齿轮箱高速端轴承出现异常，需要进行进一步分析，以确定其状态并且准确查找故障

所在。

轴承参数也与 FAG6326C3 相同，采用的数据段为平稳信号，其转速为 1 791 r/min，故而轴承故障频率如表 7-4 所示。

表 7-4　　转速为 1 791 r/min 时 FAG6326C3 轴承故障频率

外圈故障频率（Hz）	内圈故障频率（Hz）	滚子故障频率（Hz）	保持架故障频率（Hz）
93. 5	145. 3	65. 6	11. 7

采用基于逐级正交匹配追踪的稀疏分解算法处理该段数据，采用离散小波基（DWT）提取冲击，离散余弦基（DCT）提取谐波，由于选取的两个冗余字典维数较大，占据计算机较大内存空间，硬件条件的限制了能处理的数据长度。原始采样频率为 25 600 Hz，处理的数据长度为 8 192 个点，此时采样频率为 12 800 Hz，频率分辨率为 1. 562 5 Hz。信号分解之后的各成分时域波形如图 7-31 所示，而各个成分的包络谱图如图 7-32 所示。

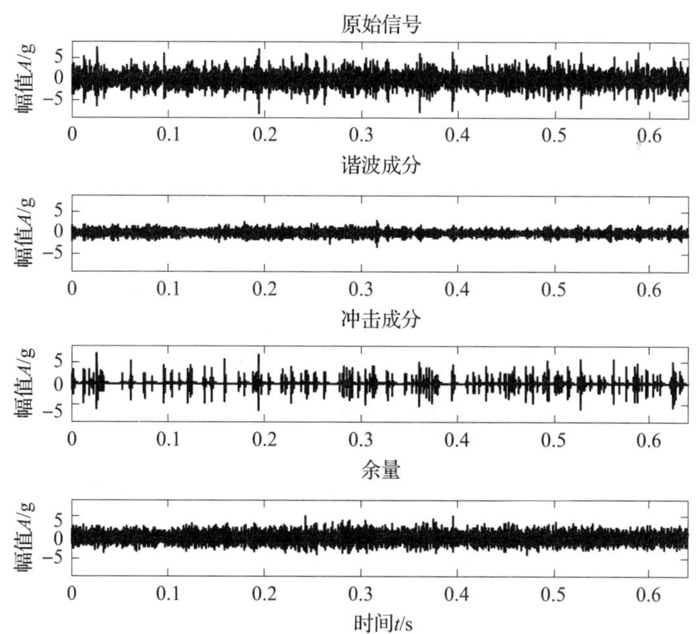

图 7-31　风力发电机齿轮箱高速端轴承振动信号时域波形及分解波形

在图 7-32 中原始信号的包络谱中由于干扰的影响，在谱图中并看不出明显的故障信息，而在分解之后的冲击成分的包络谱中可以看见有 144 Hz 的谱峰存在，说明原始信号中存在有规律的 144 Hz 振动冲击，而 144 Hz 与该轴承内圈故障频率对应，说明该轴承的振动异常是由于其内圈存在故障所造成的。工作人员采用软管式内窥镜伸入齿轮箱内部对轴承进行拍照检查时发现，该齿轮箱高速端轴承内圈划伤严重，已经开始出现剥落，如图 7-33 所示，检测结果证实了基于逐级正交匹配追踪的稀疏分解算法对故障特征提取的有效性。

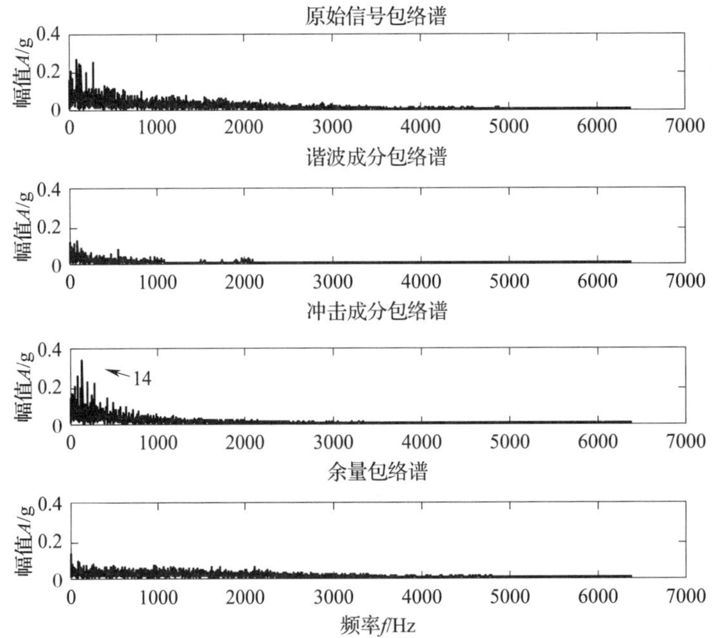

图 7-32　风力发电机齿轮箱高速端轴承振动信号分解后的包络谱

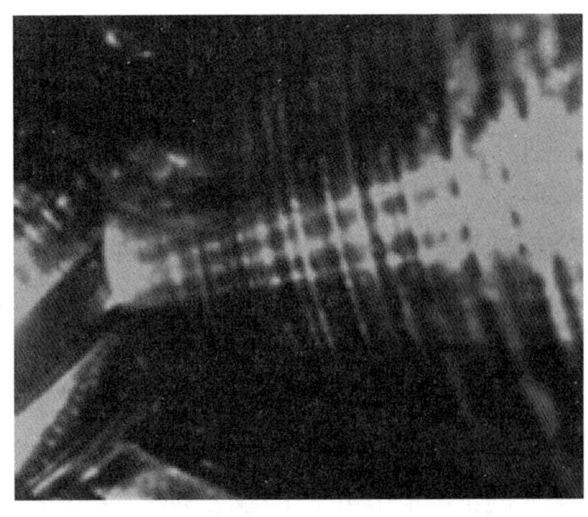

图 7-33　机组高速端轴承内圈划伤

练习题

1. 根据智能运维系统的架构，试分析其搭建的基础是什么？核心是什么？
2. 在现有智能运维系统架构的基础上，试构想一种未来智能运维系统。
3. 如何强化远程在线智能运维？
4. 如何开展智能装备和产线的检测监控工作？请举例说明。
5. 阐述智能装备和产线智能运维系统的特征。

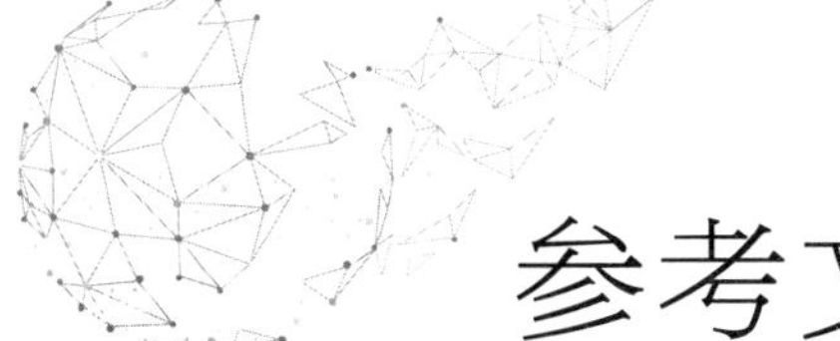

参考文献

［1］中华人民共和国国民经济和社会发展第十四个五年规划和2035年远景目标纲要［M］. 北京：人民出版社，2021.

［2］西门子中央研究院．工业4.0实战：装备制造业数字化之道［M］. 北京：机械工业出版社，2015.

［3］张礼立．数据是工业4.0的核心驱动［J］. 中国工业评论，2015（12）：36-43.

［4］李春．故障预测与健康管理（PHM）技术介绍［J］. 中国高新技术企业，2008（15）：43-44.

［5］工业和信息化部　发展改革委　科技部　财政部关于印发制造业创新中心等5大工程实施指南的通知［EB/OL］. https://www.miit.gov.cn/jgsj/ghs/wjfb/art/2020/art_db1be36452ad4f4e9d525aa139d46cae.html，2016-08-19.

［6］托马斯·保尔汉森，米夏埃尔·腾·洪佩尔，布里吉特·福格尔-霍尔泽．实施工业4.0［M］. 北京：电子工业出版社，2015.

［7］曾声奎，Michael，Pecht，et al. 故障预测与健康管理（PHM）技术的现状与发展［J］. 航空学报，2005，26（5）：626-632.

［8］赵双．三一ECC控制中心，引领新时代的智能化服务［DB/OL］. http://new.21sun.com/detail/2016/09/2016090816593791.shtml，2016-09-08.

［9］陈雪峰．智能运维与健康管理［M］. 北京：机械工业出版社，2020.

［10］罗承先．世界风力发电现状与前景预测［J］. 中外能源，2012，17（3）：24-31.

［11］国家发展和改革委员会能源研究所．中国风电发展路线图 2050［J］．电世界，2012（6）：50.

［12］Achenbach JD. Structural health monitoring-What is the prescription?［J］. Mechanics Research Communications，2009，36（2）：137-142.

［13］Volponi AJ. Gas Turbine Engine Health Management：Past，Present and Future Trends［C］. ASME Turbo Expo 2013：Turbine Technical Conference and Exposition，2014：433-455.

［14］Ji Z，Peigen L，Yanhong Z，et al. Toward New-Generation Intelligent Manufacturing［J］. Engineering，2018，4（1）：11-20.

［15］周济．走向新一代智能制造［J］．中国科技产业，2018（6）：20-23.

［16］周济．未来 20 年是智能制造发展的关键期［J］．财经界，2018（34）：38.

［17］“新一代人工智能引领下的智能制造研究”课题组，周济．中国智能制造的发展路径［J］．中国经济报告，2019（2）：36-43.

［18］王常力，罗安．分布式控制系统（DCS）设计与应用实例：第 3 版［M］．北京：电子工业出版社，2016.

［19］王爱民．制造执行系统（MES）实现原理与技术［M］．北京：北京理工大学出版社，2014.

［20］国务院．国家中长期科学和技术发展规划纲要（2006—2020 年）［DB/OL］. http://www. gor. cn/jrzg/2006-02/09/content_183787. htm，2006-02-09.

［21］王华伟，高军．复杂系统可靠性分析与评估［M］．北京：科学出版社，2013.

［22］Hess A，Fila L. The Joint Strike Fighter（JSF）PHM concept：Potential impact on aging aircraft problems［C］. Aerospace Conference Proceedings，2003：3021-3026.

［23］张宝珍．国外综合诊断、预测与健康管理技术的发展及应用［J］．计算机测量与控制，2008，16（5）：591-594.

［24］Hess A，Calvello G，Frith P. Challenges，issues，and lessons learned chasing the “Big P”. Real predictive prognostics. Part 1［C］. IEEE Aerospace Conference，

2005：3610-3619.

［25］Mitchell S. Lebold KMR，Daniel Ferullo，David Boylan. Open System Architecture for Condition-Based Maintenance：Overview and Training Material ［R］. The Pennsylvania State University：Philadelphia，2003.

［26］Hess A. Prognostics，from the need to reality-from the fleet users and PHM system designer/developers perspectives ［C］. Proceedings，IEEE Aerospace Conference. IEEE，2002.

［27］Carl S. Byington MJR，Andrew J. Hess. Programmatic and Technical PHM Development Challenges in Forward Fit Applications ［C］. 5th DSTO International Conference on Health & Usage Monitoring，2007.

［28］何正嘉，訾艳阳，陈雪峰，等．机械故障预示中的若干科学问题［C］// 2010年全国振动工程及应用学术会议（暨第十二届全国设备故障诊断学术会议、第二十三届全国振动与噪声控制学术会议），2010.

［29］Lee J，Wu F，Zhao W，et al. Prognostics and health management design for rotary machinery systems—Reviews，methodology and applications ［J］. Mechanical Systems & Signal Processing，2014，42（1-2）：314-334.

［30］Pecht M. Prognostics and Health Management of Electronics ［M］. John Wiley & Sons，Ltd，2009.

［31］Lebold MS，Reichard KM，Ferullo D，et al. Open System Architecture for Condition- Based Maintenance：Overview and Training Material AUTHORS ［R］. The Pennsylvania State University：Philadelphia，2003.

［32］Discenzo FM，Nickerson W，Mitchell CE，et al. Open systems architecture enables health management for next generation system monitoring and maintenance ［R］. OSA-CBM Development Group：Development program white paper，2001.

［33］张宝珍，曾天翔．PHM：实现F-35经济可承受性目标的关键使能技术［J］. 航空维修与工程，2005（6）：20-23.

［34］孙博，康锐，谢劲松．故障预测与健康管理系统研究和应用现状综述［J］. 系统工程与电子技术，2007（10）：1762-1767.

［35］齐渡谦. 航天科工 PHM 系统正式搭载 C919［N］. 科技日报，2016-08-05.

［36］Kaminski T. F-35 LIGHTNING Ⅱ COUNTRY-BY-COUNTRY ANALYSIS［J］. Aviation news，2018，80（12）：32-38.

［37］Finley B，Schneider EA，Willett PK，et al. ICAS：the center of diagnostics and prognostics for the United States Navy［J］. International Society for Optics and Photonics，2001，4389：186-193.

［38］Hester PT，Adams KM，Kern DJ. Integrated condition assessment for Navy system of systems［J］. International Journal of System of Systems Engineering，2012，3（3/4）：356-367.

［39］Maley S，Stonebraker M，Schmidley J，et al. Open-Source Development of an Automated Maintenance Environment（AME）for Lower Cost，Collaborative Implementation of CBM+［C］. AIAC-13 Thirteenth Australian International Aerospace Congress，2008.

［40］Tripp RS，Amouzegar MA，Mcgarvey RG，et al. Sense and Respond Logistics：Integrating Prediction，Responsiveness，and Control Capabilities［M］. Santa Monica，CA：RAND CORP，2006.

［41］Schwabacher M，Samuels J，Brownston L. NASA integrated vehicle health management technology experiment for X-37［J］. Proceedings of SPIE -The International Society for Optical Engineering，2002，4733：49-60.

［42］Tim Felke GDH，David A Miller，Dinkar Mylaraswamy. Architectures For Integrated Vehicle Health Management［C］. Atlanta，Georgia，2010.

［43］Baghchehsara A，Odinets T，Robbe J，et al. Identification and Interpretation of Integrated Vehicle Health Management（IVHM）Generic Architecture and a Case Study［J］. Aerospace Science & Technology，2016.

［44］Li X，Wang H，Yong S，et al. Integrated vehicle health management in the aviation field［C］. Prognostics & System Health Management Conference. IEEE，2017.

［45］Scarf PA. On the application of mathematical models in maintenance［J］. European Journal of Operational Research，1997，99（3）：493-506.

［46］张义民．机械可靠性漫谈［M］．北京：科学出版社，2012.

［47］郑海波．非平稳非高斯信号特征提取与故障诊断技术研究［D］．合肥：合肥工业大学，2002.

［48］姜宏开．第二代小波构造理论研究及其在故障特征提取中的应用［D］．西安：西安交通大学，2006.

［49］Lee J，Ardakani D，Kao HA，et al. Deployment of Prognostics Technologies and Tools for Asset Management：Platforms and Applications［M］. Engineering Asset Management Review. Springer：London，2015.

［50］Institution BS. Glossary of terms used in terotechnology［S］. London ：BSI,1993.

［51］中华人民共和国机械电子工业部．可靠性、维护性术语［S］．北京：中国标准出版社，1994.

［52］Chu C，Proth JM，Wolff P. Predictive maintenance：The one-unit replacement model［J］. International Journal of Production Economics，2005，54（3）：285-295.

［53］Mobley RK. An Introduction to Predictive Maintenance［M］. Elsevier Butterworth-Heinemann：Burlington，MA，2002.

［54］Flage R. A delay time model with imperfect and failure-inducing inspections［J］. Reliability Engineering & System Safety，2014，124：1-12.

［55］Kozanidis G. A multiobjective model for maximizing fleet availability under the presence of flight and maintenance requirements［J］. Journal of Advanced Transportation，2010，43（2）：155-182.

［56］Mattila V，Virtanen K. Maintenance scheduling of a fleet of fighter aircraft through multi-objective simulation-optimization［J］. Simulation-Transactions of the Society for Modeling and Simulation International，2014，90（9）：1023-1040.

［57］Fan H，Hu C，Chen M，et al. Cooperative Predictive Maintenance of Repairable Systems With Dependent Failure Modes and Resource Constraint［J］. IEEE Transactions on Reliability，2011，60（1）：144-157.

［58］中华人民共和国人力资源和社会保障部　人力资源社会保障部办公厅　工业

和信息化部办公厅关于颁布智能制造工程技术人员等 3 个国家职业技术技能标准的通知［EB/OL］. http://www.mohrss.gov.cn/SYrlzyhshbzb/rencairenshi/zcwj/202102/t20210222_409901.html，2021-02-22.

［59］中国国家标准化管理委员会．机器状态监测与诊断振动状态监测　第 1 部分　总则［S］．北京：中国标准质检出版社，2006.

［60］姜蕊，杜雁飞．传感器技术在数控机床上的应用［J］. 科技风，2018，06（No. 338）：145-145.

［61］周平．轨道交通齿轮箱状态监测与故障诊断技术［M］. 成都：西南交通大学出版社，2012.

［62］赵炯，周奇才，熊肖磊，等．设备故障诊断及远程维护技术［M］. 北京：机械工业出版社，2014.

［63］梁桥康，王耀南，彭楚武．数控系统：Numerical control systems［M］. 北京：清华大学出版社，2013.

［64］陈天航．NCUC-Bus 现场总线技术研究及实现［D］. 武汉：华中科技大学，2010.

［65］陈明．基于 NCUC-Bus 现场总线多功能网络互联装置的研究与实现［D］. 武汉：华中科技大学，2012.

［66］丁康，李巍华，朱小勇．齿轮及齿轮箱故障诊断实用技术［M］. 北京：机械工业出版社，2005.

［67］陈克兴，李川奇．设备状态监测与故障诊断技术［M］. 北京：科学技术文献出版社，1991.

［68］屈梁生，何正嘉．机械故障诊断学［M］. 上海：上海科技出版社，1986.

［69］Mallat SG. A Theory for Multiresolution Signal Decomposition［J］. IEEE Transactions on Pattern Analysis and Machine Intelligence，1989，11（7）：674-693.

［70］何正嘉，訾艳阳，张西宁．现代信号处理及工程应用［M］. 西安：西安交通大学出版社，2007.

［71］陈雪峰，郭艳婕．风电装备振动监测与诊断［M］. 北京：科学出版社，2016.

后记

随着全球新一轮科技革命和产业变革加速演进，以新一代信息技术与先进制造业深度融合为特征的智能制造已经成为推动新一轮工业革命的核心驱动力。世界各工业强国纷纷将智能制造作为推动制造业创新发展、巩固并重塑制造业竞争优势的战略选择，将发展智能制造作为提升国家竞争力、赢得未来竞争优势的关键举措。

智能制造是基于新一代信息技术与先进制造技术深度融合，贯穿于设计、生产、管理、服务等制造活动各个环节，具有自感知、自决策、自执行、自适应、自学习等特征，旨在提高制造业质量、效益和核心竞争力的先进生产方式。作为“制造强国”战略的主攻方向，智能制造发展水平关乎我国未来制造业的全球地位，对于加快发展现代产业体系，巩固壮大实体经济根基，建设“中国智造”具有重要作用。推进制造业智能化转型和高质量发展是适应我国经济发展阶段变化、认识我国新发展阶段、贯彻新发展理念、推进新发展格局的必然要求。

2020 年 2 月，《人力资源社会保障部办公厅　市场监管总局办公厅　统计局办公室关于发布智能制造工程技术人员等职业信息的通知》（人社厅发〔2020〕17 号）正式将智能制造工程技术人员列为新职业，并对职业定义及主要工作任务进行了系统性描述。为加快建设智能制造高素质专业技术人才队伍，改善智能制造人才供给质量结构，在充分考虑科技进步、社会经济发展和产业结构变化对智能制造工程技术人员要求的基础上，以智能制造工程技术人员专业能力建设为目标，根据《智能制造工程技术人员国家职业技术技能标准（2021 年版）》（以下简称《标准》），人力资源社会保障部专业技术人员管理司指导中国机械工程学会，组织有关专家开展了智能制造工程技术人员培训教程（以下简称教程）的编写工作，用于全国专业技术人员新职业培训。

智能制造工程技术人员是从事智能制造相关技术研究、开发，对智能制造装备、生产线进行设计、安装、调试、管控和应用的工程技术人员。共分为 3 个专业技术等级，分别为初级、中级、高级。其中，初级、中级均分为 4 个职业方向：智能装备与产线开发、智能装备与产线应用、智能生产管控、装备与产线智能运维；高级分为 5 个职业方向：智能制造系统架构构建、智能装备与产线开发、智能装备与产线应用、智能生产管控、装备与产线智能运维。

与此相对应，教程分为初级、中级、高级培训教程。各专业技术等级的每个职业方向分别为一本，另外各专业技术等级还包含《智能制造工程技术人员——智能制造共性技术》教程一本。需要说明的是：《智能制造工程技术人员——智能制造共性技术》教程对应《标准》中的共性职业功能，是各职业方向培训教程的基础。

在使用本系列教程开展培训时，应当结合培训目标与受训人员的实际水平和专业方向，选用合适的教程。在智能制造工程技术人员各专业技术等级的培训中，“智能制造共性技术”是每个职业方向都需要掌握的，在此基础上，可根据培训目标与受训人员实际，选用一种或多种不同职业方向的教程。培训考核合格后，获得相应证书。

初级教程包含：《智能制造工程技术人员（初级）——智能制造共性技术》《智能制造工程技术人员（初级）——智能装备与产线开发》《智能制造工程技术人员（初级）——智能装备与产线应用》《智能制造工程技术人员（初级）——智能生产管控》《智能制造工程技术人员（初级）——装备与产线智能运维》，共 5 本。《智能制造工程技术人员（初级）——智能制造共性技术》一书内容涵盖《标准》中初级共性职业功能所要求的专业能力要求和相关知识要求，是每个职业方向培训的必备用书；《智能制造工程技术人员（初级）——智能装备与产线开发》一书内容涵盖《标准》中初级智能装备与产线开发职业方向应具备的专业能力和相关知识要求；《智能制造工程技术人员（初级）——智能装备与产线应用》一书内容涵盖《标准》中初级智能装备与产线应用职业方向应具备的专业能力和相关知识要求；《智能制造工程技术人员（初级）——智能生产管控》一书内容涵盖《标准》中初级智能生产管控职业方向应具备的专业能力和相关知识要求；《智能制造工程技术人员（初级）——装备与产线智能运维》一书内容涵盖《标准》中初级装备与产线智能运维职业方向应具备的专业能力和相关知识要求。

本教程适用于大学专科学历（或高等职业学校毕业）及以上，具有机械类、仪器类、电子信息类、自动化类、计算机类、工业工程类等工科专业学习背景，具有较强的学习能力、计算能力、表达能力和空间感，参加全国专业技术人员新职业培训的人员。

智能制造工程技术人员需按照《标准》的职业要求参加有关课程培训，完成规定学时，取得学时证明。初级、中级为 90 标准学时，高级为 80 标准学时。

本教程是在人力资源社会保障部、工业和信息化部相关部门领导下，由中国机械工程学会组织编写的，来自同济大学、西安交通大学、华中科技大学、东华大学、大连理工大学、上海交通大学、浙江大学、哈尔滨工业大学、天津大学、北京理工大学、西北工业大学、上海犀浦智能系统有限公司、北京机械工业自动化研究所、北京精雕科技集团有限公司、西门子（中国）有限公司等高校及科研院所、企业的智能制造领域的核心及知名专家参与了编写和审定，同时参考了多方面的文献，吸收了许多专家学者的研究成果，在此表示衷心感谢。

由于编者水平、经验与时间所限，本书的不足与疏漏之处在所难免，恳请广大读者批评与指正。

本书编委会